Photoshop CS6标准教程：全视频微课版／麓山文

Photoshop CS6

全视频微课版 标准教程

麓山文化◎编著

反盗版热线：（010）81055315

U0276731

人民邮电出版社
北 京

图书在版编目（CIP）数据

Photoshop CS6标准教程：全视频微课版 / 麓山文
化编著. -- 北京：人民邮电出版社，2019.10（2020.9重印）
ISBN 978-7-115-49702-4

Ⅰ．①P… Ⅱ．①麓… Ⅲ．①图象处理软件—教材
Ⅳ．①TP391.413

中国版本图书馆CIP数据核字(2018)第236803号

内 容 提 要

本书是帮助 Photoshop CS6 初学者掌握软件使用方法的基础教程。全书共分为 12 章，从基本的 Photoshop CS6 软件界面开始，逐步深入到选区、图层、通道、蒙版、滤镜、动作等核心功能和应用方法。

随书配有教学资源，包括书中案例的素材文件、效果文件、效果预览图、配套教学 PPT 课件和在线教学视频。同时，还附赠 Photoshop 动作、画笔、渐变、填充图案、形状样式等资源，以及 CMYK 色卡及颜色对照表、Photoshop 常用快捷键速查表、配色方案参考。

本书适合广大 Photoshop 初学者，以及有志于从事平面设计、插画设计、包装设计、影视广告设计等工作的人员使用，同时也适合高等院校、职业院校的相关专业学生和各类培训班的学员学习使用。

◆ 编　　著　麓山文化
　　责任编辑　张丹阳
　　责任印制　马振武

◆ 人民邮电出版社出版发行　　北京市丰台区成寿寺路 11 号
　　邮编　100164　电子邮件　315@ptpress.com.cn
　　网址　http://www.ptpress.com.cn
　　涿州市京南印刷厂印刷

◆ 开本：800×1000　1/16
　　印张：21
　　字数：633 千字　　　　　　　　2019 年 10 月第 1 版
　　印数：3 501 - 3 900 册　　　　　2020 年 9 月河北第 2 次印刷

定价：45.00 元

读者服务热线：(010)81055410　印装质量热线：(010)81055316
反盗版热线：(010)81055315

广告经营许可证：京东市监广登字 20170147 号

关于 Photoshop CS6

Photoshop CS6 是 Adobe 公司推出的图像编辑软件，是每一位从事平面设计、网页设计、影像合成、多媒体制作、动画制作等工作的专业人士必不可少的工具，具有功能强大、设计人性化、插件丰富、兼容性好等特点，Photoshop CS6 精美的操作界面和革命性的新增功能将带给用户全新的创作体验。

本书特色

本书以通俗易懂的语言，结合精美的创意实例，全面、深入地讲解了 Photoshop CS6 这一功能强大、应用广泛的图像处理软件。总的来说，本书有如下特点。

1. 从零起步，由浅入深

本书完全站在初学者的立场，由浅至深地对 Photoshop CS6 的常用工具、功能、技术要点进行了详细、全面的讲解。书中各章均通过手把手和边讲边练的方式来讲解基础知识和基本操作，保证读者轻松入门，快速学会。

2. 知识全面，轻松自学

本书从最基础的认识 Photoshop CS6 软件界面开始讲起，以循序渐进的方式详细解读选区、调色、路径、通道、蒙版、滤镜等最核心、最实用的功能。另外，作者还将平时工作中积累的各方面的实战技巧、设计经验毫无保留地奉献给读者，让读者在自学的同时掌握实战技巧和经验，轻松应对复杂、变化的工作需求。

3. 全程图解，一看即会

全书使用全程图解和示例的讲解方式，让读者在学习时更加易学易用、快速掌握。

4. 精美实例，激发灵感

书中实例涵盖了 Photoshop 的各个领域，例如创意、文字、纹理、修饰照片、广告、招贴、海报、平面印刷等，力求使读者在学习技术的同时也能够扩展设计视野与思维，并且巧学活用、学以致用，轻松完成各类平面设计工作。

本书作者

本书由麓山文化编著，具体参加图书编写和资料整理的有陈明照、陈运炳、申玉秀、李红萍、李红艺、李红术、陈云香、陈文香、陈军云、彭斌全、林小群、刘清平、钟睦、刘里锋、朱海涛、廖博、喻文明、易盛、陈晶、张绍华、黄柯、何凯、黄华、陈文轶、杨少波、杨芳、刘有良、胡淑芬、易依等。

由于作者水平有限，书中错误、疏漏之处在所难免。在感谢您选择本书的同时，也希望您能够把对本书的意见和建议告诉我们。

资源与支持

本书由数艺社出品，"数艺社"社区平台（www.shuyishe.com）为您提供后续服务。

■ 配套资源

书中案例的素材文件+效果文件+效果预览图文件

在线教学视频

各章PPT课件

Photoshop动作、画笔、渐变、填充图案、形状样式等资源

CMYK色卡及颜色对照表、Photoshop常用快捷键速查表、配色方案参考

■ 资源获取请扫码

| "数艺社"社区平台，**为艺术设计从业者提供专业的教育产品。** |

■ 与我们联系

我们的联系邮箱是 szys@ptpress.com.cn。如果您对本书有任何疑问或建议，请您发邮件给我们，并请在邮件标题中注明本书书名及ISBN，以便我们更高效地做出反馈。

如果您有兴趣出版图书、录制教学课程，或者参与技术审校等工作，可以发邮件给我们；有意出版图书的作者也可以到"数艺社"社区平台在线投稿（直接访问 www.shuyishe.com 即可），如果学校、培训机构或企业想批量购买本书或数艺社出版的其他图书，也可以发邮件联系我们。

如果您在网上发现针对数艺社出品图书的各种形式的盗版行为，包括对图书全部或部分内容的非授权传播，请您将怀疑有侵权行为的链接通过邮件发给我们。您的这一举动是对作者权益的保护，也是我们持续为您提供有价值的内容的动力之源。

■ 关于数艺社

人民邮电出版社有限公司旗下品牌"数艺社"，专注于专业艺术设计类图书出版，为艺术设计从业者提供专业的图书、U书、课程等教育产品。出版领域涉及平面、三维、影视、摄影与后期等数字艺术门类，字体设计、品牌设计、色彩设计等设计理论与应用门类，UI设计、电商设计、新媒体设计、游戏设计、交互设计、原型设计等互联网设计门类，环艺设计手绘、插画设计手绘、工业设计手绘等设计手绘门类。更多服务请访问"数艺社"社区平台www.shuyishe.com。我们将提供及时、准确、专业的学习服务。

目录
Contents

第 8 章 图层的应用

本章视频时长：40分钟

第 9 章 通道与图层蒙版

本章视频时长：52分钟

第 10 章 滤镜的用法

本章视频时长：51分钟

第 11 章 动作和自动化的应用

本章视频时长：32分钟

第 12 章 图形的打印和输出

第 1 章

图像的基础知识

Photoshop 是一个图像处理软件，所以在使用它之前，我们必须了解一些关于图像和图形方面的知识，特别是对 Photoshop 的一些术语和概念性的问题要有所了解。

本章主要介绍Photoshop CS6图像处理的基础知识，包括像素与分辨率、位图与矢量图像、图像的颜色模式、图像的位深度、色域与溢色、图像文件格式等内容。通过对本章的学习，读者可以快速掌握这些基础知识，做到更快、更准确地处理图像。

本章学习目标

■ 了解像素和分辨率；

■ 了解位图和矢量图像；

■ 了解图像的颜色模式；

■ 了解图像的位深度；

■ 了解色域与溢色；

■ 了解图像文件的常用格式。

本章重点内容

■ 了解像素和分辨率的区别；

■ 了解位图和矢量图像的差异；

■ 掌握颜色模式切换的方法。

扫 码 看 课 件

1.1 像素与分辨率

在 Photoshop 中，图像处理是指对图像进行修饰、合成以及校色等操作。Photoshop 中的图像主要分为位图和矢量图像 2 种，而图像的尺寸及清晰度则是由图像的像素与分辨率来控制的。

1.1.1 什么是像素

像素是构成位图的最基本单位，在通常情况下，一张普通的数码相片必然有连续的色调和明暗过渡。如果把数字图像放大数倍，则会发现这些连续色调是由许多色彩相近的小方点组成的，这些小方点就是构成图像的最小单位——像素。构成一幅图像的像素点越多，色彩信息就越丰富，效果就越好，当然文件所占的空间也就越大。在位图中，像素的大小是指沿图像的宽度和高度测量出的像素数目，如图 1-1 所示的 3 张图像的像素大小分别为 1 000×713、500×357 和 250×179。

a.像素大小为1 000×713的图像

b.像素大小为500×357的图像

c.像素大小为
250×179的图像

图 1-1 像素大小示例

1.1.2 什么是分辨率

分辨率是指位图图像的细节精细度，测量单位是像素/英寸（ppi），每英寸的像素越多，分辨率越高。一般来说，图像的分辨率越高，印刷出来的质量就越好。图 1-2 所示是 2 张尺寸相同，内容相同的图像，左图的分辨率为 300 像素/英寸，右图的分辨率为 72 像素/英寸。可以观察到这 2 张图片的清晰度有明显的差别，左图的清晰度明显要高于右图。

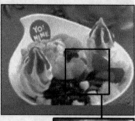

分辨率为300像素/英寸　　　　分辨率为72像素/英寸

图 1-2 分辨率大小示例

1.2 位图与矢量图像

很多初学者搞不清楚位图与矢量图之间的区别，有时会有一些误解，比如 Photoshop 可以处理图像，不能绘制矢量图形，矢量图形绘图软件不能修改位图等等。Photoshop 能创建和处理位图和矢量图像，Photoshop 文档既可以包含位图数据，也可以包含矢量数据。

1.2.1 位图

位图在技术上被称为"栅格图像"，也就是通常所说的"点阵图像"或"绘制图像"。位图由像素组成，每个像素都会被分配一个特定的位置和颜色值。相对于矢量图像，在处理位图时所编辑的对象是像素而不是对象或形状。

图 1-3 所示是原图，如果将其放大到 3 倍，此时可以发现图像会发虚，如图 1-4 所示。而如果将其放大到

9 倍，就可以清晰地观察到图像中有很多小方块，这些小方块就是构成图像的像素，如图 1-5 所示。

图 1-3 100%

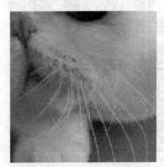

图 1-4 300%

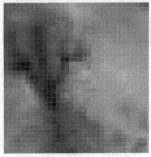

图 1-5 900%

提示

位图与分辨率有关，也就是说，位图包含了固定数量的像素。缩小位图尺寸会使原图变形，因为这是通过减少像素来使整个图像变小的。因此，如果在屏幕上以高缩小比例对位图进行缩小或以低于创建时的分辨率的分辨率来打印位图，就会丢失其中的细节，并且会出现锯齿现象。

1.2.2 矢量图像

矢量图像也称矢量形状或矢量对象，在数学上被定义

为一系列由线连接的点，如 Illustrator、CorelDRAW、AutoCAD 等软件就是以矢量图像为基础进行创作的。与位图不同，矢量文件中的图形元素被称为矢量图像的对象，每个对象都是一个独立的实体，它具有颜色、形状、轮廓、大小和屏幕位置等属性，如图 1-6、图 1-7 所示。

图 1-6 矢量图像-1

图 1-7 矢量图像-2

矢量图像与分辨率无关，所以任意移动或修改矢量图形都不会丢失细节或影响其清晰度。当调整矢量图形的大小，将矢量图形打印到任何尺寸的介质上、在 PDF 文件中保存矢量图形或将矢量图形导入基于矢量的图形应用程序时，矢量图形都将保持清晰的边缘。如图 1-8 所示，如果将其放大 5 倍，可以发现图形仍然保持高度清晰的效果，如图 1-9 所示。

图1-8 原图

图1-9 放大5倍

1.3 图像的颜色模式

图像的颜色模式，是将某种颜色表现为数字形式的模型，或者说是一种记录图像颜色的方式。在 Photoshop 中，颜色模式分为位图模式、灰度模式、双色调模式、索引颜色模式、RGB 颜色模式、CMYK 颜色模式、Lab 颜色模式和多通道模式。

1.3.1 位图模式

位图模式用2种颜色(黑和白)来表示图像中的像素。位图模式的图像也叫作黑白图像。因为其位深度为1，也称为一位图像。将图像转换为位图模式会使图像颜色减少到2种，从而大大简化图像中的颜色信息，同时减小文件的大小。图1-10所示是原图，图1-11所示是将其转换为位图模式后的效果。

图1-10 原图

图1-11 位图模式

1.3.2 灰度模式

灰度模式是用单一色调来表现图像，在图像中可以使用不同的灰度级。图1-12所示是原图，图1-13所示是将其转换为灰度模式后的效果。在8位图像中，最多有256级灰度，灰度图像中的每个像素都有一个0(黑色)~255(白色)之间的亮度值；在16位和32位图像中，图像的灰度级数比8位图像要大得多。

图1-12 原图

图1-13 灰度模式

1.3.3 双色调模式

在Photoshop中，双色调模式并不是指由2种颜色构成图像的颜色模式，而是通过1~4种自定油墨创建单色调、双色调、三色调和四色调的灰度图像。单色

调是用非黑色的单一油墨打印的灰度图像，双色调、三色调和四色调分别是用2种、3种和4种油墨打印的灰度图像，图1-14所示是原图，图1-15、图1-16、图1-17、图1-18所示分别是单色调、双色调、三色调和四色调效果。

图1-14 原图

图1-15 单色调

图1-16 双色调

图1-17 三色调

图1-18 四色调

1.3.4 索引颜色模式

索引颜色是位图的一种编码方法，需要基于 RGB、CMYK 等更基本的颜色编码方法。可以通过限制图像中的颜色总数来实现有损压缩，图 1-19 所示是原图，图 1-20 所示是将其转换为索引颜色模式后的效果。如果要将图像转换为索引颜色模式，那么这张图像必须是 8 位 / 通道的图像、灰度图像或是 RGB 颜色模式的图像。

图 1-19 原图

图 1-20 索引颜色模式

索引颜色模式可以创建最多 256 种颜色的 8 位图像文件。当转换为索引颜色模式时，Photoshop 将构建一个颜色查找表 (CLUT)，用以存放图像中的颜色并作为索引。如果原图像中的某种颜色没有出现在该表中，则程序将选取现有颜色中最接近的一种，或使用现有颜色模拟该颜色。

执行"图像"|"模式"|"索引颜色" 菜单命令，打开"索引颜色"对话框，如图 1-21 所示。

图 1-21 "索引颜色"对话框

对话框中各选项含义介绍如下。

· 调板：用于设置索引颜色的调板类型。
· 颜色：对于"平均""局部（可感知）""局部（可选择）"和"局部（随样性）"调板，可以通过输入"颜色"值来指定要显示的实际颜色数量。
· 强制：将某些颜色强制包含在颜色表中，有以下 5 个选项："无""黑白""三原色""Web"和"自定"。
· 透明度：指定是否保留图像的透明区域。勾选该选项，将在颜色表中为透明色添加一条特殊的索引项；取消勾选该选项，将用杂边颜色填充透明区域，或者用白色填充。
· 杂边：指定用于填充与图像的透明区域相邻的消除锯齿边缘的背景色。如果勾选"透明度"选项，则对边缘区域应用杂边；如果取消勾选"透明度"选项，则不对透明区域应用杂边。
· 仿色：若要模拟颜色表中没有的颜色，可以采用仿色。
· 数量：当设置"仿色"为"扩散"方式时，该选项才可用，主要用来设置仿色数量的百分比值。该值越高，所仿颜色越多，但是可能会增大文件大小。

将图像转换为索引颜色模式后，所有可见图层都将被拼合，处于隐藏状态的图层将被扔掉。对于灰度图像，转换过程将自动进行，不会出现"索引颜色"对话框；对于 RGB 图像，将出现"索引颜色"对话框。

1.3.5 RGB 颜色模式

RGB 颜色模式是一种发光模式，也叫"加光"模式。R、G、B 分别代表 Red（红色）、Green（绿色）、Blue（蓝色），在"通道"面板中可以查看到 3 种颜色通道的状态信息，如图 1-22、图 1-23 所示。RGB 颜色模式下的图像只有在发光体上才能显示出来，例如显示器、电视等，该模式所包括的颜色信息有 1 670 多万种，是一种真色彩颜色模式。

图 1-22 原图

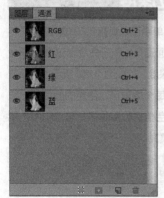

图 1-23 RGB通道面板

1.3.6 CMYK 颜色模式

CMYK 颜色模式是一种印刷模式，也叫"减光"模式，该模式下的图像只有在印刷品上才可以观察到，例如纸张。CMYK 颜色模式包含的颜色总数比 RGB 模式

少很多，所以在显示器上观察到的图像要比印刷出来的图像亮丽一些。C、M、Y 是 3 种印刷油墨英文名称的首字母，C 代表 Cyan（青色），M 代表 Magenta（洋红），Y 代表 Yellow（黄色），而 K 代表 Black（黑色），这是为了避免与 Blue（蓝色）混淆，因此黑色选用的是 Black 最后一个字母 K。在"通道"面板中可以查看 4 种颜色通道的状态信息，如图 1-24、图 1-25 所示。

图 1-24 原图

图 1-25 CMYK通道面板

1.3.7 Lab 颜色模式

Lab 颜色模式是由明度（L）和有关色彩的 a、b 这 3 个要素组成的，L 表示 Luminosity（亮度），相当于明度，a 表示从绿色到红色的范围，b 表示从蓝色到黄色的范围，如图 1-26、图 1-27 所示。Lab 颜色模式的明度（L）范围是 0~100，在 Adobe 拾色器和"颜色"面板中，a（绿色 - 红色轴）和 b（蓝色 - 黄色轴）的范围是 -128~+127。Lab 颜色模式在照片调色中有着非常特别的优势，我们处理明度通道时，可以在不影响色相和饱和度的情

况下轻松修改图像的明暗信息；处理 a 和 b 通道时，则可以在不影响色调的情况下修改颜色。

图 1-26 原图

图 1-27 Lab通道面板

提示

Lab颜色模式是最接近真实世界颜色的一种色彩模式，它同时包括RGB颜色模式和CMYK颜色模式中的所有颜色信息。所以在将RGB颜色模式转换成CMYK颜色模式之前，要先将RGB颜色模式转换成Lab颜色模式，再将Lab颜色模式转换成CMYK颜色模式，这样才不会丢失颜色信息。

1.3.8 多通道模式

多通道模式图像在每个通道中都包含 256 个灰阶，对于特殊打印非常有用。将一张 RGB 颜色模式的图像转换为多通道模式的图像后，之前的红、绿、蓝 3 个通道将变成青色、洋红、黄色 3 个通道，如图 1-28、图 1-29 所示。多通道模式图像可以存储为 PSD、PSB、EPS 和 RAW 格式。

图 1-28 原图

图 1-29 多通道模式通道面板

1.4 图像的位深度

在"图像"|"模式"菜单中可以观察到"8位/通道""16位/通道"和"32位/通道"3 个子命令，这 3 个子命令就是通常所说的"位深度"，如图 1-30 所示。位深度主要用于指定图像中的每个像素可以使用的颜色信息数量，每个像素使用的颜色信息位数越多，可用的颜色就越多，色彩的表现就越逼真。

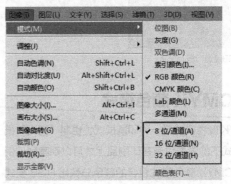

图 1-30 位深度

16

1.4.1 8 位 / 通道

8 位 / 通道的 RGB 图像中的每个通道可以包含 256 种颜色，这就意味着这种图像可能拥有 1 600 万种以上的颜色值。

1.4.2 16 位 / 通道

16 位 / 通道的图像的位深度为 16 位，每个通道包含 65 536 种颜色信息，所以图像中的色彩通常会更加丰富与细腻。

1.4.3 32 位 / 通道

32 位 / 通道的图像也称为高动态范围图像（HDRI）。它是一种亮度范围非常广的图像，与其他模式的图像相比，32 位 / 通道的图像有着更大亮度的数据存储，而且它记录亮度的方式与传统的图片不同，不是用非线性的方式将亮度信息压缩到 8 bit 或 16 bit 的颜色空间内，而是用直接对应的方式记录亮度信息，它记录了图片环境中的照明信息，因此通常可以使用这种图像来"照亮"场景。有很多 HDRI 文件是以全景图的形式提供的，同样也可以用它作为环境背景来产生反射与折射，如图 1-31 所示。

图 1-31 32位/通道图像

1.5 色域与溢色

Photoshop 作为一款强大的图形处理软件，自然提供了非常丰富的配色系统。然而在使用过程中，经常有用户反映自己在 Photoshop 中创作好设计图，打印后却发现颜色差异很大，甚至面目全非。这种情况其实就是溢色。而为了更好地理解溢色的概念，就必须先弄清楚色域。

1.5.1 色域

色域是另一种形式上的色彩模型，它具有特定的色彩范围。例如，RGB 色彩模型就有好几种色域，包括 Adobe RGB、sRGB 和 ProPhoto RGB 等。

在现实世界中，自然界中可见光谱的颜色组成了最大的色域空间，该色域空间中包含了人眼所能见到的所有颜色。

为了能够直观地表示色域这一概念，国际照明委员会（CIE）制定了一个用于描述色域的方法，即 CIE-xy 色度图，如图 1-32 所示。在这个坐标系中，各种显示设备能表现的色域范围用 R、G、B 三点连线组成的三角形区域来表示，三角形的面积越大，表示这种显示设备的色域范围越大。

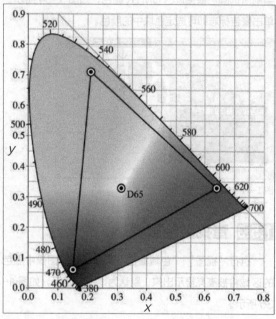

图 1-32 CIE-xy色度图

1.5.2 溢色

在计算机中，显示的颜色超出了 CMYK 颜色模式的色域范围，就会出现"溢色"。

在 RGB 颜色模式下，在图像窗口中将鼠标指针放置在溢色区域中，"信息"面板中的 C、M、Y、K 值旁会出现一个感叹号，如图 1-33 所示。

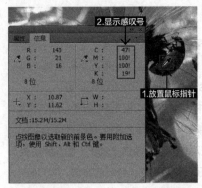

图 1-33 溢色

当用户选择了一种会溢出的颜色时，"拾色器"对话框和"颜色"面板中都会出现一个"溢色警告"的三角形警告标志，同时在警告标志下面的色块中会显示与当前所选颜色最接近的 CMYK 颜色，如图 1-34 所示。单击警告标志即可选定色块中的颜色。

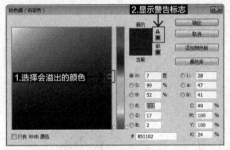

图 1-34 "拾色器"对话框

1.5.3 查找溢色区域

执行"视图"|"色域警告"菜单命令，图像中溢色的区域将被高亮显示出来，默认为以灰色显示，如图 1-35 所示。

图 1-35 查找溢色区域

1.6 常用的图像文件格式

当用 Photoshop CS6 制作或处理好一幅图像后，就要进行存储。这时，选择一种合适的文件格式就显得十分重要。Photoshop CS6 有 20 多种文件格式可供选择。在这些文件格式中，既有 Photoshop CS6 的专用格式，也有用于应用程序交换的文件格式，还有一些特殊的格式。

1.6.1 PSD 格式

PSD 格式是 Photoshop 的默认存储格式，能够保存图层、蒙版、通道、路径、未栅格化的文字、图层样式等。在一般情况下，保存文件都采用这种格式，以便随时进行修改。

1.6.2 BMP 格式

BMP 格式是微软开发的固有格式，这种格式被大多数软件所支持。BMP 格式采用了一种叫 RLE 的无损压缩方式，对图像质量不会产生什么影响。

1.6.3 GIF 格式

GIF 格式是输出图像到网页中最常用的格式。GIF 格式采用 LZW 压缩方式，它支持透明背景和动画，被广泛应用在网络中。

1.6.4 EPS 格式

EPS 是为在 PostScript 打印机上输出图像而开发的文件格式，是处理图像工作中最重要的格式，它被广泛应用在 Mac 和 PC 环境下的图形设计和版面设计中，几乎所有的图形、表格和页面排版程序都支持这种格式。

1.6.5 JPEG 格式

JPEG 格式是平时最常用的一种图像格式。它是一种最有效、最基本的有损压缩格式，被绝大多数的图形处理软件所支持。

JPEG 格式最大的特点就是文件小，因而在注重文件大小的领域中使用是非常广泛的。JPEG 格式支持 RGB 颜色模式、CMYK 颜色模式和灰度模式，但不支持 Alpha 通道。JPEG 格式是压缩率最高的图像格式之一，这是由于 JPEG 格式在压缩保存时会以失真度最小的方式去掉一些肉眼能看到的数据，因此保存后的图片和原图相比较会有所差异，此格式保存的图像没有原图的质量好，所以不利于使用在印刷、出版等高要求的领域内。

1.6.6 PDF 格式

PDF 格式是由 Adobe Systems 创建的一种文件格式，允许在屏幕上查看电子文档。PDF 文件还可被嵌入到 Web 的 HTML 文档中。

1.6.7 PNG 格式

PNG 格式是专门为 Web 开发的，它是一种将图像压缩到 Web 上的文件格式。PNG 格式与 GIF 格式不同的是，PNG 格式支持 244 位图像并产生无锯齿的透明背景。

PNG 用来存储灰度图像时，灰度图像的位深度可达到 16 位，存储彩色图像时，彩色图像的位深度可达到 48 位，并且还可存储多达 16 位的 Alpha 通道数据。PNG 使用从 LZ77 派生出的无损数据压缩算法。它一般应用于 JAVA 程序、网页或 S60 程序中，这是因为它压缩比高，生成的文件小。

1.6.8 TGA 格式

TGA 格式专用于使用 Truevision 视频板的系统，它支持有一个单独 Alpha 通道的 32 位 RGB 文件，以及无 Alpha 通道的索引颜色、灰度模式，并且支持 16 位和 24 位的 RGB 文件。

TGA 的结构比较简单，属于一种图形、图像数据的通用格式，在多媒体领域有很大影响，是计算机生成的图像向电视转换的一种首选格式。

TGA 图像格式最大的特点是可以做出不规则形状的图形、图像文件，一般图形、图像文件都为方形，若需要圆形、菱形甚至是镂空的图像文件，TGA 就可派上用场了。TGA 格式支持压缩，使用不失真的压缩算法。

目前大部分的作图软件均可打开 TGA 格式，如 ACDSee、Photoshop 等，简单地说，TGA 就是图像的一种格式，几乎没有压缩，所以文件一般很大（1MB 多），关联的软件有 Photoshop、After Effects、Premiere 等，将 TGA 序列输出为 AVI 或 MPEG 文件时可以用 After Effects、Premiere 等软件。

心得笔记

本章视频时长
39 分钟

第 2 章

Photoshop的基础知识

　　Photoshop 作为 Adobe 公司旗下最出名的图像处理软件，也是当今世界上用户群体最多的平面设计软件，它有着特别强大的功能。

　　本章主要介绍 Photoshop CS6 的基础知识，包括 Photoshop 的应用、Photoshop CS6 的工作界面、文件操作、如何改变图像画布尺寸、参考线和网格线的设置等内容。通过对本章的学习，读者可以快速掌握这些基础知识，做到更快、更准确地处理图像。

本章学习目标	本章重点内容
■ 了解 Photoshop 的应用范围；	■ 了解 Photoshop 的应用范围；
■ 了解 Photoshop CS6 的工作界面；	■ 了解 Photoshop CS6 的工作界面；
■ 掌握文件操作；	■ 掌握文件操作；
■ 了解如何改变图像画布尺寸；	■ 了解如何改变图像画布尺寸。
■ 了解标尺、参考线和网格线的设置；	
■ 了解撤销、返回、恢复的应用；	
■ 了解如何用历史记录面板还原操作。	

扫 码 看 课 件

2.1 Photoshop的应用

Photoshop 的功能很强大，其应用领域也很广泛，涉及平面设计、图片处理、网页设计、界面设计、CG 绘画、视觉创意等领域，并且发挥着不可替代的作用。

2.1.1 CG 绘画

CG 是英文 computer graphics 的缩写，是用计算机软件所绘制的一切图形的总称。随着以计算机为主要工具进行视觉设计和生产的一系列相关产业的形成，国际上习惯将利用计算机技术进行视觉设计和生产的领域通称为 CG。CG 通常指的是数码化的作品，内容包括从纯艺术创作到商业广告设计的多个方面，可以是二维的、三维的，也可以是图片或动画。Photoshop 中包含大量的绘画与调色工具，为数码艺术爱好者和普通用户提供了无限广阔的绘画空间，可以使用 Photoshop 绘制风格多样的作品，如图 2-1 和图 2-2 所示。

图 2-1 CG绘画-1

图 2-2 CG绘画-2

2.1.2 创意合成

创意合成是指将两张或两张以上的图片对象合成为 1 张图片，使其更具有创意。在 Photoshop 中可以很好地合成图片，如图 2-3 和图 2-4 所示。

图 2-3 创意合成-1

图 2-4 创意合成-2

2.1.3 视觉创意

视觉创意与设计是设计艺术的一个分支，此类设计通常没有非常明显的商业目的，但由于它为广大设计爱好者提供了无限的设计空间，因此越来越多的设计爱好者都开始注重视觉创意，并逐渐形成属于自己的一套创作风格，如图 2-5 和图 2-6 所示。

21

图 2-5 视觉创意-1　　　　图 2-6
视觉创意-2

2.1.4 制作平面广告

平面广告是使用 Photoshop 最广泛的领域，如海报、杂志广告、报纸广告、包装等具有丰富图像的平面印刷品，都可以运用 Photoshop 来对图像进行处理，如图 2-7 和图 2-8 所示。

图 2-7 平面广告-1　　　　图 2-8 平面广告-2

2.1.5 包装与封面设计

一个好的产品除了产品本身要有质量保证外，还要确保包装和封面设计精美，使用 Photoshop 可以很好地设计产品包装和封面，如图 2-9 和图 2-10 所示。

图 2-9 包装与封面设计-1

图 2-10 包装与封面设计-2

2.1.6 网页设计

随着互联网的普及，人们对网页的审美要求不断提升，因此，Photoshop 就更为重要，因为使用它可以美化网页元素，如图 2-11 和图 2-12 所示。

图 2-11 网页设计-1

图 2-12 网页设计-2

2.1.7 界面设计领域

界面设计是一个新兴的领域，已经受到了越来越多的软件企业及开发者的重视，绝大多数设计师使用的都是 Photoshop，用它来制作按钮、游戏界面、软件界面、

MP4界面、手机操作界面等，如图 2-13 和图 2-14 所示。

图 2-13 界面设计-1　　　　图 2-14 界面设计-2

2.2 Photoshop CS6的工作界面

随着版本的不断升级，Photoshop 的工作界面布局更加合理，更加人性化。启动 Photoshop CS6 后就会进入其工作界面，图 2-15 所示为 Photoshop CS6 的工作界面。工作界面由菜单栏、选项栏、标题栏、工具箱、状态栏、文档窗口和各式各样的面板组成。

图 2-15 Photoshop CS6工作界面

2.2.1 菜单栏

Photoshop CS6 的菜单栏中包含 11 个主菜单，分别为文件、编辑、图像、图层、文字、选择、滤镜、3D、视图、窗口、帮助，如图 2-16 所示。利用这些菜单命令可完成对图像的编辑、调整色彩和添加滤镜效果等操作。单击相应的主菜单，即可打开该菜单下的命令，如图 2-17 所示。

图 2-16 主菜单

图 2-17 查看主菜单下的命令

2.2.2 标题栏

打开一个文档以后，Photoshop 会自动创建一个标题栏，在标题栏中会显示这个文件的名称、格式、窗口缩放比例以及颜色模式等信息。

2.2.3 文档窗口

文档窗口是显示打开的图像的地方。如果只打开了一张图像，则只有一个文档窗口，如图 2-18 所示。如果打开了多张图像，则文档窗口会以选项卡的方式显示，如图 2-19 所示。单击一个文档窗口的标题栏，可以将其设置为当前工作窗口。

图 2-18 一个文档窗口

图 2-19 多个文档窗口

按住鼠标左键拖曳文档窗口的标题栏，可以将其设为浮动窗口，如图 2-20 所示。按住鼠标左键将浮动文档窗口的标题栏拖曳到选项卡中，文档窗口会被放到选项卡中，如图 2-21 所示。

图 2-20 浮动窗口

图 2-21 放置在选项卡中

2.2.4 工具箱

工具箱中集合了 Photoshop CS6 的大部分工具，这些工具共分为 8 组，包括选择工具、裁剪和切片工具、吸管和测量工具、修饰工具、路径和矢量工具、文字工具和导航工具，外加一组设置前景色和背景色的图标与切换模型图标，另外，还有一个特殊工具——以快速蒙版模式编辑 回，如图 2-22 所示。使用鼠标左键单击一个工具，即可选择该工具。工具箱中的许多工具并没有直接显示出来，而是

以成组的形式隐藏在右下角带小三角形的工具按钮中。按下此类按钮并停留片刻，即可显示该组所有工具，将光标移动到隐藏的工具上，然后释放鼠标左键，即可选择该工具，如图 2-23 所示。

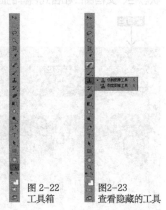

图 2-22 工具箱　　图2-23 查看隐藏的工具

2.2.5 选项栏

选项栏主要用来设置工具的参数，不同工具的选项栏也不同。例如当我们选择缩放工具 时，其选项栏会显示如图 2-24 所示的内容。

图 2-24 选项栏

2.2.6 状态栏

状态栏位于工作界面的最底部，可以显示当前文档的大小、文档尺寸、当前工具和窗口缩放比例等信息。单击状态栏的三角形图标▶，即可设置需要显示的内容，如图 2-25 所示。

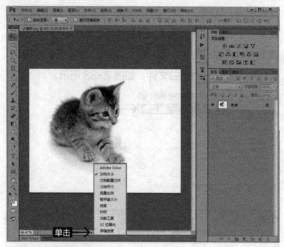

图 2-25 状态栏

2.2.7 面板

Photoshop CS6 中一共有 26 个面板，这些面板主要用来配合图像的编辑、对操作进行控制以及设置参数等。执行"窗口"菜单下的命令可以打开面板，例如，执行"窗口"|"图层"菜单命令，使"图层"命令处于被勾选状态，那么，就可以在工作界面中显示出"图层"面板，如图 2-26 所示。

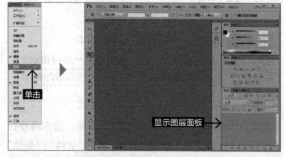

图 2-26 勾选"图层"后即可在界面右下角显示图层面板

1. 折叠 / 展开与关闭面板

在默认情况下，面板都处于展开状态。单击面板右

上角的折叠图标，如图 2-27 所示，可以将面板折叠起来，同时折叠图标会变成展开图标（单击该图标可以展开面板）。如果要关闭面板，可在面板上的灰色区域单击鼠标右键，弹出快捷菜单，选择"关闭"命令可以关闭面板；选择"关闭选项卡组"命令可以关闭当前的面板群组，如图 2-28 所示。

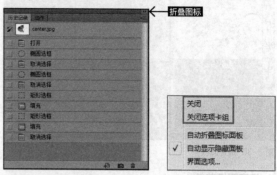

图 2-27 折叠/展开面板　　　　图 2-28 快捷菜单

2. 拆分面板

在默认情况下，面板是以面板组的方式显示在工作界面中的，如"颜色"面板和"色板"面板就是组合在一起的。如果要将其中某个面板拖曳出来形成一个单独的面板，可以将光标放置在面板名称上，然后使用鼠标左键拖曳面板，将其拖曳出面板组，如图 2-29 所示。

图 2-29 拆分面板

3. 组合面板

如果要将一个单独的面板与其他面板组合在一起，可以将光标放置在该面板的名称上，然后使用鼠标左键

将其拖曳到要组合的面板名称上，如图 2-30 所示。

图 2-30 组合面板

4. 打开面板菜单

每个面板的右上角都有一个图标，单击该图标可以打开该面板的菜单选项，如图 2-31 所示。

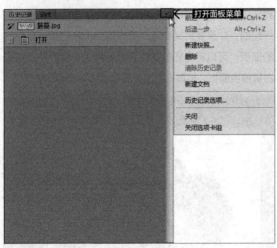

图 2-31 打开面板菜单

2.3 文件操作

新建文件、打开文件、保存文件以及关闭文件等操作主要是通过"文件"菜单的相关命令来执行的。在 Photoshop 中可以使用多种方法新建、打开、保存与关闭图像文件，用户可以运用自己熟悉的方式来执行操作。

2.3.1 新建文件

通常情况下，要处理一张已有的图像，需要将现有图像在 Photoshop 中打开。但是如果要制作一张新图像，就需要在 Photoshop 新建一个文件。

如果要新建一个文件，可以执行"文件"|"新建"菜单命令，如图 2-32 所示，还可以按 Ctrl+N 快捷键新建文件。弹出"新建"对话框后，在此对话框中可以设置文件的名称、尺寸、分辨率、颜色模式等，单击"确定"按钮即可创建一个空白文件，如图 2-33 所示。

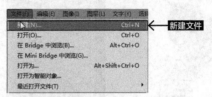

图 2-32 执行"新建"命令

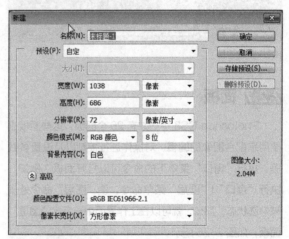

图 2-33 设置文件属性

01 如果需要制作一个 A4 大小的印刷品，首先需要在 Photoshop 中创建一个新的文件，执行"文件"|"新建"命令，或按 Ctrl+N 快捷键，如图 2-34 所示。

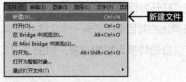

图 2-34 执行"新建"命令

02 弹出"新建"对话框,单击"预设"下拉列表,在列表中选择"国际标准纸张"选项,将"大小"设为"A4",此时"宽度"和"高度"数值将会自动出现,将"分辨率"设为 300 像素 / 英寸,"颜色模式"设置为适用于印刷模式的"CMYK 颜色","背景内容"设为"白色",如图 2-35 所示。

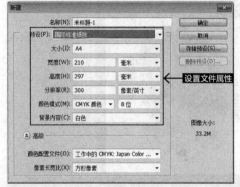

图 2-35 设置文件属性

03 单击"确定"按钮,此时将会出现一个新的空白文档,如图 2-36 所示。之后可以在文档中进行相应的操作,如导入素材等,如图 2-37 所示。

图 2-36 创建新文档

图 2-37 导入素材

2.3.2 打开文件

在编辑图像文件之前,文件必须处于打开状态。文件的打开方法有很多种,下面介绍几种常用的打开文件的方法。

1. 用"打开"命令打开文件

执行"文件"|"打开"菜单命令,在弹出的对话框中选择需要打开的文件,单击"打开"按钮或双击文件即可在 Photoshop 中打开该文件,如图 2-38 所示。

图 2-38 执行"打开"命令

2. 用"打开为"命令打开文件

执行"文件"|"打开为"命令,打开"打开为"对话框,

在此对话框中可以选择需要打开的文件，并且可以设置需要的文件格式，如图 2-39 所示。

图 2-39 执行"打开为"命令

3. 用"在 Bridge 中浏览"命令打开文件

执行"文件"|"在 Bridge 中浏览"命令，可以运行 Adobe Bridge，在 Bridge 中选择一个文件，双击该文件即可在 Photoshop 中将其打开，如图 2-40 所示。

图 2-40 执行"在 Bridge 中浏览"命令

4. 用"打开为智能对象"命令打开文件

智能对象是包含栅格图像或矢量图像的数据的图层。智能对象将保留图像的源文件及其所有原始特性，因此对该图层无法进行破坏性编辑。

执行"文件"|"打开为智能对象"菜单命令，如图 2-41 所示。然后在弹出的对话框中选择一个文件并将其打开，该文件就可以自动转换为智能对象，如图 2-42 所示。

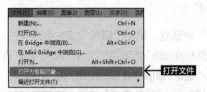

图 2-41 执行"打开为智能对象"命令

图 2-42 查看转换结果

5. 用"最近打开文件"命令打开文件

执行"文件"|"最近打开文件"菜单命令，在其子菜单中可以选择最近使用过的文件，单击文件名即可将其在 Photoshop 中打开，如图 2-43 所示。选择底部的"清除最近的文件列表"命令可以删除历史打开记录。

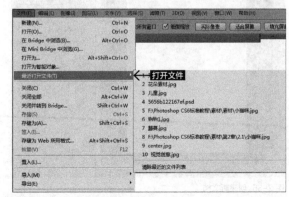

图 2-43 选择最近打开过的文件

6. 用快捷方式打开文件

利用快捷方式打开文件的方法主要有以下3种。

第1种： 选择一个需要打开的文件，然后将其拖曳到 Photoshop 的应用程序图标上，如图 2-44 所示。

第2种： 选择一个需要打开的文件，然后单击右键，在弹出来的菜单中选择"打开方式"|"Adobe Photoshop CS6"命令，如图 2-45 所示。

图 2-44 用快捷方式打开文件-1

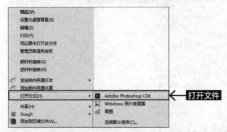

图 2-45 用快捷方式打开文件-2

第3种： 如果已经运行了 Photoshop，可以直接将需要打开的文件拖曳到 Photoshop 的窗口中，如图 2-46 所示。

图 2-46 用快捷方式打开文件-3

2.3.3 置入文件

置入文件是指将照片、图片或任何 Photoshop 支持的文件作为智能对象添加到当前操作的文档中。

新建一个文档，执行"文件"|"置入"命令，在弹出的对话框中选择需要置入的文件，单击"置入"按钮即可将其置入 Photoshop，如图 2-47 所示。

图 2-47 执行"置入"命令

练习 2-2 为对象置入纹身

源文件路径	素材和效果\第2章\练习2-2为对象置入纹身
视频路径	视频\第2章\练习2-2为对象置入纹身.mp4
难易程度	★★

01 执行"文件"|"置入"命令，弹出"置入"对话框，选择需要置入的图像，单击"置入"按钮，如图 2-48 所示。

图 2-48 执行"置入"命令

02 将花纹置于图像中，可以适当调整花纹的大小和位置，在弹出的信息提示框中单击"置入"按钮即可成功置入花纹，如图 2-49 所示。

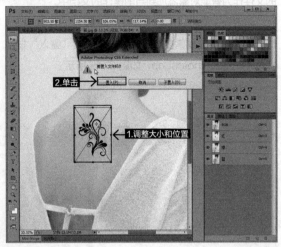

图 2-49 置入花纹

2.3.4 导入与导出文件

Photoshop 是一款功能强大的平面图形处理软件，除了自身丰富的编辑功能外，还具备导入与导出功能，使得它可以和许多其他的软件进行交互。

1. 导入文件

Photoshop 可以编辑变量数据组、视频帧到图层、注释和 WIA 支持等内容，当新建或打开图像文件以后，可以通过执行"文件"|"导入"菜单中的子命令，将这些内容导入 Photoshop 进行编辑，如图 2-50 所示。

图 2-50 执行"导入"命令

将数码相机与计算机连接，在 Photoshop 中执行"文件"|"导入"|"WIA 支持"菜单命令，可以将照片导入 Photoshop，如果计算机配置有扫描仪并安装了相关的软件，则可以在"导入"子菜单中选择扫描仪的名称，使用扫描仪制造商的软件扫描图像，并将其存储为 TIFF、PICT、BMP 格式，然后在 Photoshop 中打开这些图像。

2. 导出文件

在 Photoshop 中创建和编辑好图像以后，可以将其导入 Illustrator 或视频设置。执行"文件"|"导出"菜单命令，可以在其子菜单中选择导出类型，如图 2-51 所示。

图 2-51 执行"导出"命令

2.3.5 保存文件

在对图像进行编辑以后，就需要对文件进行保存。当 Photoshop 出现程序错误、计算机出现程序错误或发生断电等情况时，所有的操作将会丢失，因此保存文件非常重要。这步操作看似简单，但是最容易被忽略，因此一定要养成经常保存文件的良好习惯。

1. 用"存储"命令保存文件

当对图像编辑完以后，可以执行"文件"|"存储"菜单命令或按 Ctrl+S 快捷键，如图 2-52 所示。弹出"存

储为"对话框后，在该对话框中可以设置"文件名"和"格式"，单击"保存"按钮即可保存素材，如图2-53所示。

图 2-52 执行"存储"命令

图 2-53 设置文件名称和格式

2. 用"存储为"命令保存文件

如果需要将文件保存到另一个位置或使用另一个文件名进行保存，可以通过执行"文件"|"存储为"菜单命令或按 Shift+Ctrl+S 快捷键来完成，如图2-54所示。

图 2-54 执行"存储为"命令

3. 用"签入"命令保存文件

使用"文件"|"签入"菜单命令可以存储文件的不同版本以及各版本的注释。该命令可以用于 Version Cue 工作区管理的图像。如果使用的是来自 Adobe Version Cue 项目的文件，则文档标题栏会提供有关文件状态的其他信息。

2.4 改变图像画布尺寸

画布是指整个文档的工作区域，画布大小是指工作区域的大小，它包括图像和空白区域。如果对图像画布不满意，可以根据需要来改变图像画布尺寸。

2.4.1 裁剪工具

在对照片或者图像进行处理时，经常会裁剪图像，以保留需要的部分，删除不需要的部分。使用裁剪工具、"裁剪"命令和"裁切"命令都可以裁剪图像，下面我们来学习具体的操作方法。

使用"画布大小"对话框虽然能够精确地调整画布大小，但不够方便和直观。为此 Photoshop 提供了交互式的裁剪工具，用户可以自由地控制裁剪的位置和大小，同时还可以对图像进行旋转或变形。

选择裁剪工具后，选项栏如图 2-55 所示。通过在其中输入相应的数值，可以准确控制裁剪范围的大小，以及裁剪之后图像的分辨率，这些操作都需在设置裁剪范围之前进行。

图 2-55 选项栏

练习 2-3 裁剪图片的多余部分

源文件路径	素材和效果\第2章\练习2-3裁剪图片的多余部分
视 频 路 径	视频第2章\练习2-3裁剪图片的多余部分.mp4
难 易 程 度	★★

01 执行"文件"|"打开"命令，选择本书配套资源中的"素材和效果\第 2 章\练习 2-3 裁剪图片的多余

部分\猫狗.jpg"，单击"打开"按钮打开文件。在"工具箱"中右击"透视裁剪工具"按钮，在弹出的选项组中选择"裁剪工具"选项，即可启用裁剪工具，如图2-56所示。

图 2-56 选择"裁剪工具"选项

02 此时已启用裁剪工具，移动光标至图像窗口中，按住鼠标左键拖动图像边缘上的裁剪范围控制框，如图2-57所示。

图 2-57 调整裁剪范围

03 按 Enter 键，或在范围框内双击鼠标即可完成裁剪操作，裁剪范围框外的图像被去除，此时如果希望在选定裁剪区域后取消裁剪，可按 Esc 键，如图 2-58所示。

图 2-58 完成裁剪

2.4.2 透视裁剪工具

在拍摄高大的建筑时，由于视角较低，竖直的线条会向消失点集中，产生透视畸变。Photoshop CS6 新增的透视裁剪工具■能够很好地解决这个问题，值得注意的是此工具只适用于没有文字／形状的图层。

练习 2-4 透视裁剪修正畸变

源文件路径	素材和效果\第2章\练习2-4透视裁剪修正畸变
视频路径	视频\第2章\练习2-4透视裁剪修正畸变.mp4
难易程度	★★★

01 执行"文件"|"打开"命令，弹出"打开"对话框，选择本书配套资源中的"素材和效果\第2章\练习2-4透视裁剪修正畸变\建筑.jpg"文件，单击"打开"按钮打开文件，在"工具箱"中右击"透视裁剪工具"按钮■，在弹出的选项组中选择"透视裁剪工具"选项，如图2-59所示。

图 2-59 选择"透视裁剪工具"选项

02 此时已启用透视裁剪工具，建立矩形裁剪范围控制框，将光标放在裁剪框左上角的控制点上，并向右侧拖动控制点，如图2-60所示。

图 2-60 调整裁剪范围

03 按 Enter 键，或在范围框内双击鼠标即可完成裁剪操作，裁剪范围框外的图像被去除，此时将会校正透视畸变，如图 2-61 所示。

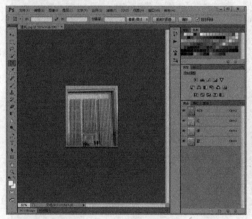

图 2-61 完成裁剪

2.4.3 精确改变画布大小

裁剪工具不仅可以用于裁剪图像，也可以用于增加画布区域。

练习 2-5 利用裁剪工具增加画布区域

源文件路径	素材和效果\第2章\练习2-5利用裁剪工具增加画布区域
视频路径	视频\第2章\练习2-5利用裁剪工具增加画布区域.mp4
难易程度	★★

01 执行"文件"|"打开"命令，择选择本书配套资源中的"素材和效果\第2章\练习2-5利用裁剪工具增

加画布区域\小猫咪.jpg"，单击"打开"按钮，如图 2-62 所示。

图 2-62 打开文件

02 按 Ctrl+- 快捷键，缩小图像窗口，以显示出灰色的窗口区域，选择裁剪工具 ，在图像上拖动裁剪范围框，使其超出当前图像区域，如图 2-63 所示。

图 2-63 拖动裁剪范围框

03 按 Enter 键即可增加画布区域，在区域内填充白色，如图 2-64 所示。

图 2-64 查看画布增加效果

2.5 标尺、参考线和网格线的设置

在实际设计任务中遇到的许许多多问题都需要用标尺、参考线或网络线来解决，它们可以使图像处理更加精密。

2.5.1 标尺与参考线

标尺和参考线可以帮助用户精确地定位图像或元素，勾选"视图"|"标尺"菜单命令，即可显示标尺，如图2-65所示。参考线以浮动的状态显示在图像上方，但在输出和打印图像的时候，参考线都不会显示。同时，可以移动、移去和锁定参考线。

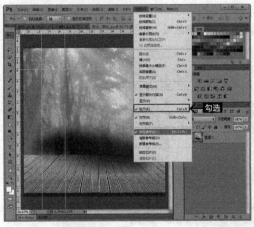

图 2-65 标尺和参考线

2.5.2 智能参考线

智能参考线可以帮助对齐形状、切片和选区。执行"视图"|"显示"|"智能参考线"菜单命令，可启用智能参考线。启用智能参考线后，当绘制形状、创建选区或切片时，智能参考线会自动出现在画布中。图2-66所示为使用智能参考线和切片工具进行操作时的画布状态。

2.5.3 网格

网格主要用来对称排列图像。网格在默认情况下显示为不打印出来的线条。执行"视图"|"显示"|"网格"菜单命令，就可以在画布中显示出网格，如图2-67所示。

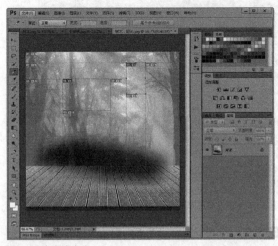

图 2-66 智能参考线

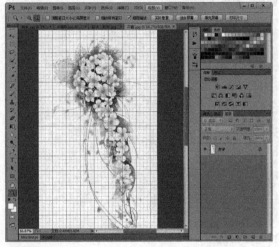

图 2-67 网格

2.6 撤销、返回、恢复的应用

在编辑图像时，常常会由于操作错误而导致对效果不满意，这时可以撤销所做的操作，然后重新编辑图像。

2.6.1 还原与重做

"还原"和"重做"两个命令是相互关联在一起的，执行"编辑"|"还原"菜单命令，或按 Ctrl+Z 快捷键即

可撤销最近的一次操作，将其还原到上一步的操作状态；执行"编辑"|"重做"菜单命令，或按 Alt+Ctrl+Z 快捷键可以取消还原操作，如图 2-68 所示。

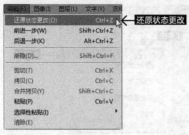

图 2-68 执行"还原"命令

2.6.2 后退一步与前进一步

由于"还原"命令只可以还原一步操作，如果要连续还原操作就要使用到"编辑"|"后退一步"菜单命令，或连续按 Alt+Ctrl+Z 快捷键来逐步撤销操作，如果要取消还原的操作，可连续按 Shift+Ctrl+Z 快捷键来逐步恢复被撤销的操作，如图 2-69 所示。

图 2-69 执行"后退一步"命令

2.6.3 恢复

执行"文件"|"恢复"菜单命令或按 F12 键，可以直接将文件恢复到最后一次保存时的状态，或返回到刚打开文件时的状态，如图 2-70 所示。

图 2-70 执行"恢复"命令

2.7 用历史记录面板还原操作

在编辑图像时，每进行一次操作，Photoshop 都会将其记录到"历史记录"面板中。也就是说，在"历史记录"面板中可以恢复到某一步的状态，同时也可以返回到当前的操作状态。

2.7.1 熟悉历史记录面板

执行"窗口"|"历史记录"菜单命令，打开"历史记录"面板，如图 2-71 所示。

图 2-71 打开"历史记录"面板

2.7.2 创建与删除快照

1. 创建快照

创建新快照，就是将图像保存到某一状态下。如果为某一状态创建新的快照，可以采用以下 2 种方法中的任何一种。

第 1 种：在"历史记录"面板中选择需要创建快照的状态。单击"创建新快照"按钮 ，此时 Photoshop 会自动为新建的快照命名，如图 2-72 所示。

图 2-72 单击"创建新快照"按钮

第2种：选择需要创建快照的状态，然后在"历史记录"面板右上角单击■按钮，在弹出的菜单中选择"新建快照"命令，如图2-73所示。

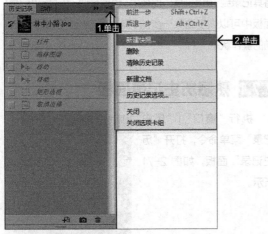

图2-73 选择"新建快照"命令

2. 删除快照

如果要删除某个快照，可以采用以下3种方法来删除快照。

第1种：在"历史记录"面板中选择需要删除的快照，然后单击"删除当前状态"按钮或将快照拖曳到该按钮上，即可删除快照，如图2-74所示。

第2种：选择需要删除的快照，单击鼠标右键，在弹出的菜单中选择"删除"命令，如图2-75所示。

图2-74 单击"删除当前状态"按钮

图2-75 选择"删除"命令

第3种：选择需要删除的快照，然后在"历史记录"面板右上角单击■图标，在弹出的菜单中选择"删除"命令，如图2-76所示。

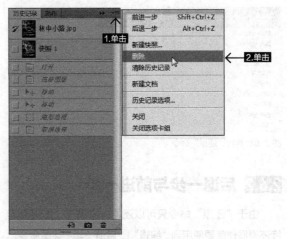

图2-76 选择"删除"命令-2

2.7.3 历史记录选项

在"历史记录"面板右上角单击■图标，然后在弹出的菜单中选择"历史记录选项"命令，如图2-77所示，弹出"历史记录选项"对话框，如图2-78所示。

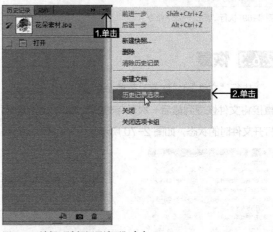

图2-77 选择"选择记录选项"命令

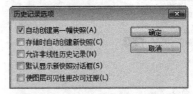

图2-78 弹出"历史记录选项"对话框

历史记录选项介绍如下。

- **自动创建第一幅快照**：打开图像时，图像的初始状态自动创建为快照。
- **存储时自动创建新快照**：在编辑的过程中，每保存一次文件，都会自动创建一个快照。
- **允许非线性历史记录**：勾选此选项后，选择一个快照，当更改图像时将不会删除历史记录的所有状态。
- **默认显示新快照对话框**：强制提示 Photoshop 用户输入快照名称。
- **使图层可见性更改可还原**：保存对图层可见性的更改。

2.8 综合训练——创建时尚插画

本训练综合使用圆形矩形工具、渐变工具、"斜切"命令、图层样式等多种工具和方法，制作一幅时尚插画。

源文件路径	素材和效果\第2章\2.8综合训练——创建时尚插画
视频路径	视频第2章\2.8综合训练——创建时尚插画.mp4
难易程度	★★★★

01 启动 Photoshop 后，执行"文件"|"新建"命令，弹出"新建"对话框，在对话框中设置参数，如图2-79所示，单击"确定"按钮，新建一个空白文件。

图2-79 "新建"对话框

02 单击"编辑"|"首选项"|"参考线、网格和切片"命令，在弹出的"首选项"对话框中设置参数，如图2-80所示。

03 选择工具箱中的圆角矩形工具，在工具选项栏中设置"填充"为黑色，"宽度"和"高度"均为50像素，"半径"为5像素，如图2-81所示。

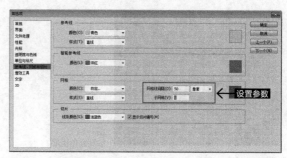
图2-80 "首选项"对话框

图2-81 圆角矩形工具选项栏

04 执行"视图"|"显示"|"网格"命令，或按 Ctrl + '快捷键，在图像窗口中显示网格，如图2-82所示。

05 在网格线上单击鼠标左键，弹出"创建圆角矩形"对话框，单击"确定"按钮，即可绘制一个圆角矩形，如图2-83所示。

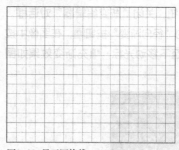
图2-82 显示网格线

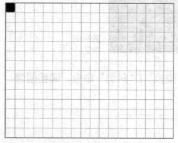
图2-83 绘制圆角矩形

06 每单击一条网格线，便可添加一个圆角矩形，效果如图2-84所示。

07 在按住 Ctrl 键的同时，单击图层，载入选区。选择工具箱中的渐变工具，在工具选项栏中单击渐变条，打开"渐变编辑器"对话框，设置参数，如图2-85所示。

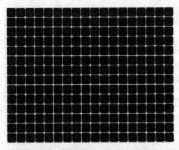

图2-84
绘制圆角矩形

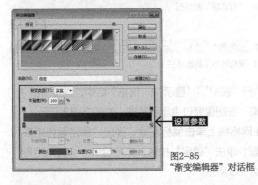

图2-85
"渐变编辑器"对话框

08 单击"确定"按钮，关闭"渐变编辑器"对话框。按下工具选项栏中的"径向渐变"按钮，在图像中按住鼠标左键并由上至下移动光标，填充渐变效果如图2-86所示。

图2-86
渐变

09 执行"编辑"|"变换"|"斜切"命令，调整图像，如图2-87所示。

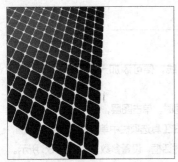

图2-87
斜切

10 选择背景图层，填充黑色，效果如图2-88所示。

图2-88 填充背景

11 执行"文件"|"打开"命令，打开光束、圆点和人物素材，添加至文件中，如图2-89所示。

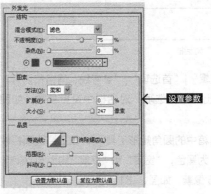

图2-89 素材

12 选择人物素材图层，双击图层，弹出"图层样式"对话框，选择"外发光"选项，设置参数，如图2-90所示。

图2-90 外发光参数

13 单击"确定"按钮，退出"图层样式"对话框，添加"外发光"的效果如图 2-91 所示。

图2-91 外发光效果

2.9 课后习题

习题 **1**：制作一幅充满时尚元素的插画，如图 2-92 所示。练习新建图形文件和移动工具、套索工具的简单操作。

源文件路径	素材和效果\第2章\习题1——制作时尚插画
视频路径	视频第2章\习题1——制作时尚插画.mp4
难易程度	★★★

图2-92 习题1——制作时尚插画

习题 **2**：利用在本章中所学的打开、存储、变换等命令，通过对照片进行移动和变换，制作出悬挂的相册效果，如图 2-93 所示。

源文件路径	素材和效果\第2章\习题2——制作悬挂相册
视频路径	视频第2章\习题2——制作悬挂相册.mp4
难易程度	★★★

图2-93 习题2——制作悬挂相册

习题 **3**：运用"裁切"命令裁切白边，如图 2-94 所示。

源文件路径	素材和效果\第2章\习题3——裁切白边
视频路径	视频第2章\习题3——裁切白边.mp4
难易程度	★★

图2-94 习题3——裁切白边

习题 **4**：使用裁剪命令裁剪图像，如图 2-95 所示

源文件路径	素材和效果\第2章\习题4——裁剪图像
视频路径	视频第2章\习题4——裁剪图像.mp4
难易程度	★★

图2-95
习题4——裁剪图像

本章视频时长
136 分钟

第 3 章

选区工具的应用

选区在图像编辑过程中扮演着非常重要的角色，它限制着图像编辑的范围和区域。灵活而巧妙地应用选区，能制作出许多精妙绝伦的效果。因此很多 Photoshop 高手将 Photoshop 的精髓归纳为"选择的艺术"。

本章将详细讨论选区创建和编辑的方法，以及选区在图像处理中的具体应用技巧。

本章学习目标

- 了解选区的基本功能；
- 掌握选择工具的应用；
- 掌握选区的编辑方法；
- 掌握选区的变换。

本章重点内容

- 选区的基本功能；
- 选择工具的应用；
- 选区的编辑方法；
- 掌握选区的变换。

扫 码 看 课 件

3.1 选区的基本功能

选区的功能在于准确限制图像编辑的范围，从而得到精确的效果。选区建立之后，在选区的边界就会出现不断流动的虚线，以表示选区的范围。由于这些流动的虚线像一队蚂蚁在走动，因此围绕选区的线条也被称为"蚂蚁线"。建立选区后就可以对选定的图像进行移动、复制以及添加滤镜、调整色彩和色调等操作，选区外的图像丝毫不受影响。

如图 3-1 所示，如果要改变裙子的颜色，首先通过选区将其选择，然后再使用调整命令进行调整，即可得到很好的效果，如图 3-1b 所示，而如果没有创建选区，则整个图像的色彩都会被调整，如图 3-1c 所示。

a.
建立选区选择
裙子

b.
调整裙子颜色

c.
整个图像颜色
被调整

图3-1 选区应用示例

1. 基于形状的选择方法

在选择矩形、多边形、正圆形和椭圆形等基本几何形状的对象时，可以使用工具箱中的选择工具来进行选取。图 3-2 所示为运用椭圆选框工具建立的圆形选区，图 3-3 所示为运用多边形套索工具建立的矩形选区。

图 3-2 圆形选区

图 3-3 矩形选区

2. 基于路径的选择方法

Photoshop 中的钢笔工具 是矢量工具，使用它可以绘制光滑的路径。如果对象边缘光滑，并且呈现不规则形状，可以使用钢笔工具来选取，如图 3-4 所示。

图层和路径都可以转换为选区。按住 Ctrl 键，移动光标至图层缩览图上方，此时光标显示为 形状，单击鼠标，即可得到该图层非透明区域的选区。

使用路径建立选区也是比较精确的方法。因为使用路径工具建立的路径可以非常光滑，而且可以反复调节各锚点的位置和曲线的曲率，所以常用来建立复杂和边界较为光滑的选区。

图3-4 运用路径工具选择

3. 基于色调的选择方法

颜色选择方式通过颜色的反差来选择图像。当背景颜色比较单一，且与选择对象的颜色存在较大的反差时，使用颜色选择便会比较方便，例如图3-5所示的图像。

Photoshop提供了3个颜色选择工具，即魔棒工具、快速选择工具和"色彩范围"命令。

图3-5 具有单色背景的图像

4. 基于快速蒙版的选择方法

快速蒙版是一种特殊的选区编辑方法，在快速蒙版状态下，可以像处理图像那样使用各种绘画工具和滤镜来编辑选区。

3.2 制作规则形选区

Photoshop提供了4个选框工具用于创建形状规则的选区，即矩形选框工具、椭圆选框工具、单行选框工具和单列选框工具，分别用于建立矩形、椭圆、单行和单列选区。

3.2.1 矩形选框工具

矩形选框工具是最常用的选框工具，用于创建矩形和正方形选区。使用该工具，在图像窗口相应位置按住鼠标左键拖动，即可创建矩形选区。图3-6所示为矩形选框工具选项栏。

图3-6 矩形选框工具选项栏

矩形选框工具选项栏中各选项的含义如下。

❶ "羽化"文本框：用来设置选区的羽化值，该值越高，羽化的范围越大。

❷ "样式"下拉列表框：用来设置选区的创建方法。选择"正常"时，可以通过按住鼠标左键拖动鼠标创建需要的选区，选区的大小和形状不受限制；选择"固定比例"后，可在该选项右侧的"宽度"和"高度"数值栏中输入数值，创建固定比例的选区。

❸ "高度和宽度互换"按钮：单击该按钮，可以切换"宽度"和"高度"数值栏中的数值。

❹ "调整边缘"按钮：单击该按钮，可以打开"调整边缘"对话框，在对话框中可以对选区进行平滑化、羽化处理。

选择矩形选框工具，在图层中按住鼠标左键拖动鼠标，即可创建矩形选区，如图3-7所示。在按住Shift键的同时拖动鼠标，可创建正方形选区，如图3-8所示。按住Alt+Shift键拖动，可建立以起点为中心的正方形选区。

图3-7 创建矩形选区　　　图3-8 创建正方形选区

当需要取消选择时，执行"选择"|"取消选择"命令，或按Ctrl+D快捷键，或使用选框工具在图像窗口中单击即可。

练习 3-1　在图片上创建底纹

源文件路径	素材和效果\第3章\练习3-1在图片上创建底纹
视频路径	视频\第3章\练习3-1在图片上创建底纹.mp4
难易程度	★★

01 启动Photoshop，执行"文件"|"打开"命令，在"打开"对话框中选择"花朵.jpg"素材文件，单击"打开"按钮，如图3-9所示。

图3-9 打开素材

02 新建一个图层，选择工具箱中的矩形选框工具 ▣，在图像窗口中绘制一个矩形选区，如图 3-10 所示。

图3-10 建立选区

03 单击工具箱中的"前景色"色块，在弹出的"拾色器（前景色）"对话框中设置前景色为白色，单击"确定"按钮，按 Alt+Delete 快捷键，填充颜色，效果如图3-11 所示。

图3-11 填充白色

04 按 Ctrl+D 快捷键取消选区，设置图层的"不透明度"为 50%，效果如图 3-12 所示。

图3-12 设置属性

05 新建一个图层，继续运用矩形选框工具 ▣，绘制矩形选区，填充绿色（R216，G237，B58），设置图层的"不透明度"为 80%，效果如图 3-13 所示。

图3-13 填充绿色

06 运用同样的操作方法，制作其他的矩形区域的底纹，效果如图 3-14 所示。

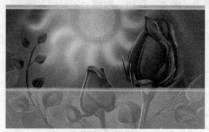

图3-14 最终效果

3.2.2 椭圆选框工具

选择椭圆选框工具 ◯，在画面中按住鼠标左键拖动鼠标可以建立一个椭圆选区，如图 3-15 所示。若在工具选项栏中按下"从选区减去"按钮 ▣，在椭圆选区内按住鼠标左键拖动鼠标建立一个选区，则将得到圆环选区，如图 3-16 所示。

图3-15
建立椭圆选区

图3-16
建立圆环选区

练习 3-2 绘制拉花图案

源文件路径	素材和效果\第3章 练习3-2 绘制拉花图案
视 频 路 径	视频\第3章 练习3-2 绘制拉花图案.mp4
难易程度	★★★

01 启动 Photoshop 后，执行"文件"|"新建"命令，弹出"新建"对话框，在对话框中设置参数，如图3-17 所示，单击"确定"按钮，新建一个空白文件。

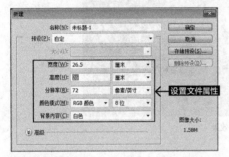

图3-17 新建文件

02 选择椭圆选框工具 ，在按住 Shift 键的同时拖动鼠标绘制一个正圆，单击"创建新图层"按钮 ，新建一个图层，填充橙色（R254，G84，B0），如图3-18 所示。

03 执行"选择"|"变换选区"命令，向内拖动控制柄，缩小选区，如图3-19 所示。

图3-18 绘制圆   图3-19 变换选区

04 按 Enter 键确认调整，填充黄色（R255，G168，B91），如图3-20 所示。

05 继续执行"选择"|"变换选区"命令，向内拖动控制定界框，如图3-21 所示。

06 按 Enter 键确认调整，填充白色，如图3-22 所示。

图3-20 填充黄色   图3-21 变换选区   图3-22 填充白色

07 用同样的操作方法，完成圆环图形的绘制，效果如图 3-23 所示。

08 用同样的操作方法，绘制其他的圆环图形，效果如图 3-24 所示。

09 选择背景图层，选择工具箱中的矩形选框工具 ，在图像窗口中绘制一个矩形选区，填充黄色（R254，G235，B193），如图 3-25 所示。

图3-23 制作圆环

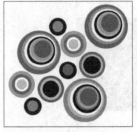 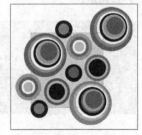

图3-24 绘制圆环   图3-25 绘制矩形

3.2.3 单行和单列选框工具

单行选框工具 和单列选框工具 用于创建高度或宽度为1像素的选区，在选区内填充颜色可以得到水平或竖直直线，常用来制作网格。图 3-26 所示为创建的单行选区，图 3-27 所示为创建的单列选区。

图3-26 创建单行选区   图3-27 创建单列选区

44

练习3-3 绘制图片上的裁剪线

源文件路径	素材和效果\第3章\练习3-3 绘制图片上的裁剪线
视频路径	视频第3章\练习3-3 绘制图片上的裁剪线.mp4
难易程度	★

01 按 Ctrl + O 快捷键，打开"背景.jpg"素材文件，如图 3-28 所示。

图3-28 原图像

02 分别选择单行选框工具 和单列选框工具 ，在按住 Shift 键的同时，在图像中单击鼠标左键，得到如图 3-29 所示的选区。

图3-29 创建选区

03 新建一个图层，设置背景色为蓝色（R92，G167，B209），按 Ctrl + Delete 快捷键在选区中填充蓝色，按 Ctrl + D 快捷键取消选择，效果如图 3-30 所示。

图3-30 填充效果

提示

使用矩形选框工具和椭圆选框工具，在图像中按住鼠标左键拖动，即可创建选区；使用单行和单列选框工具，只需在图像中单击即可创建选区。

3.2.4 课堂范例——制作绚丽的背景图案

源文件路径	素材和效果\第3章\3.2.4课堂范例——制作绚丽的背景图案
视频路径	视频第3章\3.2.4课堂范例——制作绚丽的背景图案.mp4
难易程度	★★★

本实例主要介绍如何使用矩形选框工具 绘制装饰线条效果。

01 按 Ctrl+O 快捷键，打开"背景.jpg"素材文件，如图 3-31 所示。

02 新建"图层1"图层，选择矩形选框工具 ，在图像中按住鼠标左键拖动鼠标，创建矩形选区。选择"编辑"|"填充"命令，在选区内填充洋红色（R223，G27，B124），如图 3-32 所示。

图3-31 打开背景素材　　　　图3-32 创建选区并填色

03 按 Ctrl+D 快捷键，取消选区。先按 Ctrl+T 快捷键，拉长并旋转图形，如图 3-33 所示，再双击图层面板中的"图层1"，弹出"图层样式"对话框，设置描边和投影参数，如图 3-34 所示。

图3-33 变换矩形　　　　图3-34 图层样式参数

04 单击"确定"按钮关闭"图层样式"对话框，效果如图 3-35 所示。

05 再次使用矩形选框工具 ▦ 绘制矩形，并填充棕绿色（R159，G151，B34），旋转并拉伸图形，效果如图3-36所示。

图3-35 添加图层样式效果　　图3-36 绘制矩形

06 参照上述操作，绘制更多其他颜色的矩形条，如图3-37所示。

07 选中所有矩形条，按Ctrl+G快捷键，为图层编组，将图层组重命名为"大彩条"，再次绘制彩色矩形条，编组后，重命名为"小彩条"，按Ctrl+[快捷键，调整至"大彩条"图层组下面，如图3-38所示。

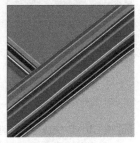

图3-37 绘制其他矩形　　图3-38 绘制小彩条

08 按Ctrl+O快捷键，打开"人物.psd"素材文件，拖入画面中，如图3-39所示。

09 最后添加星星等装饰图形，最终效果如图3-40所示。

图3-39 添加人物素材　　图3-40 添加其他素材

3.3 制作不规则形选区

Photoshop提供了4种工具用于创建不规则形状的选区，即套索工具 ◯、魔棒工具 ✦、快速选择工具 ✎ 以及"色彩范围"命令。

3.3.1 使用套索工具

套索工具用于建立不规则形状选区，包括套索工具 ◯、多边形套索工具 ✑ 和磁性套索工具 ✑。

1. 套索工具

套索工具 ◯ 用于手动绘制不规则形状的选区，能够创建出任意形状的选区。在工具箱中选择该工具后，按住鼠标左键不放，在图像中拖动鼠标，绘制选区，释放鼠标左键，即可创建出需要的选区。

练习 3-4 用套索工具选择人像

源文件路径	素材和效果\第3章\练习3-4用套索工具选择人像
视频路径	视频\第3章\练习3-4用套索工具选择人像.mp4
难易程度	★

01 执行"文件"|"打开"命令，打开"人像.jpg"素材文件，如图3-41所示。

02 在工具箱中选择套索工具 ◯，按住鼠标左键不放，在图像中直接拖动鼠标，完成选区的绘制，如图3-42所示。

图3-41 打开背景素材　　图3-42 运用套索工具建立选区

提示

套索工具创建的选区非常随意，不够精确。

若在拖动鼠标的过程中，终点尚未与起点重合就松开鼠标左键，系统会自动闭合不完整的选取区域；在未松开鼠标左键之前，按一下Esc键可取消刚才的选择。

2. 多边形套索工具

多边形套索工具 通过单击鼠标指定顶点的方式来建立多边形选区，因而常用来创建不规则形状的多边形选区，如三角形、四边形、梯形和五角星形等。

选择多边形套索工具 后，移动光标至选取图形的一个端点上并单击，以确定多边形选区的第一个顶点，然后沿着对象的轮廓在各个端点（转折点）上单击，以确定多边形的其他各顶点。当回到起始点时，光标右下角会出现一个小圆圈标记，变为 形状，此时单击鼠标即可得到多边形选区，如果在倒数第二点上双击鼠标，系统会自动闭合选区。

在选取过程中，按 Delete 键，可删除最近选取的一条线段，若连续按 Delete 键多次，则可以不断地删除线段，直至删除所有选取的线段，与按 Esc 键效果相同；若在选取的同时按住 Shift 键，则可按水平、竖直或 45°方向进行选取。

练习 3-5 用多边形套索创建填充区域

源文件路径	素材和效果\第3章\练习3-5用多边形套索创建填充区域
视频路径	视频\第3章\练习3-5用多边形套索创建填充区域.mp4
难易程度	★

01 执行"文件"｜"打开"命令，打开"星形 .jpg"素材文件，如图 3-43 所示。

02 单击工具箱中的多边形套索工具 ，在星形的角点位置连续单击，绘制星形选区，如图 3-44 所示。

图 3-43 打开背景素材

03 按 Ctrl+Shift+I 快捷键，反选图形，按 Delete 键进行填充，效果如图 3-45 所示。

图 3-44 运用套索工具建立选区

图 3-45 填充选区

提示

在使用套索工具或多边形套索工具时，按住 Alt 键可以在这 2 个工具之间相互切换。

3. 磁性套索工具

磁性套索工具 也可以看作通过颜色选取的工具，因为它自动根据颜色的反差来确定选区的边缘，但同时它又具有圈地式选取工具的特征，即通过鼠标的单击和移动来指定选取的方向。

磁性套索工具 选项栏如图 3-46 所示，在其中可设置羽化、颜色识别的精度和节点添加频率等参数。

图 3-46 磁性套索工具选项栏

磁性套索工具选项栏中各选项的含义如下。

❶ "宽度"文本框：设置磁性套索工具在选取时光标两侧的检测宽度，取值范围为 0 ~ 256 像素，数值越小，所检测的范围就越小，选取也就越精确，但同时鼠标也更难控制，稍有不慎就会移出图像边缘。

❷ "对比度"文本框：用于控制磁性套索工具在选取时的敏感度，范围为 1% ~ 100%，数值越大，磁性套索工具对颜色反差的敏感程度越低。

❸ "频率"文本框：用于设置自动插入的节点数，取值范围为 0 ~ 100，值越大，生成的节点数也就越多。

❹ "使用绘图板压力以更改钢笔宽度"按钮 ：如果计算机配置有数位板和压感 笔，可以按下该按钮，Photoshop 会根据压感笔的压力 自动调整工具的检测范围。例如，增大压力会导致边缘宽度减小。

练习 3-6 用磁性套索合成花瓣头饰

源文件路径	素材和效果\第3章\练习3-6用磁性套索合成花瓣头饰
视频路径	视频\第3章\练习3-6用磁性套索合成花瓣头饰.mp4
难易程度	★★

01 打开"花朵 .jpg"素材文件，选择磁性套索工具 ，如图 3-47 所示。

02 移动光标至图像边缘上，单击以确定起点，然后沿着图像边缘移动光标（非拖动），磁性套索工具根据颜色的反差在图像边缘上自动生成节点，如图 3-48 所示。

图 3-47
打开背景素材

图 3-48
生成节点

03 单击鼠标可以增加节点。如果自动产生的节点不符合要求，可以按 Delete 键删除上一个节点。

04 当终点与起点重合时，光标的右下角会出现一个小圆圈，此时单击鼠标即可闭合选区。在终点与起点尚未重合时，也可以直接双击鼠标闭合选区，如图 3-49 所示。

图 3-49
使用磁性套索
工具选取图像

05 按 Ctrl+O 快捷键，弹出"打开"对话框，打开背景素材文件"发型 .jpg"，选择移动工具 ，将选区图像添加至背景素材文件中，放置在适当位置，调整好大小，得到如图 3-50 所示的效果。

图 3-50
添加素材

06 将素材复制一份，按 Ctrl+T 快捷键，进入自由变换状态，单击鼠标右键，在弹出的快捷菜单中选择"水平翻转"选项，水平翻转图形，并调整好位置，效果如图 3-51 所示。

图 3-51
复制

07 合并素材图层并双击，在弹出的"图层样式"对话框中选择"投影"选项，使用默认参数，单击"确定"按钮，为素材添加上投影效果，效果如图 3-52 所示。

图 3-52
添加投影

磁性套索工具也存在一定的缺点，它只适用于颜色反差强烈的图像，当图像颜色反差不大或色调杂乱时不能创建出理想的选区。如果选取图像的边缘非常清晰，可以使用更大的"宽度"参数和更高的"对比度"；若是在边缘较柔和的图像上，可以使用较小的"宽度"参数和较低的"对比度"，以更精确地跟踪边框。

3.3.2 使用魔棒工具

魔棒工具 是根据图像的饱和度、色度或亮度等信息来选择对象，通过调整容差值来控制选区的精确度，适合快速选择颜色变化不大，且色调接近的区域。

图 3-53 所示为魔棒工具的选项栏。

图 3-53 魔棒工具选项栏

魔棒工具选项栏中各选项的含义如下。

❶ 取样大小：对取样范围大小的设定。

❷ "容差"文本框：在此文本框中可输入 0 ~ 255 之间的数值来确定选取的颜色范围。其值越小，选取的颜色范围与鼠标单击位置的颜色越相近，同时选取的范围也越小，值越大，选取的范围就越广，如图 3-54 所示。

a.容差=10

b.容差=30

图 3-54 "容差"参数设置示例

c.容差=60

图 3-54 "容差"参数设置示例（续）

❸ "消除锯齿"复选框：选中该选项可消除选区边缘的锯齿。

❹ "连续"复选框：选中该选项，在选取时仅选择位置邻近且颜色相近的区域。否则，会将整幅图像中所有颜色相近的区域选择，而不管这些区域是否相连，与"选择"|"色彩范围"命令功能相同，如图 3-55、图 3-56 所示。

图 3-55
选中"连续"选项

图 3-56
未选中"连续"选项

❺ "对所有图层取样"复选框：该选项仅对多图层图像有效。系统默认只对当前图层有效，选中该选项，将会在所有的可见图层中应用颜色选择。

练习 3-7 用魔棒工具替换背景

源文件路径	素材和效果\第3章\练习3-7用魔棒工具替换背景
视频路径	视频\第3章\练习3-7用魔棒工具替换背景.mp4
难易程度	★★

01 打开"人物 .jpg"素材图像,选择魔棒工具 ，如图 3-57 所示。

图 3-57 打开素材

02 将容差设置为 10,并不选中"连续"选项,使用魔棒工具单击背景下部区域,创建选区,如图 3-58 所示。

图 3-58 创建选区

03 在按住 Shift 键的同时,在背景上部区域单击鼠标左键,将这部分背景内容添加到选区中,如图 3-59 所示。

图 3-59 添加到选区

04 执行"选择"|"反向"命令,或按 Ctrl + Shift + I 快捷键,反选当前的选区,运用移动工具 ，将图片添加至"背景 .jpg"素材图像中,并调整图片至合适的大小,如图 3-60 所示。

图 3-60 更换背景

提示

如果在背景图层上清除图像,Photoshop会在清除的图像区域内填充背景色,如果在其他图层上清除图像,则得到透明区域,如图 3-61所示。若选中"连续"选项,可以按住Shift键单击选择不连续的多个颜色相近区域。

a.原图

b.填充背景色

图 3-61 清除图像

c.得到透明
区域

图 3-61 清除图像（续）

3.3.3 快速依据颜色制作选区

快速选择工具 ✔ 是 Photoshop CS3 新增的工具。快速选择工具仍然属于颜色选择工具，不同的是，在移动鼠标的过程中，它能够快速选择多个颜色相似的区域，相当于按住 Shift 或 Alt 键不断使用魔棒工具 ✦ 单击。快速选择工具的引入使复杂选区的创建变得简单和轻松。

图 3-62 所示为快速选择工具的选项栏。快速选择工具默认选择光标周围与光标范围内的颜色类似且连续的图像区域，因此光标的大小决定着选取的范围。

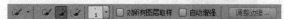

图 3-62 快速选择工具选项栏

练习 3-8 用快速选择工具替换背景

源文件路径	素材和效果\第3章\练习3-8用快速选择工具替换背景
视频路径	视频第3章\练习3-8用快速选择工具替换背景.mp4
难易程度	★★

01 打开"人物.jpg"素材图像，选择快速选择工具 ✔，如图 3-63 所示。

02 在工具选项栏中适当调整笔尖大小，在人物上单击鼠标，与光标范围内颜色相似的图像即被选择，如图 3-64 所示。

03 如果图像中有些背景也被选中，可以按住 Alt 键，此时光标由 ⊕ 形状变为 ⊖ 形状，表示当前处于减去选择模式，在多选的图像区域上按住鼠标左键拖动鼠标，即可将该图像区域从选区中减去，如图 3-65 所示。

图 3-63 素材图像

图 3-64 建立选区

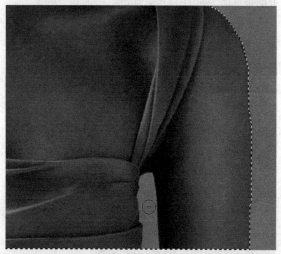

图 3-65 减去多余的选区

04 运用移动工具 ⊕，将图片添加至"背景.jpg"素材图像中，并调整图片至合适的大小，如图 3-66 所示。

图 3-66 更换背景

提示

快速选择工具默认选择光标周围与光标范围内的颜色类似且连续的图像区域，因此光标的大小决定着选取的范围。按Ctrl++键，可放大图像。按 [和] 键可缩小和放大光标。创建一个选区后，按住Shift键可以添加新选区到选区中。按住Alt键可以从选区中减去新选区，按住Shift+Alt键可以选中新选区与选区交叉的区域。

3.3.4 使用"色彩范围"命令

"色彩范围"命令可根据图像的颜色范围创建选区，与魔棒工具有着很大的相似之处，但该命令提供了更多的控制选项，使用方法也更为灵活，选择更为精确。

打开一个文件，如图 3-67 所示。执行"选择"|"色彩范围"命令，可以打开"色彩范围"对话框，如图 3-68 所示。在对话框中可以预览选区，白色代表被选择的区域，黑色代表未被选择的区域，灰色则代表被部分选择的区域。

图 3-67 素材文件

图 3-68
"色彩范围"对话框

"色彩范围"对话框中各选项含义如下。

❶ "选择"下拉列表框：用来设置选区的创建依据。选择"取样颜色"时，以对话框中的吸管工具拾取的颜色为依据创建选区。选择"红色""黄色"或者其他颜色时，可以选择图像中特定的颜色，如图 3-69 所示。选择"高光""中间调"或"阴影"时，可以选择图像中特定的色调，如图 3-70 所示。

图 3-69
选择"红色"选项

图 3-70
选择"中间调"选项

❷ "检测人脸"：选择人像或人物皮肤时，可勾选该项，以便更加准确地选择肤色。

❸ "本地化颜色簇"复选框：选中该复选框后，可以使当前选中的颜色过渡更平滑。

❹ "颜色容差"文本框：用来控制颜色的范围，该值越高，包含的颜色范围越广。

52

⑤ "范围"文本框：在文本框中输入数值或拖曳下方的滑块，调整本地化颜色簇的选择范围。

⑥ 选区预览框：显示应用当前设置所创建的选区。

⑦ 预览效果选项：选中"选择范围"单选按钮，选区预览框中显示当前选区的效果，选中"图像"单选按钮，选区预览框中显示该图像的效果。

⑧ "选区预览"下拉列表框：单击下拉按钮，打开下拉列表框，设置图像中选区的预览效果。

⑨ "存储"按钮：单击该按钮，弹出"存储"对话框。在该对话框中将当前设置的"色彩范围"参数保存，以便以后应用到其他图像中。

⑩ 吸管工具组：用于选择图像中的颜色，并可对颜色进行增加或减少的操作。

⑪ "反相"复选框：选中该复选框后，可使当前选中的选区部分反相。

练习 3-9 用"色彩范围"命令替换背景

源文件路径	素材和效果\第3章\练习3-9 用"色彩范围"命令替换背景
视频路径	视频\第3章\练习3-9用"色彩范围"命令替换背景.mp4
难易程度	★★★

01 打开素材图像"热气球.jpg"，如图 3-71 所示。

图 3-71 素材图像

02 执行"选择"|"色彩范围"命令，打开"色彩范围"对话框，单击"选择"下拉按钮，选择"取样颜色"选项，按下对话框右侧的吸管按钮，移动光标至图像窗口或预览框（光标会显示为吸管的形状 ✐ ）中，在图像的背景上方单击，对蓝天的颜色进行取样，如图 3-72 所示。

图 3-72 "色彩范围"对话框

03 在预览框中预览选择的颜色范围，设置"颜色容差"为 50，如图 3-73 所示。

图 3-73
设置"颜色容差"

04 当需要增加选取范围或其他颜色时，按下带有"＋"的吸管按钮 ✐ ，然后在图像窗口或预览框中单击以添加选取范围，如图 3-74 所示。

图 3-74
增加选取范围

05 选中"反相"复选框，可反选当前选择区域，相当于执行"选择"|"反向"命令，如图 3-75 所示。

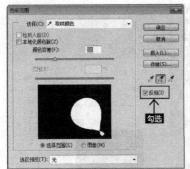

图 3-75
反选当前区域

06 设置完成后，单击"确定"按钮关闭对话框，即可得到所需的选区，如图 3-76 所示。

图 3-76 创建的选区

07 运用移动工具 ，将图片添加至"天空.jpg"素材图像中，按 Ctrl+T 快捷键，进入自由变换状态，对图片进行旋转，并调整图片至合适的大小，如图 3-77 所示。

图 3-77 添加至素材文件中

提示

再次执行"色彩范围"命令时，对话框中将自动保留上一次执行命令时的各项参数，按住 Alt 键时，"取消"按钮变为"复位"按钮，单击该按钮可将所有参数复位到初始状态。

3.3.5 课堂范例——用多种方法抠取花朵

源文件路径	素材和效果\第3章\3.3.5课堂范例——用多种方法抠取花朵
视 频 路 径	视频\第3章\3.3.5课堂范例——用多种方法抠取花朵.mp4
难 易 程 度	★★★

本实例主要介绍如何使用套索工具、快速选择工具以及"色彩范围"命令抠取花朵。

01 利用磁性套索工具抠图：打开"花朵.jpg"素材图像，选择磁性套索工具 ，如图 3-78 所示。

图 3-78 素材图像

02 移动光标至花朵边缘上，单击以确定起点，沿着图像边缘移动光标，当终点与起点重合时，单击鼠标闭合选区，如图 3-79 所示，按 Ctrl+J 快捷键复制一层。

图 3-79 用磁性套索工具抠图

03 利用快速选择工具抠图：选择快速选择工具 ，在工具选项栏中适当调整笔尖大小，在花瓣上单击鼠标，与光标范围内颜色相似的图像即被选择，如图 3-80 所示，按 Ctrl+J 快捷键复制一层。

图 3-80 用快速选择工具抠图

04 利用"色彩范围"命令和多边形套索工具抠图：继续选择背景层，执行"选择"|"色彩范围"命令，打开"色彩范围"对话框，设置"颜色容差"为 100，单击"选择"下拉按钮，选择"取样颜色"选项，按下对话框右侧的吸管按钮 ，移动光标至图像窗口或预览框中，在花瓣上单击，对花瓣颜色进行取样，如图 3-81 所示。

图 3-81 "色彩范围"对话框

05 单击带有"+"的吸管按钮 ，然后在图像窗口或预览框中单击以添加选取范围，如图 3-82 所示。

06 设置完成后，单击"确定"按钮关闭对话框，建立花朵图像选区，按 Ctrl+J 快捷键，复制一层，此时发现花朵中部未复制完全，如图 3-83 所示。

图 3-82 增加选取范围

图 3-83 创建的选区

07 选择背景层，运用多边形套索工具 ，在图层上套选出中间部分，如图 3-84 所示。

图 3-84 用多边形套索工具抠图

08 按 Ctrl+J 快捷键复制一层，与原来选取的花瓣图层合并，此时花朵图像被完全选取，如图 3-85 所示。

图 3-85 创建的选区

3.4 编辑与调整选区

　　首先我们来了解一些选区的基本操作方法，包括创建选区后需要设定的内容，以及创建选区后进行的简单操作，例如移动选区、重新选择等。

　　创建选区后，我们往往需要再次对选区进行编辑，才能得到所需的选择区域。选区与图像一样，也可以移动、旋转、翻转和缩放，以调整选区的位置和形状，最终得到所需的区域。

3.4.1 移动选区

　　移动选区操作用于改变选区的位置。在绘制椭圆和矩形选区时，按住空格键并按住鼠标左键拖动鼠标，即可快速移动选区，如图 3-86、图 3-87 所示。

图 3-86 绘制矩形选区

图 3-87 移动选区

　　创建选区后，在工具箱中选择选框工具、套索工具或魔棒工具，移动光标至选择区域内，待光标显示为形状时拖动，即可移动选择区域。在拖动过程中光标会显示为▶形状，如图 3-88、图 3-89 所示。

图 3-88 用套索工具创建选区

图 3-89 移动选区

3.4.2 取消选择区域

创建选区后，执行"选择"|"取消选择"命令，或按 Ctrl+D 快捷键，可取消所有已经创建的选区。如果当前选择的是选择工具（如选框工具、套索工具），移动光标至选区内并单击鼠标，也可以取消当前选择。

3.4.3 再次选择刚刚选取过的区域

Photoshop 会自动保存前一次的选择范围。在取消选区后，执行"选择"|"重新选择"命令，或按 Ctrl+Shift+ D 快捷键，便可调出前一次的选区。

3.4.4 反选

使用"反向"命令可以取消当前选择的区域，选择未选取的区域。

练习 3-10　反选选区抠取图形

源文件路径	素材和效果\第3章\练习3-10反选选区抠取图形
视频路径	视频\第3章\练习3-10反选选区抠取图形.mp4
难易程度	★★

01 打开"猫咪.jpg"素材图像，选择魔棒工具 ，将容差设置为 10，在白色背景处单击，创建选区，如图 3-90 所示。

图 3-90　创建选区

02 执行"选择"|"反向"命令，或按 Ctrl+Shift+I 快捷键，反选选区，卡通小猫即被选中，如图 3-91 所示。

图 3-91　反选选区

3.4.5 收缩

"收缩"命令用于缩小当前选区范围。执行"选择"|"修改"|"收缩"命令，打开"收缩选区"对话框，"收缩量"用来设置选区的收缩范围，参数值越大，选区向内收缩的范围就越大。

练习 3-11　收缩选区选择图形

源文件路径	素材和效果\第3章\练习3-11 收缩选区选择图形
视频路径	视频\第3章\练习3-11 收缩选区选择图形.mp4
难易程度	★★

01 打开"猫.jpg"素材图像，选择魔棒工具 ，将容差设置为 20，在黄色背景处单击，按 Ctrl+Shift+I 快捷键，反选图形，如图 3-92 所示。

图 3-92　创建选区

02 执行"选择"|"修改"|"收缩"命令，图3-93所示为设置收缩量为20像素后的选区效果。

图3-93 收缩选区

3.4.6 扩展

"扩展"命令的作用与"收缩"命令相反，用于在保持选区原有形状的基础上向外扩大选区范围。执行"选择"|"修改"|"扩展"命令，弹出"扩展选区"对话框，其中"扩展量"参数值越大，选区向外扩展的范围就越大。

01 打开素材图像"冰淇淋.jpg"，选择魔棒工具 ，将容差设置为20，在白色背景处单击，按Ctrl+Shift+I快捷键，反选图形，如图3-94所示。

图3-94 创建选区

02 执行"选择"|"修改"|"扩展"命令，图3-95所示为设置扩展量为10像素后的选区效果。

图3-95 扩展选区

3.4.7 平滑

"平滑"命令可以对粗糙的不规则选区进行平滑化处理，可使选区边缘变得连续和平滑。执行"选择"|"修改"|"平滑"命令，弹出"平滑选区"对话框，其中"取样半径"用于控制选区的平滑度。参数值越大，选区越平滑。

01 打开"人物.jpg"素材图像，使用魔棒工具单击背景白色处，建立选区，设置前景色为黑色，按Alt+Delete快捷键，填充背景选区，如图3-96所示。

图3-96 创建选区

02 按 Ctrl+Alt+Z 快捷键，返回到选区操作，执行"选择"|"修改"|"平滑"命令，设置平滑半径为 50 像素，再次填充选区，填充效果如图 3-97 所示。

图 3-97 平滑化选区

3.4.8 边界

"边界"命令可以基于创建的选区来创建双重选区。创建选区之后，执行"选择"|"修改"|"边界"命令，弹出"边界选区"对话框，设置"宽度"值可将选区的边界向内部或外部扩展，"宽度"值越大，则创建的边界越宽。图 3-98 所示分别是设置"宽度"为 10 像素和 20 像素时的选区效果。

a.宽度=10像素   b.宽度=20像素
图 3-98 "宽度"参数示例

3.4.9 羽化

选区的羽化功能常用来制作晕边艺术效果，在工具箱中选择一种选择工具，可在工具选项栏中的"羽化"文本框中输入羽化值，然后建立有羽化效果的选区，也可以在建立选区后执行"选择"|"修改"|"羽化"命令，在弹出的对话框中设置羽化值，对选区进行羽化。羽化

值的大小控制图像晕边的大小，羽化值越大，晕边效果越明显。

练习 3-14 羽化选区美化图片边缘

源文件路径　素材和效果\第3章\练习3-14羽化选区美化图片边缘
视 频 路 径　视频\第3章\练习3-14羽化选区美化图片边缘.mp4
难 易 程 度　★★

01 打开"花束.jpg"素材图像，在"图层"面板中单击"创建新图层"按钮，创建图层 1，并将图层 1 放置在图层 0 下方，设置前景色为粉色（R252，G210，B211），按 Alt+Delete 快捷键，填充背景选区，如图 3-99 所示。

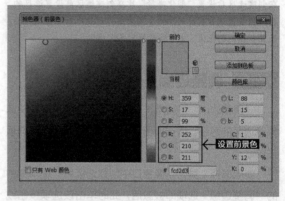

图 3-99 填充背景选区

02 选择图层 0，运用椭圆选框工具，建立椭圆选区，按 Ctrl+Shift+I 快捷键反选，按 Delete 键，清除多余的背景，如图 3-100 所示。

图 3-100 建立未羽化选区

03 按 Ctrl+Alt+Z 快捷键，返回到选区操作，执行"选择"|"修改"|"羽化"命令，或按 Shift+F6 快捷键，弹出"羽化选区"对话框，设置羽化半径为 50 像素，

按 Delete 键，清除多余背景，结果如图 3-101 所示。

图 3-101 羽化选区

提示

在创建选区后设置"羽化半径"比在创建选区前设置选区的羽化值要更适合实际的操作，因为这样既能根据图像的需要设置合适的羽化值，又可连续执行多次羽化。

3.4.10 调整边缘

"调整边缘"选项用于动态调整选区边界以及快速预览选区的范围。该选项出现在每一个选择工具的选项栏内。

使用选择工具在图像窗口中创建选区后，选项栏中的"调整边缘"选项即被激活，此时单击该选项按钮或执行"选择"|"调整边缘"命令，或按 Ctrl+Alt+R 快捷键，即可打开"调整边缘"对话框，如图 3-102 所示。

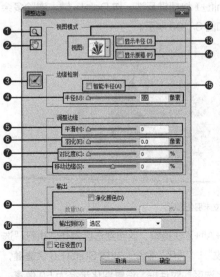

图 3-102 "调整边缘"对话框

"调整边缘"对话框各选项含义如下。

❶ 缩放工具：按下该按钮后，在图像窗口中可以缩放图像。

❷ 抓手工具：按下该按钮后，在图像窗口中可以移动图像。

❸ 调整半径工具：按下该按钮后，在图像窗口中可以对图像进行涂抹。

❹ 半径：设置选区的半径大小，即选区边界向内、外扩展的范围，在边界的半径范围内，将得到羽化的柔和边界效果，如图 3-103 所示。

❺ 平滑：用于设置选区边缘的光滑程度，"平滑"参数值越大，得到的选区边缘越光滑，类似于"选择"|"修改"|"平滑"命令，如图 3-104 所示。

提示

设置半径值，可以得到类似"羽化"的效果。与"羽化"效果不同的是，设置"半径"参数时，得到的是选区向内侧和外侧同时扩展的柔化效果，而"羽化"效果是向内收缩柔化。

a.半径=20像素

b.半径=40像素

图 3-103 "半径"参数示例

a.平滑=0

b.平滑=50

c.平滑=100

图 3-104 "平滑"参数示例

提示

在对选区边缘进行平滑化和羽化调整时，从标准预览来看没有明显的区别，但实际上在白底预览模式下可看到两者具有本质的区别，其中平滑化会创建平滑且边缘清晰的轮廓，而羽化在平滑化的同时创建了边缘柔化的轮廓，如图 3-105、图 3-106 所示。

图 3-105 平滑化选区　　　图 3-106 羽化选区

⑥ 羽化："羽化"参数用于动态调整羽化值的大小，在调整的同时还可以在图像窗口中预览羽化的效果，比"选择"|"修改"|"羽化"命令更为直观和方便。

⑦ 对比度：该参数用于设置选区边缘的对比度，对比度参数值越高，得到的选区边界越清晰，对比度参数值越小，得到的选区边界越柔和，如图 3-107 所示。

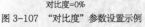
对比度=0%　　　　　　　对比度=100%

图 3-107 "对比度"参数设置示例

⑧ 移动边缘：向左拖动滑块可以减小百分比值，或设置介于 0%~100% 之间的值，以收缩选区边缘；向右拖动滑块可以增大百分比值，或者设置介于 0%~100% 之间的值，以扩展选区边缘。

⑨ 选中"净化颜色"复选框后，可调整"数量"参数。

⑩ 输出到：可将选区输出为"选区""图层蒙版""新建图层""新建带有图层蒙版的图层""新建文档"或"新建带有图层蒙版的文档"。

⑪ 记住设置：选中该复选框，可在下次打开对话框时保持现有的设置。

⑫ 视图：可以边调整边实时预览选区效果。单击下拉按钮，在弹出的下拉面板中可选择用于设置选区的预览模式，共 7 种：闪烁虚线、叠加（半透明的红色区域为非选择区域）、黑底、白底、黑白（白色为选择区域，黑色为非选择区域）、背景图层和显示图层。7 种预览模式效果如图 3-108 所示。用户可以根据图像的特点和自己的需要灵活选择最佳的预览模式。

⑬ 显示半径：选中该复选框，可显示半径。

⑭ 显示原稿：选中该复选框，可显示原稿。

⑮ 智能半径：选中该复选框，可在调整半径参数时更加智能化。

选区边界调整完成后，单击"确定"按钮关闭对话框，可以应用当前参数至选区中；按住 Alt 键时，"取消"按钮变为"复位"按钮，单击该按钮可以恢复至默认设置。

闪烁虚线　　　　　　　　　叠加

黑底　　　　　　　　　　　白底

黑白

背景图层

显示图层

图 3-108 7种选区预览模式

提示

按Ctrl+Alt+R快捷键，也可打开"调整边缘"对话框。

练习 3-15 调整选区边缘抠取复杂人像

源文件路径	素材和效果第3章练习3-15调整选区边缘抠取复杂人像
视频路径	视频第3章练习3-15调整选区边缘抠取复杂人像.mp4
难易程度	★★★

01 打开"人物.jpg"素材文件，选择套索工具 ，如图 3-109 所示。

图 3-109 素材文件

02 在图层上套选出中间部分，头发部分基本选在一半的位置，如图 3-110 所示。

图 3-110 用套索工具建立选区

03 执行"选择"|"调整边缘"命令，打开"调整边缘"对话框，设置"视图"为"背景图层"，如图 3-111 所示。

04 勾选"智能半径"复选框，设置"半径"像素值为150，如图 3-112 所示。

图 3-111 设置视图模式　　　　图 3-112 设置半径

05 此时图像将发生变化，如图 3-113 所示。

图 3-113 设置半径效果

06 利用调整半径工具对头发部分进行多次涂抹，使细微的头发部分逐渐显示出来，如图 3-114 所示。

图 3-114 涂抹头发部分

07 设置"移动边缘"为16%，以扩展选区边缘，勾选"净化颜色"复选框，设置数量为 0%，输出为"新建带有图层蒙版的图层"，如图 3-115 所示。

图 3-115 调整边缘

08 单击"确定"按钮，将素材图像"背景 .jpg"添加至图片中，放置在"背景 副本"图层下方并调整图片的大小，最终所得的结果如图 3-116 所示。

图 3-116 最终效果

3.4.11 课堂范例——抠取美女头发

源文件路径	素材和效果\第3章\3.4.11课堂范例——抠取美女头发
视 频 路 径	视频\第3章\3.4.11课堂范例——抠取美女头发.mp4
难易程度	★★★★

01 打开"人物 .jpg"素材文件，选择魔棒工具，设置"容差"为 10，并取消选中"连续"选项，如图 3-117 所示。

图 3-117 素材文件

02 在按住 Shift 键的同时，在背景上单击，选中背景区域，如图 3-118 所示。

图 3-118 用魔棒工具建立选区

03 执行"选择"|"调整边缘"命令，打开"调整边缘"对话框，设置"视图"为"黑白"模式，如图 3-119 所示。

图 3-119 设置视图模式

04 在画布中可以观察到很多头发都被选中了，眼睛也被选中了，如图 3-120 所示。

图 3-120 创建的选区

05 设置"半径"像素值为 30，设置"平滑"为 1，如图 3-121 所示，选区效果如图 3-122 所示。

图 3-121 调整边缘

图 3-122 查看效果

06 切换到"通道"面板，单击"将选区存储为通道"按钮，按 Ctrl+D 快捷键取消选区，使用黑色"画笔工具"在 Alpha1 通道中将眼睛和嘴唇部分涂抹成黑色，如图 3-123 所示。

图 3-123 使用画笔工具

07 按住 Ctrl 键，单击 Alpha1 通道的缩略图，载入该通道的选区，然后切换到"图层"面板，按 Shift+Ctrl+I 快捷键反向选择选区，按 Ctrl+J 快捷键将选区内的图像复制到"图层 1"中，并隐藏"背景"图层，如图 3-124 所示。

图 3-124 复制选区

08 将"背景 .jpg"素材图像添加至图片中，放置在"图层 1"图层下方并调整图片的大小，如图 3-125 所示。

图 3-125 添加背景

09 选择"图层1",将该图层的混合模式设置为"明度",如图 3-126 所示,效果如图 3-127 所示。

图 3-126 设置混合模式

图 3-127 最终效果

3.5 变换选择区域

通过变换选择区域,可以将现有选区放大、缩小、旋转、拉斜变形。变换选区仅仅是对选区进行变形操作,并不影响选区中的图像。

3.5.1 自由变换

利用"变换选区"命令,可以对选区进行缩放、旋转、镜像等操作。

执行"选择"|"变换选区"命令,或在选择区域右击,在弹出的快捷菜单中选择"变换选区"命令,在选区周围将出现变换控制手柄,如图 3-128 所示。拖动选区周围的控制手柄即可完成对选区的变换操作,如图 3-129 所示。

图 3-128 变换选区　　　　　图 3-129 拖动变换控制手柄

提示

按住 Shift 键拖动控制手柄,可以保持选区边界的高宽比例不变;在旋转选择区域的同时按住 Shift 键,将以15°为增量进行旋转。

3.5.2 精确变换

如果需要精确控制变换操作,则需要在工具选项栏中进行设置,如图 3-130 所示。

图 3-130 工具选项栏

工具选项栏中各选项的含义如下。

❶ 在使用工具选项栏对选区进行精确变换操作时,可以使用工具选项栏中的"参考点位置"按钮 ⊞ 确定操作参考点。

❷ 要精确改变选区的水平位置,可以分别在"X""Y"文本框中输入数值。

❸ 如果要定位选区的绝对水平位置,直接输入数值即可;如果要使输入的数值为相对于原选区所在位置移动的一个增量,单击选项栏中的"使用参考点相关定位"按钮 △,使其处于被按下的状态即可。

❹ 要精确改变选区的宽度与高度,可以分别在"W""H"文本框中输入数值。

❺ 如果要保持选区的宽高比,单击选项栏中的"保持长宽比"按钮 ▬,使其处于被按下的状态。

❻ 要精确改变选区的角度,需要在"旋转"文本框中输入角度值。

❼ 要改变选区水平及竖直方向上的斜切变形度,可以分别在"设置水平斜切""设置垂直斜切"文本框中输入角度数值。

❽ 在选项栏中完成参数设置后,单击选项栏中的"提交变换"按钮 ✓ 进行确认,如果要取消操作,可单击选项栏

中的"取消变换"按钮 。图 3-131 所示为处于变换操作状态下的选择区域，图 3-132 所示为确认变换操作后的选区。

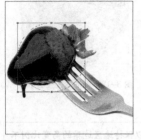

图 3-131 变换选区

图 3-132 精确变换选区

3.5.3 课堂范例——调整选区大小

源文件路径	素材和效果\第3章\3.5.3课堂范例——调整选区大小
视频路径	视频\第3章\3.5.3课堂范例——调整选区大小.mp4
难易程度	★★★

01 打开"背景.jpg"素材文件，如图 3-133 所示。

图 3-133 打开背景素材

02 打开"猫咪.psd"素材文件，并将其拖曳到"背景.jpg"操作界面中，如图 3-134 所示。

图 3-134 添加素材文件

03 在按住 Ctrl 键的同时单击"图层1"的缩略图，载入该图层的选区，如图 3-135 所示，并隐藏"图层1"，如图 3-136 所示。

图 3-135 载入选区

图 3-136 隐藏"图层1"

04 选择"背景"图层，按 Ctrl+J 快捷键将选区内的图像复制到新的图层"图层2"中，按 Ctrl+M 快捷键打开"曲线"对话框，将曲线调整成如图 3-137 所示的样式，图像效果如图 3-138 所示。

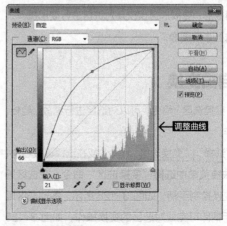

图 3-137 曲线参数

图 3-138 图像效果

05 在按住 Ctrl 键的同时单击"图层 2"的缩略图,载入该图层的选区,将其拖曳至右上角,如图 3-139 所示。

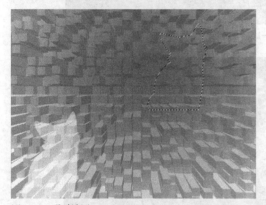

图 3-139 移动选区

06 执行"选择"|"变换选区"命令,将选区旋转180°,并拖曳左下角的控制手柄,将选区扩大到如图 3-140 所示的大小。

图 3-140 变换选区

07 选择"背景"图层,按 Ctrl+J 快捷键将选区内的图像复制到新的图层"图层 3"中,按 Ctrl+M 快捷键打开"曲线"对话框,将曲线调整成如图 3-141 所示的样式,图像效果如图 3-142 所示。

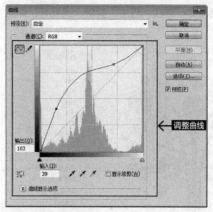

图 3-141 曲线参数

图 3-142 图像效果

3.6 变换图像

"编辑"|"变换"子菜单中包含对图像进行变换的各种命令,如图 3-143 所示。通过这些命令可以对选区内的图像、图层、路径和矢量形状进行变换操作,如缩放、旋转、斜切和透视等操作。执行这些命令时,当前对象上会显示出定界框,如图 3-144 所示。

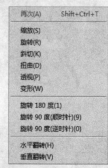

图 3-143 "变换"子菜单

拖动定界框的控制手柄便可以进行变换操作。

如果执行"编辑"|"自由变换"命令，或按 Ctrl+T 快捷键，同样会显示定界框，此时单击鼠标右键，在弹出的快捷菜单中可以选择不同的选项，对图像进行任意的变换，包括旋转、缩放、扭曲、斜切、透视等，如图 3-145 所示。

图 3-144 显示定界框

图 3-145 快捷菜单

3.6.1 缩放

缩放命令用于对图像进行放大或缩小的操作。执行"编辑"|"自由变换"命令，或执行"编辑"|"变换"|"缩放"命令，移动光标至定界框上，当光标显示为双箭头形状（↔、↕、⤢或⤡）时，拖动即可对图像进行缩放变换。

练习3-16　缩放图形中的部分区域

源文件路径	素材和效果\第3章\练习3-16缩放图形中的部分区域
视 频 路 径	视频\第3章\练习3-16缩放图形中的部分区域.mp4
难易程度	★★

01 打开"缩放 .psd"素材文件，如图 3-146 所示。

图 3-146 打开文件

02 选择"图层 0"，执行"编辑"|"变换"|"缩放"命令，移动光标至定界框上，当光标显示为双箭头形状时，拖动鼠标即可对图像进行缩放变换，如图 3-147 所示。

03 按 Enter 键，应用缩放变换，结果如图 3-148 所示。

图 3-147 缩放变换

图 3-148 完成效果

提示

若按住Shift键拖动，则可以按固定比例缩放。若需要在操作过程中取消变换操作，可按Esc键。

3.6.2 旋转

"旋转"命令用于对图像进行旋转变换操作。

练习3-17　旋转图像

源文件路径	素材和效果\第3章\练习3-17 旋转图像
视 频 路 径	视频\第3章\练习3-17 旋转图像.mp4
难易程度	★★

01 打开"旋转 .jpg"素材文件，如图 3-149 所示。

图 3-149 打开文件

02 选中"图层 1",执行"编辑"|"变换"|"旋转"命令,移动光标至定界框外,当光标显示为 ↔ 形状后,按住鼠标左键拖动鼠标即可旋转图像,如图 3-150 所示。

图 3-150 旋转变换

03 若在按住 Shift 键的同时按住鼠标左键拖动,则每次可旋转 15°,如图 3-151 所示。

图 3-151 以 15° 为增量旋转变换

3.6.3 斜切

"斜切"命令用于使图像产生斜切透视效果。

练习 3-18 斜切图像得到透视效果

源文件路径	素材和效果\第3章\练习3-18 斜切图像得到透视效果
视频路径	视频第3章\练习3-18 斜切图像得到透视效果.mp4
难易程度	★★

01 打开"斜切 .jpg"素材文件,如图 3-152 所示。

图 3-152 打开文件

02 选择"图层 0",执行"编辑"|"自由变换"命令,或按 Ctrl+T 快捷键,显示定界框,在定界框内右击,在弹出的快捷菜单中选择"斜切"选项,然后在定界框的顶点上按住鼠标左键拖动鼠标即可对图像进行斜切变换,如图 3-153 所示。

图 3-153 斜切变换

3.6.4 扭曲

"扭曲"命令能够对图像进行任意的扭曲变形。执行"编辑"|"变换"|"扭曲"命令，然后拖动定界框的4个角点即可对图像进行扭曲变换，但定界框四边形任一内角的角度不得大于180°。

练习 3-19 扭曲图像得到透视效果

源文件路径	素材和效果\第3章\练习3-19扭曲图像得到透视效果
视频路径	视频第3章\练习3-19扭曲图像得到透视效果.mp4
难易程度	★★

01 打开"扭曲.jpg"素材文件，如图3-154所示。

02 选中"图层0"，执行"编辑"|"变换"|"扭曲"命令，移动光标至定界框的控制手柄上，按住鼠标左键拖动，可以任意扭曲图像，效果如图3-155所示。

03 按住Shift键，可以将控制手柄锁定在控制线方向，如图3-156所示。

图 3-154 打开文件

图 3-155 任意扭曲

图 3-156 有限制扭曲

提示

文字在扭曲变换之前，需要选择"图层"|"栅格化"|"文字"命令，将文字图层转换为普通图层。

若要相对于定界框的中心点扭曲，可按住Alt键并拖移定界框角点。若要围绕中心点缩放或斜切，可在拖动时按住Alt键。

若要相对于选区中心点以外的其他点扭曲，可在扭曲前将中心点拖移到选区中的新位置。

3.6.5 透视

"透视"命令用于对图像进行透视变换操作，从而使图形产生透视效果。

练习 3-20 创建透视图形

源文件路径	素材和效果\第3章\练习3-20创建透视图形
视频路径	视频第3章\练习3-20创建透视图形.mp4
难易程度	★★

01 打开"透视.jpg"素材文件，如图3-157所示。

图 3-157
打开文件

02 执行"编辑"|"变换"|"透视"命令，水平拖动变换框控制手柄，得到上下方向透视变形效果，如图3-158所示。

图 3-158
水平透视变换

03 往竖直方向拖动控制手柄，得到左右方向透视变形的效果，如图3-159所示。

图 3-159
竖直透视变换

3.6.6 变形

"变形"命令可以对图像进行更为灵活和细致的变换操作，例如制作页面折角及翻转胶片等效果。

选择"编辑"|"变换"|"变形"命令，或者在工具选项栏中单击█按钮，即可进入变形模式，此时工具选项栏如图 3-160 所示。

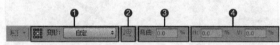

图 3-160 工具选项栏

在调出变形控制框后，可以在工具选项栏"变形"下拉列表框中选择适当的形状选项，也可以直接在图像内部、节点或控制手柄上按住鼠标左键拖动，直至将图像变换为所需的效果。

❶变形：在该下拉列表框中可以选择 15 种预设的变形选项，如果选择"自定"选项则可以随意对图像进行变换操作。

❷更改变形方向按钮：单击该按钮可以以不同的角度改变图像变形的方向。

❸弯曲：在此输入正或负数可以调整图像的扭曲程度。

❹H、V 输入框：在此输入数值可以控制图像扭曲时在水平和竖直方向上的比例。

练习 3-21 利用变形制作相册

源文件路径	素材和效果\第3章\练习3-21 利用变形制作相册
视频路径	视频\第3章\练习3-21 利用变形制作相册.mp4
难易程度	★★★

01 打开"背景 .jpg"素材文件，如图 3-161 所示。

图 3-161 打开文件

02 打开"樱桃 .jpg"素材文件，并将其拖曳到"背景 .jpg"操作界面中，如图 3-162 所示。

图 3-162 添加照片

03 选中樱桃照片图层，执行"编辑"|"变换"|"变形"命令，进入变形模式，图像上显示出变形网格，如图 3-163 所示。

图 3-163 进入变形模式

04 在选项栏"变形"列表框中选择"拱形"选项，得到拱形变形效果，如图 3-164 所示。

图 3-164 拱形变形

05 向下拖动上侧变形控制手柄，得到下拱的效果，如图 3-165 所示。

图 3-165 向下拖动变形控制手柄

06 单击选项栏中的■按钮，使之呈弹起状态，进入自由变换状态。旋转照片并进行适当缩放，按 Enter 键应用变换，变形效果如图 3-166 所示。

图 3-166 变换

07 双击"图层 1"的缩略图，打开"图层样式"对话框，选择"描边"选项，并设置"大小"为 5 像素，设置填充颜色为黄色（R244，G193，B140），如图 3-167 所示，得到的效果如图 3-168 所示。

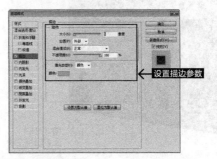

← 设置描边参数

图 3-167 描边参数

图 3-168 描边效果

08 使用同样方法变换其他照片并调整各图层之间的位置，图 3-169 所示为添加阴影后的最终效果。

图 3-169 其他变形效果

72

3.6.7 自由变换

自由变换其实也是变换的一种，按 Ctrl+T 快捷键可以使所选图层或选区内的图像进入自由变换状态。"自由变换"命令与"变换"命令非常相似，但是"自由变换"命令可以在一个连续的操作中应用旋转、缩放、斜切、扭曲、透视和变形（如果是变换路径，"自由变换"命令将自动切换为"自由变换路径"命令；如果是变换路径上的锚点，"自由变换"命令将自动切换为"自由变换点"命令），并且不必选取其他变换命令。图 3-170 所示分别为缩放操作、移动操作、旋转操作。

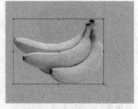

a.缩放操作

b.移动操作

c.旋转操作

图 3-170 自由变换

熟练掌握自由变换可以大大提高工作效率，在自由变换状态下，Ctrl 键、Shift 键和 Alt 键这 3 个快捷键经常一起搭配使用。其中，Ctrl 键可以使变换更加自由；Shift 键主要用来控制方向、旋转角度和等比例放大缩小；Alt 键主要用来控制中心对称。

1. 在没有按住任何快捷键的情况下

拖曳定界框 4 个角上的控制手柄，可以形成对角不变的自由矩形变换方式，也可以反向拖动形成翻转变换。

拖曳定界框边上的控制手柄，可以形成对边不变的等高或等宽的自由变形。

在定界框外拖曳可以自由旋转图像，精确至 0.1°，也可以直接在选项栏中定义旋转角度。

2. 按住 Shift 键

拖曳定界框 4 个角上的控制手柄，可以等比例放大或缩小图像，也可以反向拖曳形成翻转变换，如图

3-171 所示。

在定界框外拖曳，可以以 15° 为增量顺时针或逆时针旋转图像，如图 3-172 所示。

图 3-171 按住Shift键拖曳控制手柄

图 3-172 以15° 为增量旋转

3. 按住 Ctrl 键

拖曳定界框 4 个角上的控制手柄，可以形成对角为直角的自由四边形变换方式，如图 3-173 所示。

拖曳定界框边上的控制手柄，可以形成对边不变的自由四边形变换方式，如图 3-174 所示。

图 3-173 按住Ctrl键拖曳角上的控制手柄

图 3-174 按住Ctrl键拖曳边上的控制手柄

4. 按住 Alt 键

拖曳定界框 4 个角上的控制手柄，可以形成中心对称的自由矩形变换方式，如图 3-175 所示。

拖曳定界框边上的控制手柄，可以形成中心对称的等高或等宽的自由矩形变换方式，如图 3-176 所示。

图 3-175　按住Alt键拖曳角上的控制手柄

图 3-176　按住Alt键拖曳边上的控制手柄

5. 按住 Shift+Ctrl 快捷键

拖曳定界框 4 个角上的控制手柄，可以形成对角为直角的直角梯形变换方式，如图 3-177 所示。

拖曳定界框边上的控制手柄，可以形成对边不变的等高或等宽的自由平行四边形变换方式，如图 3-178 所示。

图 3-177　按住Shift+Ctrl快捷键拖曳角上的控制手柄

图 3-178　按住Shift+Ctrl快捷键拖曳边上的控制手柄

6. 按住 Ctrl+Alt 快捷键

拖曳定界框 4 个角上的控制手柄，可以形成相邻两角位置不变的中心对称自由平行四边形变换方式，如图 3-179 所示。

拖曳定界框边上的控制手柄，可以形成相邻两边位置不变的中心对称自由平行四边形变换方式，如图 3-180 所示。

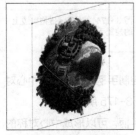

图 3-179　按住Ctrl+Alt快捷键拖曳角上的控制手柄

图 3-180　按住Ctrl+Alt快捷键拖曳边上的控制手柄

7. 按住 Shift+Alt 快捷键

拖曳定界框 4 个角上的控制手柄，可以形成中心对称的等比例放大或缩小的矩形变换方式，如图 3-181 所示。

拖曳定界框边上的控制手柄，可以形成中心对称的对边不变的矩形变换方式，如图 3-182 所示。

图 3-181　按住Shift+Alt快捷键拖曳角上的控制手柄

图 3-182　按住Shift+Alt快捷键拖曳边上的控制手柄

8. 按住 Shift+Ctrl+Alt 快捷键

拖曳定界框 4 个角上的控制手柄，可以形成等腰梯形、三角形或相对等腰三角形变换方式，如图 3-183 所示。

拖曳定界框边上的控制手柄，可以形成中心对称的等高或等宽的自由平行四边形变换方式，如图 3-184 所示。

图 3-183　按住Shift+Ctrl+Alt快捷键拖曳角上的控制手柄

图 3-184　按住Shift+Ctrl+Alt快捷键拖曳边上的控制手柄

3.6.8 再次变换

按 Ctrl + Alt + T 快捷键，可以在复制对象的同时，开启自由变换方式。

在已经执行过一次变换操作后，选择“编辑”|“变换”|“再次”命令，或按 Ctrl + Shift + T 快捷键，可以以相同的参数再次对当前图层或选区图像进行变换，并确保两次变换操作的效果相同。使用该命令可大大简化重复变换操作。

练习 3-22　重复上次变换

源文件路径	素材和效果\第3章\练习3-22 重复上次变换
视 频 路 径	视频\第3章\练习3-22 重复上次变换.mp4
难 易 程 度	★★

01 打开"练习 3-22 重复上次变换 .jpg"素材文件，如图 3-185 所示。

02 选中草莓所在的"图层 1"，按 Ctrl+J 快捷键复制一层，按 Ctrl+T 快捷键，进入自由变换状态，将旋转中心点拖至白色瓷盘中心处，旋转图形，如图 3-186 所示。

图 3-185 打开文件　　　图 3-186 旋转草莓

03 按 Enter 键应用旋转变换，执行"编辑"|"变换"|"再次"命令，或按 Ctrl+Shift+T 快捷键，再次以同样的参数对当前图层图像进行变换，变换操作的效果完全相同，如图 3-187 所示。

图 3-187 重复上次变换

3.6.9 翻转操作

按 Ctrl+T 快捷键，然后在定界框内单击鼠标，在弹出的快捷菜单中可以选择"水平翻转"或"垂直翻转"选项。"水平翻转"和"垂直翻转"命令可以使图像产生水平或竖直方向上的翻转，从而产生镜像效果。

练习 3-23　将图像翻转

源文件路径	素材和效果\第3章\练习3-23 将图像翻转
视 频 路 径	视频\第3章\练习3-23将图像翻转.mp4
难 易 程 度	★★

01 打开"人像 .jpg"素材文件，如图 3-188 所示。

02 执行"编辑"|"变换"|"水平翻转"命令，翻转结果如图 3-189 所示。

图 3-188 打开文件　　　图 3-189 水平翻转图像

03 继续执行"编辑"|"变换"|"垂直翻转"命令，翻转结果如图 3-190 所示。

图 3-190 竖直翻转图像

3.6.10 使用内容识别比例变换

内容识别功能与缩放命令不同，在调整图像大小时能自动重排图像，在图像调整为新的尺寸时智能地保留重要区域。例如，当我们缩放图像时，图像中的人物、建筑、动物等都不会变形。

练习 3-24　内容识别比例缩放

源文件路径	素材和效果\第3章\练习3-24 内容识别比例缩放
视 频 路 径	视频\第3章\练习3-24 内容识别比例缩放.mp4
难 易 程 度	★★

01 打开"人像 .jpg"素材文件，如图 3-191 所示。

02 由于内容识别比例缩放不能处理"背景"图层，所以先双击图层面板中的"背景"图层，将其转换为普通图层，如图 3-192 所示。

图 3-191 打开文件

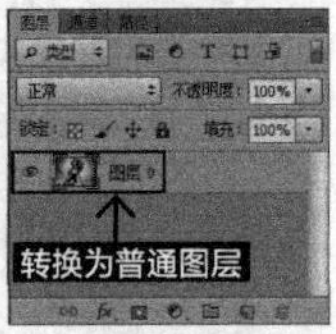

转换为普通图层

图 3-192 转换为普通图层

03 执行"编辑'1'内容识别"命令,此时工具选项栏显示如图 3-193 所示。

图 3-193 内容识别比例工具选项栏

04 单击"保护肤色"按钮,以便系统自动对人物肤色部分进行保护。在选项栏中输入缩放值,或者拖动变换框上的控制手柄进行手动缩放,如图 3-194 所示,照片在水平方向被压缩,而人物比例和结构并没有明显的变化。

图 3-194 内容识别比例缩放效果

05 调整完成后按 Enter 键确认。

提示

如果需要进行等比例缩放,可在按住Shift键的同时拖动控制手柄。

图 3-195 为普通变换缩放效果,图 3-196 为内容识别比例缩放效果,通过对比可以看出,内容识别比例功能可以智能地保存重要区域,保持重要内容不因缩放而比例失调。

图 3-195 普通缩放

图 3-196 内容识别比例缩放

3.6.11 操控变形

操控变形功能比变形网格更强大,也更吸引人。可以在图像的关键点上放置图钉,通过拖动图钉来实现变形。执行"编辑"|"操控变形"命令,在图像关键点上单击以添加图钉,移动图钉位置以使图像变形,编辑完成后单击选项栏中的 ✓ 按钮即可。图 3-197 所示为操控变形工具选项栏。

① ② ③

图 3-197 操控变形工具选项栏

操控变形工具选项栏中各选项的含义如下。

❶ "模式"下拉列表框:选择"刚性",变形效果精确,过渡不柔和;选择"正常",变形效果准确,过渡柔和;选择"扭曲",可以在变形的同时创建透视效果。

❷ "浓度"下拉列表框:选择"较少点",网格点较少,图钉之间的距离较大,选择"正常",网格点数量适中,

选择"较多点",网格密集,可添加的图钉数量更多,如图 3-198 所示。

a.较少

b.正常

c.较多

图 3-198 网格点的数量

❸ "扩展"下拉列表框:设置变形效果的衰减范围。如果值为正,变形网格的范围会向外扩展,变形之后的边缘更平滑;值越小,图像边缘的变化效果越生硬。图 3-199 所示为设置为 10 像素和 -10 像素的对比。

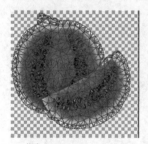
a.10像素

b.-10像素

图 3-199 扩展

练习 3-25 创建魔幻路灯

源文件路径	素材和效果\第3章\练习3-25创建魔幻路灯
视 频 路 径	视频第3章\练习3-25创建魔幻路灯.mp4
难易程度	★★★

01 打开"路灯 .psd"素材文件,如图 3-200 所示。

02 执行"编辑"|"操控变形"命令,在路灯上显示网格点,如图 3-201 所示。

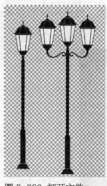
图 3-200 打开文件

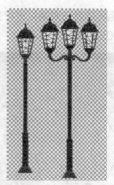
图 3-201 操控变形

03 在工具选项栏中取消勾选"显示网格"复选框,或按 Ctrl+H 快捷键取消显示网格,在路灯合适的位置上单击,为其添加图钉,如图 3-202 所示。

04 单击选中的图钉,并按住鼠标左键拖曳鼠标,使路灯变形,调整完毕后按 Enter 键确认变换,如图 3-203 所示。

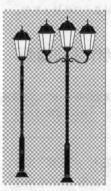
图 3-202 添加图钉

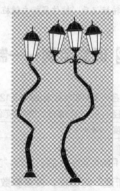
图 3-203 使路灯变形

05 将变形后的路灯拖曳至"背景 .jpg"素材文件中,调整到合适的大小和位置,如图 3-204 所示。

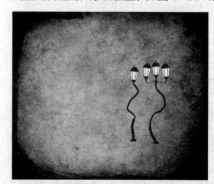
图 3-204 添加背景

06 按照相同的方法对路灯进行变换，最终所得的效果如图 3-205 所示。

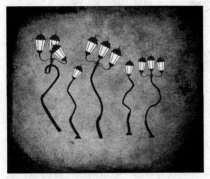

图 3-205 最终结果

提示

如果要选择某个图钉来达到变形效果，可在选中该图钉的同时按住Alt键，当出现圆圈时，将光标移动到圆圈附近，当光标变成旋转标记后，按住鼠标左键拖动鼠标以旋转该图钉。

3.6.12 课堂范例——制作活动插画

源文件路径	素材和效果\第3章\3.6.12课堂范例——制作活动插画
视频路径	视频\第3章\3.6.12课堂范例——制作活动插画.mp4
难易程度	★★★

01 启动 Photoshop 后，执行"文件"|"新建"命令，弹出"新建"对话框，设置参数，如图 3-206 所示，单击"确定"按钮，新建一个空白文件。

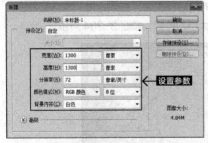

图 3-206 "新建"对话框

02 为背景填充黄色（R243，G242，B188）。运用多边形套索工具，绘制一个三角形选区，新建一个图层，填充红色（R255，G116，B155），效果如图 3-207 所示。

图 3-207 填充颜色

03 按 Ctrl + Alt + T 快捷键进入自由变换并复制状态，在按住 Alt 键的同时，拖动中心控制点至图形上方，如图 3-208 所示。

图 3-208 调整变换中心

04 在按住 Shift 键的同时将其逆时针旋转15°，如图 3-209 所示。

图 3-209 旋转

05 按 Enter 键确认旋转变换，连续按 Ctrl + Alt + Shift + T 快捷键多次，按照前面的变换规律复制出 22 个图层，如图 3-210 所示。

06 选择背景图层以上的所有图层，按 Ctrl+E 键合并，按 Ctrl+T 快捷键，进入自由变换状态，按住 Shift + Alt 快捷键调整至如图 3-211 所示的大小。

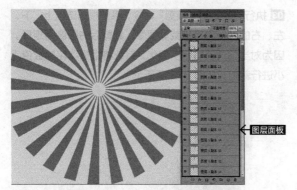

图 3-210 重复变换

图 3-211 自由变换

07 在按住 Ctrl 键的同时单击图层以载入选区，选择工具箱中的渐变工具 ，在工具选项栏中单击渐变条 ，打开"渐变编辑器"对话框，设置参数，如图 3-212 所示。第一个色块的颜色值为（R255，G0，B0），第二个色块的颜色值为（R243，G198，B198）。

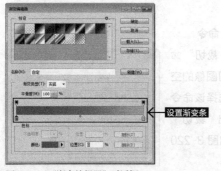

图 3-212 "渐变编辑器"对话框

08 单击"确定"按钮，关闭"渐变编辑器"对话框。按下工具选项栏中的"径向渐变"按钮 ，将图层载入选区，在图像中按住鼠标左键并拖动鼠标，填充渐变效果如图 3-213 所示。

图 3-213 填充渐变颜色

09 添加"音乐活动 .jpg"素材图像，制作的插画效果如图 3-214 所示。

图 3-214 添加素材

3.7 修剪图像及显示全部图像

修剪图像主要使用"裁剪"命令和"裁切"命令来完成，使用"显示全部"功能可以使画布外的图像内容显示出来。

3.7.1 修剪

　　除了使用工具箱中的裁剪工具 🔲 进行修剪外，Photoshop CS6 还提供了有较多选项的修剪方法，包括"裁剪"命令和"裁切"命令。

1. "裁剪"命令

　　"裁剪"命令同裁剪工具的作用类似，用于裁剪图像，重新定义画布大小。

练习 3-26　裁剪图片

源文件路径	素材和效果\第3章\练习3-26 裁剪图片
视 频 路 径	视频\第3章\练习3-26 裁剪图片.mp4
难 易 程 度	★★

01 打开"人像 .jpg"素材文件，在图像中建立选区，如图 3-215 所示。

图 3-215 打开文件并建立选区

02 按 Shift+F6 快捷键，弹出"羽化选区"对话框，设置羽化半径为 50 像素，单击"确定"按钮，效果如图 3-216 所示。

图 3-216 羽化选区

03 执行"图像"|"裁剪"命令，系统根据选区上、下、左、右的外侧界限来裁剪图像，裁剪后的图像为矩形。因为对当前选区进行了羽化，系统将根据羽化的数值大小进行裁剪，如图 3-217 所示。

图 3-217 裁剪效果

提示

如果在图像上创建的是非矩形的选区，如圆形或多边形选区，如图3-218所示，裁剪后的图像仍然为矩形，如图3-219所示。

图 3-218 建立不规则选区　　　　　图 3-219 裁剪效果

2. "裁切"命令

　　使用"裁切"命令可以裁切图像的空白边缘，选择该命令后，将弹出"裁切"对话框，如图 3-220 所示。

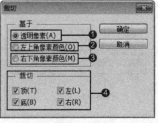

图 3-220 "裁切"对话框

"裁切"对话框各选项含义如下。

❶ "透明像素"单选按钮：若选中该选项，则图像周围透明像素区域将被裁切。

❷ "左上角像素颜色"单选按钮：若选中该选项，则图像周围与左上角像素颜色相同的图像区域将被看作空白区域而被裁切。

❸ "右下角像素颜色"单选按钮：若选中该选项，则图像周围与右下角像素颜色相同的图像区域将被看作空白区域而被裁切。

❹ "裁切"选项区：用于选择裁切区域，哪侧被选中，哪侧的空白区域将被裁切。

练习3-27 裁切白边

源文件路径	素材和效果\第3章\练习3-27 裁切白边
视频路径	视频\第3章\练习3-27 裁切白边.mp4
难易程度	★★

01 打开"人像.jpg"素材文件，如图3-221所示。

图3-221 打开文件

02 执行"图像"|"裁切"命令，弹出如图3-222所示的"裁切"对话框，设置相应的参数。

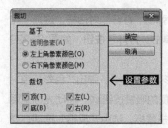

图3-222 "裁切"对话框

03 单击"确定"按钮应用裁切，照片左侧空白区域被裁切，如图3-223所示。

图3-223 裁切后图像

3.7.2 显示全部

当在文档中置入一个较大的图像，或将一个较大的图像拖入一个稍小的文档时，图像中的一些内容会位于画布之外，用户可运用"显示全部"命令，显示全部图像。

练习3-28 显示全部图像

源文件路径	素材和效果\第3章\练习3-28 显示全部图像
视频路径	视频\第3章\练习3-28 显示全部图像.mp4
难易程度	★★

01 打开"人像.psd"素材文件，如图3-224所示。

图3-224 打开文件

81

02 执行"图像"|"显示全部"命令，即可显示全部图像，如图 3-225 所示。

图 3-225 显示全部

3.8 综合训练——合成艺术照

本训练综合使用渐变工具、"色彩范围"命令、魔棒工具、画笔工具、图层混合模式等多种工具和方法，合成一幅艺术照。

源文件路径	素材和效果\第3章\3.8综合训练——合成艺术照
视频路径	视频\第3章\3.8综合训练——合成艺术照.mp4
难易程度	★★★★

01 启动 Photoshop 后，执行"文件"|"新建"命令，弹出"新建"对话框，在对话框中设置参数，如图 3-226 所示，单击"确定"按钮，新建一个空白文档。

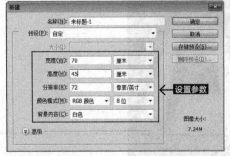

图 3-226 新建文件

02 单击工具箱中的"设置前景色"色块，弹出"拾色器（前景色）"对话框，设置前景色为棕色（R52，G26，B13），按 Alt+Delete 快捷键，填充颜色。

03 选择工具箱中的渐变工具，在工具选项栏中单击渐变条，打开"渐变编辑器"对话框，设置参数，如图 3-227 所示。第一个色块的颜色值为（R173，G139，B130），第二个色块的颜色值为（R52，G26，B13）。

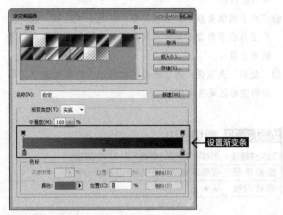

图 3-227 "渐变编辑器"对话框

04 单击"确定"按钮，关闭"渐变编辑器"对话框。按下工具选项栏中的"线性渐变"按钮，在图像中按住鼠标左键并由左至右拖动鼠标，填充渐变效果如图 3-228 所示。

图 3-228 填充渐变颜色

05 按 Ctrl+O 快捷键，弹出"打开"对话框，选择"花纹 1.jpg"素材文件，单击"打开"按钮，如图 3-229 所示。

06 执行"选择"|"色彩范围"命令，弹出"色彩范围"对话框，按下对话框右侧的吸管按钮，移动光标至图像窗口中背景位置并单击鼠标，选中"反相"选项，如图 3-230 所示。

图 3-229 花纹素材

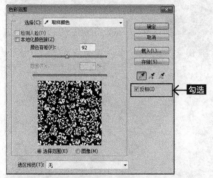

图 3-230 "色彩范围"对话框

勾选

07 单击"确定"按钮，得到花纹的选区。按 Ctrl+J 快捷键复制选区内图像至新的图层中，运用移动工具 ，将图像拖动至文件中，设置前景色为白色，按 Shift+Alt+Delete 快捷键，填充颜色，如图 3-231 所示。

图 3-231 填充白色

08 将花纹图层复制几层，调整好位置，如图 3-232 所示。

图 3-232 复制素材

09 将花纹图层合并，设置图层的混合模式为"叠加"，"不透明度"为 25%，如图 3-233 所示。

图 3-233 "叠加"效果

10 按 Ctrl+O 快捷键，弹出"打开"对话框，选择"人物 .jpg"素材文件，单击"打开"按钮，如图 3-234 所示。

图 3-234 人物素材

11 运用移动工具，将人物素材添加至文件中，调整好大小和位置，如图 3-235 所示。

图 3-235 添加人物素材

提示

打开一张图像后，需要分析所要选择的图像部分，然后选择较为合适的一个或多个工具，或者应用菜单命令创建图像的选区。

12 选择魔棒工具，设置"容差"为 5，单击人物以外的背景部分，建立选区，然后按 Shift+Ctrl+I 快捷键反选选区，单击图层面板上的"添加图层蒙版"按钮，为图层添加图层蒙版，效果如图 3-236 所示。

图 3-236 添加图层蒙版

13 新建"图层 2"，设置前景色为粉红色（R231，G78，B218），选择工具箱中的画笔工具，设置画笔硬度为 100%，移动光标至图像窗口中人物嘴唇部分上进行涂抹，绘制效果如图 3-237 所示。

14 在图层面板中设置"图层 2"的混合模式为"叠加"，"不透明度"为 60%，图像效果如图 3-238 所示。

图 3-237 绘制唇彩

图 3-238 "叠加"效果

15 新建"图层 3"，选择工具箱中的画笔工具，设置画笔硬度为 100%，设置不同的前景色，在眼睛下边缘上单击鼠标，绘制如图 3-239 所示的圆点。在绘制过程中，可通过按 [和] 键调整画笔的大小，以便绘制出不同大小的圆点。

图 3-239 绘制圆点

16 按 Ctrl+O 快捷键，打开"头饰 .psd"素材文件，将头饰素材添加到文件中，调整好大小、位置和角度，如图 3-240 所示。

图 3-240 添加头饰

17 按 Ctrl+O 快捷键，打开"花纹 2.png"素材文件，添加至文件中，调整好素材的大小、位置和角度，如图 3-241 所示。

图 3-241 添加花纹

18 打开"花纹素材 .psd"文件，将花纹添加至文件中，调整好素材的大小、位置和角度，如图 3-242 所示。

图 3-242 花纹素材

19 设置图层的填充为 0%，双击"图层 7"的缩略图，打开"图层样式"对话框，设置参数，如图 3-243 所示，其中的填充颜色为（R251，G252，B288）。

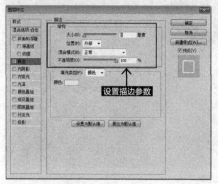

图 3-243 描边参数

20 单击"确定"按钮，添加的描边效果如图 3-244 所示。

图 3-244 描边效果

21 新建一个图层，设置前景色为白色，选择工具箱中的画笔工具，设置画笔硬度为 0%，"不透明度"为 60%，沿着图像窗口的边缘涂抹，效果如图 3-245 所示。

图 3-245 涂抹边框

85

22 新建一个图层，运用画笔工具绘制一些彩色的光晕，如图 3-246 所示。

图 3-246 涂抹光晕

23 设置图层的混合模式为"叠加"，"不透明度"为90%，并添加星光素材至图像中，如图 3-247 所示。

图 3-247 效果

24 单击图层面板下方的"创建新的填充或调整图层"按钮 ，在弹出的快捷菜单中选择"亮度 / 对比度"命令，在图层面板中生成"亮度 / 对比度"图层，在"亮度 \ 对比度"调整面板中进行参数设置，如图 3-248 所示，此时图像的效果如图 3-249 所示。

图 3-248 亮度/对比度参数

图 3-249 最终效果

3.9 课后习题

习题 1: 使用移动工具和磁性套索工具等多种工具，制作一幅关于音乐与自然的公益海报，如图 3-250 所示。

源文件路径	素材和效果\第3章\习题1——制作公益海报
视频路径	视频\第3章\习题1——制作公益海报.mp4
难易程度	★★★

图3-250 习题1——制作公益海报

习题 2: 利用在本章中所学的多种选择工具和方法，制作一幅魔幻图像，如图 3-251 所示。

源文件路径	素材和效果\第3章\习题2——制作魔幻图像
视频路径	视频\第3章\习题2——制作魔幻图像.mp4
难易程度	★★★

图3-251 习题2——制作魔幻图像

图3-253 习题4——打造迷人唇彩

习题5: 使用快速选择工具抠出人物图像,并更换背景,制作出云海独舞的合成效果,如图 3-254 所示。

习题3: 制作茶叶宣传海报,如图 3-252 所示。

图3-254 习题5——合成云海独舞效果

习题6: 使用磁性套索工具抠出眼镜,并将其添加至小猫图像中,制作出戴眼镜的卖萌的可爱小猫效果,如图 3-255 所示。

图3-252 习题3——茶叶宣传海报

习题4: 使用快速选择工具选择唇部,然后调整颜色,打造迷人唇彩效果,如图 3-253 所示。

图3-255 习题6——合成戴眼镜的猫

本章视频时长
71 分钟

第 4 章

绘画及编辑功能

　　本章主要介绍 Photoshop CS6 中的绘画与图像编辑的相关知识。绘图工具是 Photoshop 中十分重要的工具，具有强大的绘图功能，主要包括 4 种工具：画笔工具、铅笔工具、渐变工具和油漆桶工具。使用这些绘图工具，再配合画笔面板、混合模式、图层等 Photoshop 的其他功能，可以模拟出各式各样的笔触效果，从而绘制出各种图像效果。

本章学习目标

■ 了解选色与绘图工具；

■ 了解画笔面板；

■ 了解渐变工具；

■ 了解如何用选区作图；

■ 了解仿制图章工具；

■ 了解模糊、锐化工具；

■ 了解修复工具。

本章重点内容

■ 画笔工具；

■ 铅笔工具；

■ 渐变工具；

■ 油漆桶工具。

扫 码 看 课 件

4.1 选色与绘图工具

任何图像都离不开颜色，使用Photoshop中的画笔、文字、渐变、填充、蒙版、描边等工具操作时都需要设置相应的颜色，在Photoshop中提供了很多选取颜色和设置颜色的操作方法。

4.1.1 选色

1. 使用拾色器选取颜色

在Photoshop中，只要设置颜色，几乎都需要使用到拾色器，如图4-1所示。在拾色器中可以选择用HSB、RGB、Lab或CMYK颜色模式来指定颜色。

图 4-1
使用拾色器选取颜色

2. 用吸管工具来选取颜色

使用工具箱中的吸管工具 ✐ 可以拾取图像中任意颜色作为前景色，按住Alt键拾取可将拾取的颜色作为背景色，如图4-2所示。其选项栏也会发生变化，如图4-3所示。

图 4-2 用吸管工具选取颜色

图 4-3 吸管工具选项栏

吸管工具选项栏中的各选项介绍如下。

❶ 取样大小：设置吸管取样范围的大小。选择"取样点"选项，表示选择像素的精确颜色；选择"3×3平均"选项，表示选择以所选位置为中心的边长为3像素的正方形区域以内的平均颜色，其他选项依此类推。

❷ 样本：可以从"当前图层""当前和下方图层""所有图层""所有无调整图层"和"当前和下一个无调整图层"中采集颜色。

❸ 显示取样环：勾选该选项后，在拾取颜色时会显示取样环。

3. 在颜色面板中选取颜色

勾选"窗口"|"颜色"菜单命令，即可打开"颜色"面板，在此面板中显示了当前设置的前景色和背景色，还可以在该面板中设置前景色和背景色，如图4-4所示。

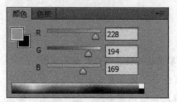

图 4-4 在颜色面板中选取颜色

4. 在色板面板中设置颜色

勾选"窗口"|"色板"菜单命令，即可打开"色板"面板，在此面板中的是一些系统预设的颜色，单击相应的颜色即可将其设置为前景色，如图4-5所示。

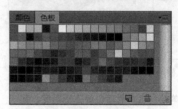

图 4-5 在色板面板中设置颜色

4.1.2 画笔工具

画笔工具 ✐ 和毛笔类似，可以使用前景色来绘制各种线条，同时也可以用来修改通道和蒙版，是使用频率较高的工具之一。图4-6所示是画笔工具的选项栏，在开始绘图之前，应选择所需的画笔笔尖形状和大小，并设置不透明度、流量等画笔属性。

图 4-6 画笔工具选项栏

画笔工具选项栏中的各选项介绍如下。

❶ "工具预设"选取器：单击画笔图标，可打开"工具预设"选取器，可以选择 Photoshop 提供的样本画笔预设，或者单击面板右上方的齿轮图标，在弹出的快捷菜单中进行新建工具预设等相关的操作，或对现有画笔进行修改以产生新的效果。

❷ "画笔预设"选取器：单击下拉按钮，可以打开"画笔预设"选取器，在这里面可以选择笔尖、设置画笔的大小和硬度，如图 4-7 所示。

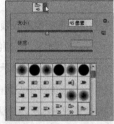

图 4-7 "画笔预设"选取器

❸ 切换画笔面板：单击该按钮，可打开画笔面板。

❹ 模式：设置绘画颜色与下面现有像素的混合方法，图 4-8 所示图和图 4-9 所示分别是使用"正片叠底"模式和"颜色减淡"模式绘制的笔迹效果。

图 4-8 使用"正片叠底"模式　　图 4-9 使用"颜色减淡"模式

❺ 不透明度：设置画笔绘制出来的颜色的不透明度。数值越大，笔迹的不透明度越高，如图 4-10 所示；数值越小，笔迹的不透明度越低，如图 4-11 所示。

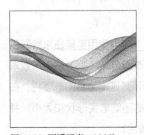

图 4-10 不透明度：100%　　图 4-11 不透明度：30%

❻ 流量：设置当将光标移到某个区域内时应用颜色的速率，在某个区域中绘制时，如果一直按住鼠标左键，颜色量将根据流动速率增大，直至达到不透明度设置。例如，将不透明度和流量都设置为 10%，则每次移到某区域中时，其颜色会以 10% 的比例接近画笔颜色。除非释放鼠标左键并在该区域中绘画，否则总量将不会超过 10% 的不透明度。

❼ 喷枪：按下喷枪按钮，可将画笔转换为喷枪工作状态，在此状态下创建的线条更柔和，而且如果使用喷枪工具时按住鼠标左键不放，前景色将在单击处淤积，直至释放鼠标左键，如图 4-12 和图 4-13 所示。

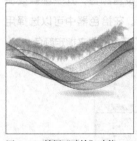

图 4-12 关闭"喷枪"功能　　图 4-13 启用"喷枪"功能

❽ 绘图板压力按钮：按下这个按钮后，用数位板绘画时，光笔压力可覆盖"画笔"面板中的不透明度和大小设置。

练习 4-1 **利用画笔工具绘制裂痕皮肤**

源文件路径	素材和效果\第4章\练习4-1利用画笔工具绘制裂痕皮肤
视频路径	视频\第4章练习4-1利用画笔工具绘制裂痕皮肤.mp4
难易程度	★★

01 按 Ctrl+O 快捷键，打开素材文件"背.jpg"，如图 4-14 所示。在"工具箱"中单击"画笔工具"按钮，然后在画布中单击鼠标右键，并在弹出的"画笔预设"选取器中单击齿轮图标，并在弹出的菜单中选择"载入画笔"命令，在弹出的"载入"对话框中选择配套的"素材和效果\第 4 章\练习 4-1 利用画笔工具绘制裂痕皮肤\裂痕.abr"文件，如图 4-15 所示。

图 4-14 素材文件

图 4-15 选择裂痕画笔

02 按 Shift+Ctrl+Alt+N 快捷键，新建名称为"裂痕"的图层，选择上一步载入的裂痕画笔，如图 4-16 所示，并设置前景色为（R57，G12，B0），在肩膀位置绘制出裂痕效果，如图 4-17 所示。

图 4-16 选择裂痕画笔

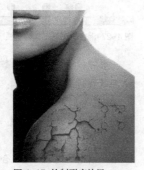
图 4-17 绘制裂痕效果

03 继续设置前景色为（R29，G10，B10），选择其他裂痕画笔，在人物颈部绘制出裂痕，如图 4-18 所示。

04 在"工具箱"中单击橡皮擦工具按钮 ，擦除多余的裂痕，效果如图 4-19 所示。

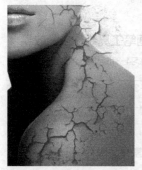
图 4-18 绘制裂痕效果

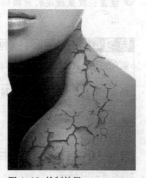
图 4-19 绘制效果

4.1.3 铅笔工具

铅笔工具 不同于画笔工具 ，它只能绘制出硬边线条，其选项栏如图 4-20 所示。

图 4-20 铅笔工具选项栏

铅笔工具选项栏中的选项介绍如下。

自动抹除：勾选该选项后，如果将光标中心放置在包含前景色的区域中，可以将该区域涂抹成背景色，如图 4-21 所示；如果将光标中心放置在不包含前景色的区域中，则可以将该区域涂抹成前景色。若不勾选该选项，则始终使用前景色，如图 4-22 所示。

图 4-21 勾选"自动抹除"

图 4-22 不勾选"自动抹除"

4.1.4 颜色替换工具

颜色替换工具 可以用背景色替换图像中的颜色。但是颜色替换工具不能用于位图、索引颜色或多通道模式的图像，图 4-23 为颜色替换工具选项栏。

图 4-23 颜色替换工具选项栏

颜色替换工具选项栏中的各选项介绍如下。

❶ 模式：用来设置可以替换的颜色属性，包括"色相""饱和度""颜色"和"明度"。默认为"颜色"，它表示可以同时替换色相、饱和度和明度。

❷ 取样：用来设置颜色取样的方式，按下连续按钮，在拖动鼠标时可以连续对颜色取样；按下一次按钮，只替换包含第一次单击的颜色区域中的目标颜色；按下背景色板按钮，只替换包含当前背景色的区域。

❸ 限制：选择"连续"，只替换与光标下的颜色相邻的颜色；选择"不连续"，可替换出现在光标下的任何位置的样本颜色；选择"查找边缘"，可替换包含样本颜色的连续区域，同时保留形状边缘的锐化程度。

❹ 容差：用来设置工具的容差，颜色替换工具只替换色板单击点颜色容差范围内的颜色，因此，该值越高，包含的颜色范围越广。

❺ 消除锯齿：勾选该选项，可以为矫正的区域定义平滑的边缘，从而消除锯齿。

01 按 Ctrl+O 快捷键，打开素材文件"指甲.jpg"，如图4-24所示。

02 按 Ctrl+J 复制图层，设置前景色为（R29，G29，B10），单击颜色替换工具，在选项栏中将画笔硬度设置为60%，单击连续按钮，将限制设为连续，容差设为35。按 Ctrl++ 快捷键放大手的部分，在手指甲的位置替换颜色，如图4-25所示。

图4-24 打开素材

图4-25 替换指甲颜色

03 按 [键将笔尖调小，在手指甲边缘涂抹，进行细致加工，效果如图4-26所示。

图4-26 查看替换效果

4.1.5 混合器画笔工具

混合器画笔工具可以混合像素，创建类似于传统画笔绘画时颜料之间相互混合的效果，图4-27所示为混合器画笔工具选项栏。

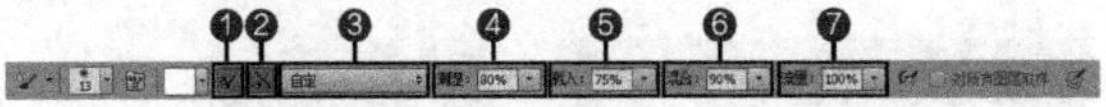

图4-27 混合器画笔工具选项栏

混合器画笔工具选项栏中的各选项介绍如下。

❶ 每次描边后载入画笔：可以使光标下的颜色与前景色混合。

❷ 每次描边后清理画笔：控制了每一笔涂抹结束后对画笔是否更新和清洗。

❸ 在"有用的混合画笔组合"下拉列表中，有系统提供的混合画笔。当选择某一种混合画笔时，右边的4个选项数值会自动改变为预设值。

❹ 潮湿：设置从画笔拾取的油彩量。

❺ 载入：设置画笔上的油彩量。

❻ 混合：设置颜色混合的比例。

❼ 流量：设置描边的流动频率。

01 按 Ctrl+O 快捷键，打开素材文件"向日葵.psd"，如图4-28所示。

图 4-28 打开素材

02 选择混合器画笔工具 ![图标]，将前景色设为（R237，G135，B185），在选项栏中选择"平扇形多毛硬毛刷"，大小设为 85 像素，潮湿设为 100%，混合设为 50%，在画面中左侧花瓣处涂抹，效果如图 4-29 所示。

图 4-29 涂抹左侧花瓣效果

03 将前景色设为（R246，G185，B59），将混合修改为 74%，在画面中右侧花瓣处涂抹，效果如图 4-30 所示。

图 4-30 涂抹右侧花瓣

04 设置前景色为（R112，G34，B11），潮湿设为 100%，混合设为 100%，在画面中花朵中心处涂抹，效果如图 4-31 所示。

图 4-31 涂抹花朵中心

4.1.6 课堂范例——使用铅笔工具制作像素图片

源文件路径	素材和效果\第4章\4.1.6课堂范例——使用铅笔工具制作像素图片
视频路径	视频\第4章\4.1.6课堂范例——使用铅笔工具制作像素图片.mp4
难易程度	★★★

01 按 Ctrl+N 快捷键新建文档，将"宽度"设为 120 像素，"高度"设为 100 像素，"背景内容"设为白色，单击"确定"按钮，如图 4-32 所示。

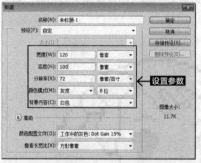

图 4-32 新建文档

02 将前景色设为（R255，G214，B202），然后按 Alt+Delete 快捷键用前景色填充背景图层，效果如图 4-33 所示。

图 4-33 填充背景图层

03 按 D 键恢复默认的前景色和背景色，在工具箱中单击"铅笔工具"按钮，接着在画布上单击鼠标右键，在"画笔预设"选取器中选择"柔边圆"画笔，将"大小"设为 1 像素，如图 4-34 所示。

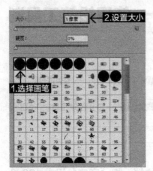

图 4-34 选择画笔

04 按 Shift+Ctrl+Alt+N 快捷键，新建"轮廓"图层，使用设置好的铅笔工具绘制像素图像的轮廓，如图 4-35 所示。

图 4-35 绘制像素图像轮廓

05 新建名为"暗部"的图层，并设置前景色为（R214，G124，B14），使用铅笔工具绘制图像暗部，如图 4-36 所示。

图 4-36 绘制图像暗部

06 在"暗部"图层下方新建名为"中间调"的图层，设置前景色为（R250，G215，B173），使用铅笔工具绘制图像中间调部分，如图 4-37 所示。

图 4-37 绘制图像中间调部分

07 在"中间调"的图层下方新建名为"亮部"的图层，设置前景色为（R232，G133，B14），使用铅笔工具绘制图像亮部，如图 4-38 所示。

08 在"亮部"图层下方新建名为"爱心"的图层，设置前景色为（R253，G252，B2），使用"铅笔工具"绘制图像像素，如图 4-39 所示。

09 在"爱心"图层下方新建名为"脸"的图层，设置前景色为（R255，G238，B220），继续使用"铅笔工具"绘制图像像素，最终效果如图 4-40 所示。

图 4-38 绘制亮部像素

图 4-39 绘制图像像素

图 4-40 查看效果

4.2 "画笔"面板

"画笔"面板是 Photoshop 中非常重要的面板，它可以设置各种绘画工具、图像修复工具、图像润饰工具和擦除工具的属性和描边效果。

4.2.1 认识"画笔"面板

选择"窗口"|"画笔"工具或按 F5 键可以打开"画笔"面板，如图 4-41 所示。

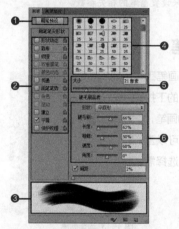

图 4-41 "画笔"面板

"画笔"面板介绍如下。

❶ 画笔预设：单击该按钮，可以打开画笔预设面板，如图 4-42 所示。在此面板中可以浏览、选择 Photoshop 提供的预设画笔。

图 4-42 预设画笔效果

❷ 定义画笔笔尖形状以及形状动态、散布、纹理等预设。其中 🔓 图标表示该选项处于可用状态，🔒 图标表示已锁定该选项。

③ 画笔描边预览：选择一个画笔后，可以在预览框中预览该画笔的外观形状。

④ 画笔笔触样式列表：在此列表中有各种画笔笔触样式可供选择，用户可以选择默认的笔触样式，也可以自己载入需要的画笔进行绘制。默认的笔触样式一般有：尖角画笔、柔角画笔、喷枪硬边圆形画笔和滴溅画笔等。

⑤ "大小"文本框：此选项用于设置画笔笔触的大小，可以设置 1 ~ 5 000 像素之间的笔触大小，可以通过拖曳下方的滑块进行设置，也可以在右侧的文本框中直接输入数值来设置。

⑥ 画笔选项参数：用来设置画笔的相关参数。

4.2.2 选择画笔

在工具箱中选择画笔工具 ，单击选项栏中的下拉按钮，可以选择所需的画笔，如图 4-43 所示。还可以直接在"画笔"面板中选择需要的画笔。

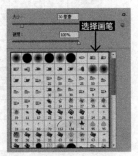
图 4-43 选择画笔

4.2.3 编辑画笔的常规参数

可以在"画笔笔尖形状"选项面板中编辑画笔的形状、大小、硬度、间距等常规参数，如图 4-44 所示。

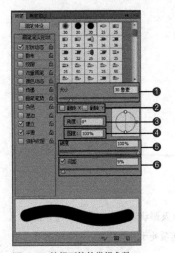
图 4-44 编辑画笔的常规参数

① 大小：控制画笔的大小，可以直接输入像素值，也可以通过拖曳滑块来设置画笔大小。

② 翻转 X/翻转 Y：将画笔笔尖在其 X 轴或 Y 轴上翻转。

③ 角度：指定椭圆画笔或样本画笔的长轴在水平方向旋转的角度。

④ 圆度：设置画笔短轴和长轴之间的比率。当圆度值为 100% 时，表示圆形画笔，如图 4-45 所示；当圆度值为 0% 时，表示线性画笔，如图 4-46 所示；当圆度值介于 0%~100% 之间时，表示椭圆画笔，如图 4-47 所示。

图 4-45
圆度值为100%

图 4-46
圆度值为0%

图 4-47
圆度值为30%

⑤ 硬度：控制画笔硬度的大小（不能更改样本画笔的硬度）。数值越小，画笔的柔和度越高，反之则柔和度越低。

⑥ 间距：控制描边时两个画笔笔迹之间的距离。数值越高，笔迹之间的间距越大，如图 4-48 所示，反之则笔迹之间的间距就越小，如图 4-49 所示。

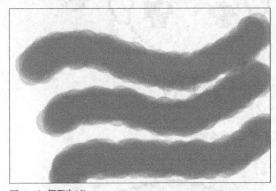
图 4-48 间距为1%

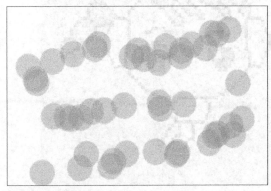
图 4-49 间距为50%

4.2.4 编辑画笔的动态参数

可以在"形状动态"选项面板中设置画笔的大小抖动、最小直径、角度抖动、圆度抖动等动态参数，如图 4-50 所示。

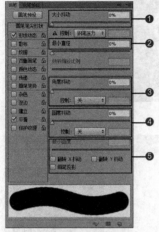

图 4-50 编辑画笔的动态参数

❶ 大小抖动：用于控制绘制过程中画笔笔迹大小的波动幅度。数值越大，变化幅度就越大，反之则变化幅度越小。

❷ 最小直径：设置画笔笔迹缩放的最小百分比。数值越高，笔尖的直径变化越小，如图 4-51 所示。

最小直径为0%

最小直径为50%

最小直径为100%

图 4-51 设置最小直径

❸ 角度抖动：用于控制画笔角度波动的幅度，数值越大，抖动的范围越大，反之抖动的范围越小。

❹ 圆度抖动：用于控制在绘画时画笔圆度的波动幅度，数值越大，圆度变化的幅度也就越大，如图 4-52 所示。

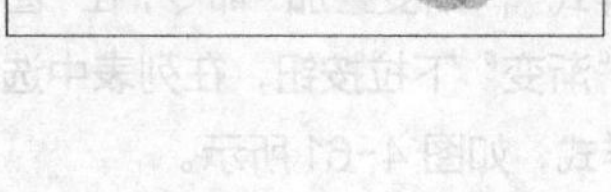

圆度抖动为0%

圆度抖动为50%

圆度抖动为100%

图 4-52 圆度抖动效果

❺ 最小圆度：用于控制画笔在圆度发生波动时画笔的最小圆度尺寸值。该值越大，发生波动的范围越小，波动的幅度也会相应越小。

4.2.5 分散度属性参数

可以在"散布"选项面板中设置分散度属性参数，勾选"散布"选项，将会显示其相关参数，如图 4-53 所示。

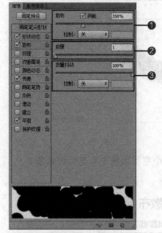

图 4-53 分散度属性参数

❶ 散布：控制画笔偏离绘画路线的程度，数值越大，偏离的距离越大，反之偏离的距离越小，如图 4-54 所示。若勾选"两轴"复选框，则画笔将在 X、Y 两个方向分散，否则仅在一个方向上发生分散。

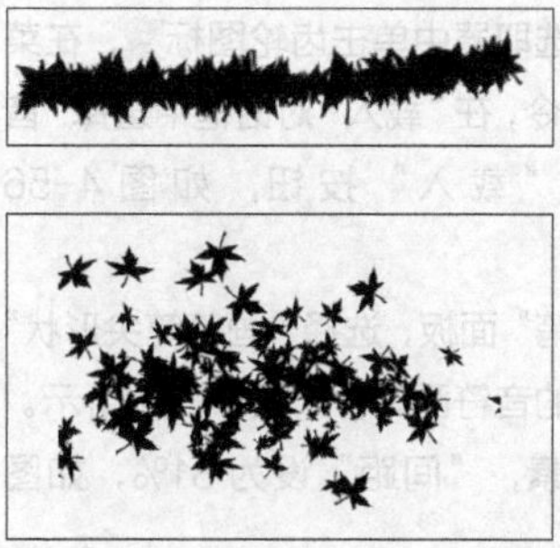

分散为0%

分散为500%

分散为1 000%

图 4-54 分散效果

❷数量：控制画笔点的数量，数值越大，画笔点越多，如图 4-55 所示。

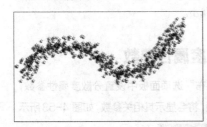

数量为1

数量为16

图 4-55 设置数量值

❸数量抖动：用来控制每个空间间隔中画笔点的数量变化。

练习 4-4 利用画笔散布绘制图像

源文件路径	素材和效果\第4章\练习4-4利用画笔散布绘制图像
视频路径	视频\第4章\练习4-4利用画笔散布绘制图像.mp4
难易程度	★★★

01 按 Ctrl+O 快捷键，打开素材文件"唱歌的女孩.jpg"，如图 4-56 所示。新建名称为"散布"的图层，在工具箱中单击"画笔工具"按钮 ，在画布中单击鼠标右键，在弹出的"画笔预设"选取器中单击齿轮图标 ，在菜单中选择"载入画笔"命令，在"载入"对话框中选择"音符.abr"文件，单击"载入"按钮，如图 4-56 所示。

02 按 F5 键，弹出"画笔"面板，选择"画笔笔尖形状"选项，选中上一步载入的音符画笔，如图 4-57 所示。将"大小"设为 64 像素，"间距"设为 81%，如图 4-58 所示。

图 4-56 打开素材

图 4-57 选择画笔

图 4-58 设置画笔笔尖形状

03 勾选"形状动态"复选框，将"大小抖动"设为 40%，"角度抖动"设为 26%，"最小圆度"设为 35%，如图 4-59 所示。勾选"散布"复选框，将分散度设为 480%，"数量"设为 3，"数量抖动"设为 47%。

图 4-59 设置形状动态

04 将前景色设为白色，然后在画笔工具选项栏中将"不透明度"和"流量"均设为 80%，并在"音符"图层中绘制图形，如图 4-60 所示。

05 执行"图层"|"图层样式"|"渐变叠加"命令，在"图层样式"对话框中单击"渐变"下拉按钮，在列表中选择"蓝，红，黄渐变"样式，如图 4-61 所示。

图 4-60
绘制图形

图 4-61
设置渐变样式

06 在"图层样式"对话框中勾选"外发光"选项，并将发光颜色设为"前景色到背景色渐变"，如图 4-62 所示，最终效果如图 4-63 所示。

图 4-62
设置发光颜色

图 4-63
查看效果

4.2.6 纹理效果

"纹理"用于在画笔上添加纹理效果，勾选"纹理"选项后可以控制纹理的叠加模式、缩放比例和深度，如图 4-64 所示。

图 4-64 设置纹理效果

❶ 选择纹理：单击纹理下拉按钮，从纹理列表中选择所需的纹理，选中"反相"复选框，相当于对纹理执行"反相"命令。

❷ 缩放：可以设置纹理的缩放比例。

❸ 亮度和对比度：用于设置纹理的亮度和对比度。

❹ 为每个笔尖设置纹理：用来确定是否对每个画笔点都分别进行渲染，若不选择此项，则"深度""最小深度"及"深度抖动"参数无效。

❺ 深度：用来设置图案的混合程度，数值越大，纹理越明显，渗入的深度越大，如图 4-65 所示。

深度为9%

深度为100%

图 4-65 设置深度值

❻ 最小深度：控制图案的最小混合程度。

❼ 深度抖动：控制纹理显示浓淡的抖动程度。

4.2.7 画笔笔势

"画笔笔势"用来调整毛刷画笔笔尖、侵蚀画笔笔尖的角度，如图4-66所示。

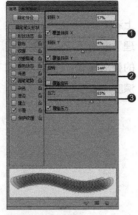

图4-66 画笔笔势

❶ 倾斜X/倾斜Y：可以让笔尖沿X轴或Y轴倾斜。

❷ 旋转：用来旋转笔尖。

❸ 压力：用来调整画笔压力，该值越高，绘制速度越快，线条越粗犷。

4.2.8 新建画笔

如果在画笔面板中没有满意的画笔样式，还可以通过新建画笔操作来定义画笔命令。下面通过一个练习来详细介绍新建画笔的方法。

练习4-5	新建星星形状的画笔
源文件路径	素材和效果\第4章\练习4-5新建星星形状的画笔
视频路径	视频\第4章\练习4-5新建星星形状的画笔.mp4
难易程度	★★

01 执行"文件"|"新建"命令，弹出"新建"对话框，设置参数，如图4-67所示。单击"确定"按钮，关闭对话框，新建一个图像文件。

图4-67 "新建"对话框

02 设置前景色为黑色，按F5键，弹出画笔面板，设置参数，如图4-68所示，在图像窗口中单击鼠标左键，绘制图形。

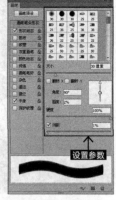

图4-68 设置参数

03 再次在画笔面板中设置参数，如图4-69所示，在图像窗口中单击鼠标左键，绘制图形，得到如图4-70所示的效果。

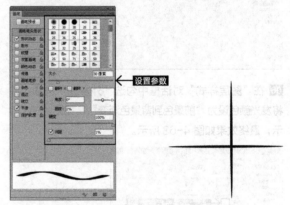

图4-69 设置参数　　　　图4-70 绘制星形

04 选择椭圆工具，新建一个图层，在工具选项栏中选择"像素"选项，在按住Shift键的同时，在图像窗口中移动光标，绘制一个圆，如图4-71所示。

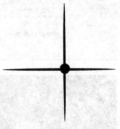

图4-71 绘制圆点

05 执行"图层"|"图层样式"|"外发光"命令，在弹出的"图层样式"对话框中设置参数，如图4-72所示。单击"确定"按钮，效果如图4-73所示。

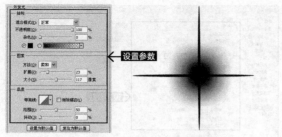

图4-72 "外发光"参数　　图4-73 "外发光"效果

06 执行"编辑"|"定义画笔预设"命令，弹出"画笔名称"对话框，设置"名称"为"星星"，如图4-74所示。

图4-74 "画笔名称"对话框

07 打开一张背景素材，如图4-75所示，选择画笔工具 ，按F5键，打开画笔面板，选择刚才定义的画笔，设置"角度"为158度，"间距"为100%"大小抖动"为100%，"角度抖动"为100%，"散布"为150%，如图4-76所示。

图4-75 背景素材

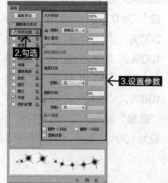

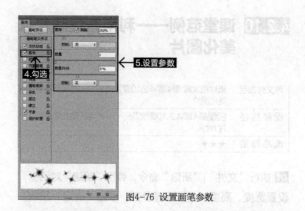

图4-76 设置画笔参数

08 单击"创建新图层"按钮 ，新建图层，在图层中用刚才设好的画笔绘制星光，效果如图4-77所示。

图4-77 绘制星光

4.2.9 "画笔预设"面板

按F5键，弹出"画笔"面板，选择"画笔预设"选项卡，即可切换到"画笔预设"面板，在此面板中可以浏览、选择 Photoshop 提供的预设画笔，以及修改画笔大小，如图4-78所示。

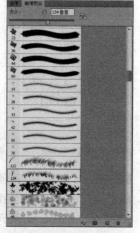

图 4-78 "画笔预设"面板

4.2.10 课堂范例——利用新建画笔来美化图片

源文件路径	素材和效果\第4章\4.2.10课堂范例——利用新建画笔来美化图片
视频路径	视频\第4章\4.2.10课堂范例——利用新建画笔来美化图片.mp4
难易程度	★★★

01 执行"文件"|"新建"命令，弹出"新建"对话框，设置宽度、高度、分辨率等参数，单击"确定"按钮，如图 4-79 所示。

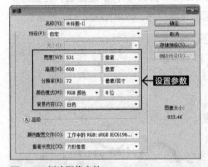

图 4-79 新建图像文件

02 将前景色设为黑色，按 F5 键，弹出"画笔"面板，设置相关参数，如图 4-80 所示。

03 使用画笔绘制简单图形，如图 4-81 所示。

图 4-80 设置画笔参数

图 4-81 绘制图形

04 新建一个图层，执行"图层"|"图层样式"|"外发光"命令，在"图层样式"对话框中设置相关参数，单击"确定"按钮，如图 4-82 所示。

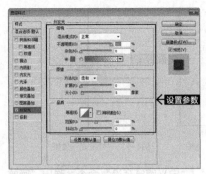

图 4-82 设置图层样式

05 执行"编辑"|"定义画笔预设"命令，弹出"画笔名称"对话框，设置"名称"为"心形"，如图 4-83 所示，接着打开素材文件"模特.jpg"，如图 4-84 所示。

图 4-83 设置画笔名称

图 4-84 打开素材文件

06 按 F5 键打开"画笔"面板，选择刚才定义的画笔，设置"角度"为 0°，"间距"设为 200%，"大小抖动"设为 100%，"最小直径"设为 100%，"角度抖动"设为 100%，"散布"设为 435%，"数量"设为 3，"数量抖动"设为 100%，如图 4-85 所示。

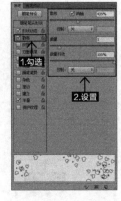

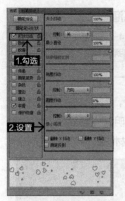
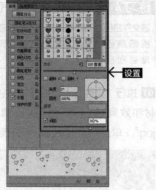

图 4-85 设置画笔参数

07 按 Shift+Ctrl+Alt+N 快捷键新建图层，在图层中用刚才设好的画笔绘制图形，效果如图 4-86 所示。

图 4-86 查看效果

4.3 渐变工具

渐变工具  可以在整个文档或选区内填充渐变色，并且可以创建多种颜色之间的混合效果，其选项栏如图 4-87 所示。

图 4-87 渐变工具选项栏

① 显示当前渐变预设：单击渐变颜色条可以打开"渐变编辑器"对话框。

② 渐变类型：定义渐变的类型，Photoshop 可创建 5 种形式的渐变，即线性渐变 、径向渐变 、角度渐变 、

对称渐变 和菱形渐变 ，按下选项栏中相应按钮即可选择相应的渐变类型。

· 线性渐变：从起点到终点线性渐变，如图 4-88 所示。

· 径向渐变：从起点到终点以圆形图案逐渐改变，如图 4-89 所示。

图 4-88 线性渐变　　　　　　图 4-89 径向渐变

· 角度渐变：围绕起点以逆时针环绕逐渐改变，如图 4-90 所示。

· 对称渐变：在起点两侧对称线性渐变，如图 4-91 所示。

图 4-90 角度渐变　　　　　　图 4-91 对称渐变

· 菱形渐变：从起点向外以菱形图案逐渐改变，终点定义菱形的一角，如图 4-92 所示。

图 4-92 菱形渐变

③ 模式：打开此下拉列表可以选择渐变填充的色彩与底图的混合模式。

④ 不透明度：输入 1% ~ 100% 之间的数值以控制渐变填充的不透明度。

⑤ 反向：选中此选项，所得到的渐变效果与所设置的渐变颜色相反。

⑥ 仿色：选中此选项，可使渐变效果过渡更为平滑。

⑦ 透明区域：选中此选项，可启用编辑渐变时设置的透明效果，填充渐变时得到透明效果。

练习4-6 利用渐变工具制作图片背景

源文件路径	素材和效果\第4章\练习4-6利用渐变工具制作图片背景
视频路径	视频\第4章\练习4-6利用渐变工具制作图片背景.mp4
难易程度	★★

01 按Ctrl+O快捷键，打开素材文件"狗狗.jpg"，如图4-93所示。

图4-93 打开素材文件

02 在工具箱中单击"渐变工具"按钮█，在其选项栏中单击渐变颜色条，打开"渐变编辑器"对话框，选择"色谱"渐变，单击"线性渐变"按钮█，如图4-94所示。

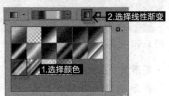

图4-94 选择渐变颜色

03 在渐变工具选项栏中将"模式"设置为"柔光"，选中图层，在按住Shift键的同时从画布的左端向右拉出渐变，效果如图4-95所示。

图4-95 绘制渐变效果

练习4-7 透明渐变创建气泡

源文件路径	素材和效果\第4章\练习4-7透明渐变创建气泡
视频路径	视频\第4章\练习4-7透明渐变创建气泡.mp4
难易程度	★★

01 执行"文件"│"打开"命令，选择本书配套素材"素材和效果\第4章\练习4-7透明渐变创建气泡\荷塘.jpg"，单击"打开"按钮，打开素材图像，如图4-96所示。

图4-96 打开文件

02 按Ctrl+Shift+N键，新建一个图层，运用椭圆选框工具█，绘制一个椭圆选区，单击工具箱中的渐变工具█，在渐变工具选项栏中设置从白色到透明的渐变，按下选项栏中的"径向渐变"按钮█，从外往内拖出渐变色，按Ctrl+D键，取消选区，按Ctrl+J键，复制多个，改变大小和位置，如图4-97所示。

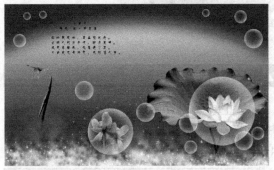

图4-97 透明渐变效果

4.4 用选区作图

在前面的章节中我们介绍了如何在Photoshop中定义颜色，本节将进一步介绍如何使用颜色或图案来填充选区、图像。

4.4.1 填充操作

油漆桶工具  可以用在图像或选区中填充颜色或图案，但是油漆桶工具在填充前会对鼠标单击位置的颜色进行取样，从而只填充颜色相同或相似的图像区域，其选项栏如图 4-98 所示。

图 4-98 油漆桶工具选项栏

❶ "填充"列表框：可选择填充的内容，包含"图案"和"前景"两种模式。当选择"图案"模式时，"图案"列表框被激活，单击其右侧的下拉按钮，可打开"图案"下拉面板，从中选择所需的填充图案。

❷ "图案"列表框：通过在图案列表中选择选项定义填充的图案，并通过拾色器的快捷菜单进行图案的载入、复位、替换等操作。

❸ 模式：用来设置填充内容的混合模式。

❹ 不透明度：用来设置填充内容的不透明度。

❺ 容差：用来定义必须填充的像素的颜色相似程度。

❻ 消除锯齿：平滑化填充的选区的边缘。

❼ 连续的：勾选该选项后，只填充图像中处于连续范围内的区域；取消勾选该选项后，可以填充图像中的所有相似像素。

❽ 所有图层：勾选该选项后，可以为所有可见图层中的合并颜色数据填充像素；取消勾选该选项后，仅仅填充当前选择的图层。

练习 4-8 利用油漆桶工具为简笔画填色

源文件路径	素材和效果\第4章\练习4-8利用油漆桶工具为简笔画填色
视频路径	视频\第4章\练习4-8利用油漆桶工具为简笔画填色.mp4
难易程度	★★

01 按 Ctrl+O 快捷键，打开素材文件"简笔画.jpg"，如图 4-99 所示。按 Ctrl+J 快捷键复制图层，得到素材副本。

图 4-99
打开素材文件

02 单击"油漆桶工具"按钮 ，在选项栏中将"填充"设为"前景"，"模式"设为"正常"，"容差"设为32，设置前景色为（R229，G185，B13），分别在小狗的身体、尾巴和耳朵处单击，填充前景色，如图 4-100 所示。

图 4-100
填充前景色

03 修改前景色为（R0，G153，B68），在树木树叶上单击，修改前景色为（R106，G57，B0），在树木树干上单击，如图 4-101 所示。

图 4-101
填充树木

04 修改前景色为（R255，G248，B153），在小狗的四肢和头部上单击，如图 4-102 所示。

图 4-102
填充四肢和头部

05 修改前景色为（R0，G0，B0），在小狗的眼睛和鼻子上单击，如图 4-103 所示。

图 4-103
填充眼睛和鼻子

4.4.2 描边操作

在 Photoshop 中可以执行"描边"命令，在选区、路径或图层周围描绘实线边框。执行"编辑"|"描边"命令，弹出"描边"对话框，可设置描边的宽度、位置等，如图 4-104 所示。

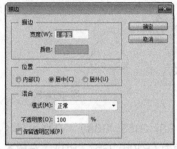

图 4-104 "描边"对话框

练习 4-9 为热气球描边

源文件路径	素材和效果\第4章\练习4-9为热气球描边
视 频 路 径	视频\第4章\练习4-9为热气球描边.mp4
难 易 程 度	★★

01 按 Ctrl+O 快捷键，打开素材文件"热气球 .jpg"，使用"魔棒工具" 选取区域，如图 4-105 所示。

02 执行"编辑"|"描边"命令，弹出"描边"对话框，将"宽度"设为 20 像素，并设置颜色为（R196，G254，B2），单击"确定"按钮，如图 4-106 所示。

03 设置完后可以查看设置效果，如图 4-107 所示。

图 4-105 选取区域

图 4-106 描边

图 4-107 查看效果

4.4.3 课堂范例——利用描边制作广告艺术字

源文件路径	素材和效果\第4章\4.4.3课堂范例——利用描边制作广告艺术字
视 频 路 径	视频\第4章\4.4.3课堂范例——利用描边制作广告艺术字.mp4
难 易 程 度	★★★

01 按 Ctrl+O 快捷键，打开素材文件"魅力之都 .jpg"，如图 4-108 所示。

图 4-108 打开素材文件

02 在工具箱中单击"横排文字工具"按钮 ，在图像上单击并输入文本"浪漫之都"，按 Enter 键完成输入，如图 4-109 所示。

图 4-109 输入文本

03 在文字图层的名称上单击鼠标右键，在弹出的菜单中选择"栅格化文字"命令，如图 4-110 所示。

04 使用矩形选取框工具 选择"浪"字，单击鼠标右键，在弹出来的菜单中选择"自由变换"命令，如图 4-111 所示。

图 4-110 选择栅格化文字　　图 4-111 选择"自由变换"命令

05 缩放并旋转"浪"字，然后采用相同的方法调整其他文字效果，如图 4-112 所示。

图 4-112 缩放并旋转文字

06 选择"浪漫之都"图层，执行"编辑"|"描边"命令，将"宽度"设为 3 像素，并设置描边颜色为（R196，G251，B244），单击"确定"按钮，如图 4-113 所示。

图 4-113 描边

07 设置完后可查看描边效果，如图 4-114 所示。

图 4-114 查看描边效果

4.5 仿制图章工具

　　仿制图章工具用于复制图像的内容，它可以将指定区域的图像仿制到同一图像的其他区域。仿制图章工具对于复制对象或修复图像中的缺陷非常有用，其选项栏如图 4-115 所示。

图 4-115 仿制图章工具选项栏

❶ 切换画笔面板按钮：打开或关闭画笔面板。

❷ 切换仿制源面板按钮：打开或关闭仿制源面板。

❸ 对齐：勾选该选项后，可以连续对像素进行取样，即在复制图像时，无论执行多少次操作，每次复制时都会以此取样点的最终移动位置为起点开始复制，以保持图像的连续性。

练习 4-10 使用仿制图章工具去掉花朵上的蜜蜂

源文件路径	素材和效果\第4章\练习4-10使用仿制图章工具去掉花朵上的蜜蜂
视频路径	视频第4章\练习4-10使用仿制图章工具去掉花朵上的蜜蜂.mp4
难易程度	★★

01 按 Ctrl+O 快捷键，打开素材文件"花朵 .jpg"，按 Ctrl+] 快捷键放大需要去除的部分，如图 4-116 所示。

02 选择工具箱中的仿制图章工具，在工具选项栏中设置参数大小（46 像素），按住 Alt 键，在图像绿色部分上单击作为仿制源，释放 Alt 键，在蜜蜂的位置单击鼠标左键，去除蜜蜂，如图 4-117 所示。

图 4-116 打开素材

图 4-117 去除蜜蜂

4.6 使用"仿制源"面板

"仿制源"面板主要用于仿制图章工具或修复画笔工具，让这些工具使用起来更加方便、快捷，从而提高工作效率。

4.6.1 认识"仿制源"面板

在"仿制源"面板中可以设置不同的样本源，并且可以查看样本源的叠加，以便在特定位置进行仿制。执行"窗口"|"仿制源"命令，即可打开"仿制源"面板，如图 4-118 所示。

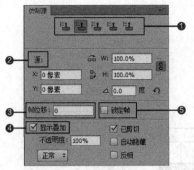

图 4-118 "仿制源"面板

❶ 仿制源：单击"仿制源"按钮，然后设置取样点，即可设置五个不同的取样源。通过设置不同的取样点，可以更改"仿制源"按钮的取样源。"仿制源"面板将自动存储这些取样源，直到关闭文件。

❷ 源：输入 W（宽度）或 H（高度）值，可以缩放所仿制的源，在默认情况下将约束比例。指定 X 和 Y 值后，可在相对于取样点的精确的位置进行绘制。

❸ 帧位移：在"帧位移"文本框中输入帧数，可以使用与初始取样的帧相关的特定帧进行绘制。

❹ 显示叠加：选中"显示叠加"并设置叠加选项，可显示仿制源的叠加。

❺ 锁定帧：如果选中"锁定帧"，则总是使用初始取样的相同帧进行绘制。

4.6.2 定义多个仿制源

要定义多个仿制源，可以按以下步骤操作。

练习 4-11 定义多个仿制源

源文件路径	素材和效果\第4章\练习4-11定义多个仿制源
视 频 路 径	视频\第4章\练习4-11定义多个仿制源.mp4
难 易 程 度	★★

01 打开素材文件"桂林 .jpg"，如图 4-119 所示。在工具箱中选择仿制图章工具，在工具选项栏中设置大小为 80 像素，然后按住 Alt 键，并在图像中的小船处单击一下，以创建一个仿制源点，此时"仿制源"面板将发生变化，如图 4-120 所示，可以看到在第 1 个仿制源图标的下方有当前通过单击定义的仿制源的文件名称。

图 4-119 打开素材

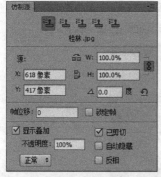

图 4-120 创建第1个仿制源点

02 在"仿制源"面板中单击第 2 个"仿制源"按钮，将光标放于此按钮上，可以显示工具提示，如图 4-121 所示。此时可以看出这是一个还没有使用的仿制源。按住 Alt 键，在图像中第一次单击的位置单击一下，即可创建 2 个仿制源点。

图 4-121 创建第2个仿制源点

03 按照同样的操作方法可以使用仿制图章工具定义多个仿制源点。

4.6.3 变换仿制效果

除了控制显示状态，使用"仿制源"面板最大的优点在于能够在仿制中控制所得到的图像与原始被仿制的图像的变化关系。例如，可以按一定的比例旋转原始被仿制的图像。

练习 4-12	变换仿制效果旋转冲浪手方向
源文件路径	素材和效果\第4章\练习4-12变换仿制效果旋转冲浪手方向
视 频 路 径	视频\第4章\练习4-12变换仿制效果旋转冲浪手方向.mp4
难 易 程 度	★★

01 打开素材文件"冲浪 .jpg"，如图 4-122 所示。

02 在工具箱中选择仿制图章工具，在工具选项栏中设置大小为 176 像素。执行"窗口"|"仿制源"命令，在"仿制源"面板中将角度设为 50 度，如图 4-123 所示。

图 4-122 打开素材

图 4-123 调整旋转角度

03 设置完后可以看到叠加预览图像已经与被复制图像成一定的夹角，如图 4-124 所示。

图 4-124 查看效果

4.6.4 定义显示效果

使用"仿制源"面板可以定义在进行仿制操作时图像的显示效果，以便更清晰地预知仿制操作所得到的效果。

下面讲解"仿制源"面板中用于定义仿制时显示效果的若干选项的意义。

显示叠加：勾选此复选框，可以在仿制操作中显示预览效果，图 4-125 所示为未勾选"显示叠加"复选框的预览状态，图 4-126 所示为勾选"显示叠加"复选框的预览状态。可以很清楚地看到，在叠加预览图显示的情况下，能够更加准确地预览操作后的效果。

图 4-125 未勾选"显示叠加"　　图 4-126 勾选"显示叠加"

不透明度：此参数用于制作叠加预览图的不透明度显示效果，数值越大，显示效果越清晰。图 4-127 所示为数值为 20% 的显示效果，图 4-128 所示为数值为 100% 的显示效果。

图 4-127 不透明度为20%

图 4-128 不透明度为100%

模式列表：在此下拉列表中可以显示预览图像与原始图像叠加的模式，其选项如图 4-129 所示。

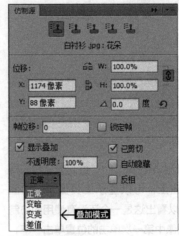

图 4-129 叠加模式

4.6.5 使用多个仿制源点

4.6.2 节已经介绍了如何定义多个仿制源，本节将延续此部分内容，介绍如何使用已经定义好的多个仿制源，同样通过一个练习来介绍，因此素材沿用练习 4-11 的结果文件。

练习 4-13　使用多个仿制源点

源文件路径	素材和效果\第4章\练习4-13使用多个仿制源点
视 频 路 径	视频\第4章\练习4-13使用多个仿制源点.mp4
难 易 程 度	★★

01 单击面板中第 1 个"仿制源"按钮，此仿制源在练习 4-11 中已定义，可以直接用此仿制源进行相关图

像操作。

02 单击仿制图章工具 🛄，在图像中涂抹，并使用橡皮擦工具 🖋 擦除多余的部分，如图 4-130 所示。

图 4-130 擦除多余部分

03 单击面板中第 2 个"仿制源"按钮 🛄，将"不透明度"设为 50%，并用此仿制源进行图像复制操作。使用仿制图章工具 🛄 在图像中涂抹，并使用橡皮擦工具 🖋 擦除多余的部分，如图 4-131 所示。

图 4-131 仿制效果

4.6.6 课堂范例——使用仿制图章工具去除照片上的日期

源文件路径	素材和效果\第4章\4.6.6课堂范例——使用仿制图章工具去除照片上的日期
视 频 路 径	视频\第4章\4.6.6课堂范例——使用仿制图章工具去除照片上的日期.mp4
难 易 程 度	★★★

01 执行"文件"|"打开"命令，打开素材文件"照片日期.jpg"，如图 4-132 所示。

图 4-132 打开素材文件

02 在工具栏中选择仿制图章工具 🛄，在工具选项栏中设置参数大小（36 像素），按住 Alt 键，在日期左边部分上单击作为仿制源，释放 Alt 键，在照片日期的位置单击鼠标左键去除日期，效果如图 4-133 所示。

图 4-133 查看去除效果

4.7 模糊、锐化工具

使用模糊工具 🔷、锐化工具 △ 可以对图像进行模糊和锐化处理。

4.7.1 模糊工具

模糊工具 🔷 可柔化硬边缘或减少图像中的细节，使用该工具在某个区域中绘制的次数越多，该区域就越模糊，如图 4-134 所示。

原图

使用模糊工具效果

图 4-134 对比效果

模糊工具 ◌ 的选项栏如图 4-135 所示。

图 4-136 打开素材

像中进行涂抹操作，如图 4-137 所示。

①　②

| ◌ · | 139 | 模式: | 正常 | ⬦ | 强度: | 50% | ⬦ | □ 对所有图层取样 |

图 4-135 模糊工具选项栏

❶ 模式：用来设置模糊工具 ◌ 的混合模式，包括正常、变暗、变亮、色相、饱和度、颜色和明度。

❷ 强度：用来设置模糊工具 ◌ 的模糊强度。

练习 4-14 利用模糊工具修饰图像

源文件路径	素材和效果\第4章\练习4-14利用模糊工具修饰图像
视频路径	视频第4章\练习4-14利用模糊工具修饰图像.mp4
难易程度	★★

01 打开素材文件"天鹅.jpg"，如图 4-136 所示。

02 在模糊工具 ◌ 的选项栏中选择柔边笔，画笔大小设为 257 像素，硬度设为 0%，强度设为 100%，并在图

图 4-137 使用模糊工具

4.7.2 锐化工具

锐化工具 △ 与模糊工具 ◌ 的作用刚好相反，它用于锐化图像的部分像素，使这部分更清晰，使用锐化工具 △ 可以增加相邻像素的对比度，将较软的边缘显化，使图像聚焦。

锐化工具 △ 的选项栏如图 4-138 所示。

| △ · | 13 | 模式: | 正常 | ⬦ | 强度: | 50% | ⬦ | □ 对所有图层取样 | ☑ 保护细节 |

图 4-138 锐化工具选项栏

保护细节：勾选该选项后，在进行锐化处理时，会对图像的细节进行保护，使图像更清晰。

源文件路径	素材和效果\第4章\练习4-15利用锐化工具提高图像清晰度
视频路径	视频\第4章\练习4-15利用锐化工具提高图像清晰度.mp4
难易程度	★★

01 打开素材"小女孩.jpg",如图 4-139 所示。

图 4-139 打开素材

02 在锐化工具△的选项栏中选择柔边笔,画笔大小设为 45 像素,硬度设为 0%,强度设为 26%,并在图像中进行涂抹操作,如图 4-140 所示。

图 4-140 使用锐化工具

4.7.3 课堂范例——使用模糊工具修饰图像

源文件路径	素材和效果\第4章\4.7.3课堂范例——使用模糊工具修饰图像
视频路径	视频\第4章\4.7.3课堂范例——使用模糊工具修饰图像.mp4
难易程度	★★★

01 按 Ctrl+O 快捷键,打开素材文件"桥边.jpg",如图 4-141 所示。

图 4-141 打开素材

02 在工具箱中选择模糊工具 ○,在其选项栏中选择柔边笔,画笔大小设为 257 像素,硬度设为 0%,强度设为 100%,并在图像中进行涂抹操作,效果如图 4-142 所示。

图 4-142 涂抹图像

4.8 擦除图像

通常我们可以图像擦除工具来擦除多余的图像。Photoshop 提供了 3 种擦除工具,分别是橡皮擦工具 ◇、背景橡皮擦工具 ◇ 和魔术橡皮擦工具 ◇。

4.8.1 橡皮擦工具

橡皮擦工具 ◇ 可以将像素更改为背景色或透明的,其选项栏如图 4-143 所示。

① 模式：用于选择橡皮擦的种类，选择"画笔"选项时，可以创建柔边擦除效果，如图 4-144 所示；选择"铅笔"选项时，可以创建硬边擦除效果，如图 4-145 所示；选择"块"选项时，擦除的效果为块状，如图 4-146 所示。

图 4-144 画笔

图 4-145 铅笔

图 4-146 块

② 不透明度：用来设置橡皮擦工具 的擦除强度。设置为 100% 时，可以完全擦除像素。当模式设置为"块"时，该选项不可用。

③ 流量：用来设置橡皮擦工具 的涂抹速度，图 4-147 所示和图 4-148 所示分别为设置流量为 20% 和 100% 时的擦除效果。

图 4-147 设置流量为20%

图 4-148 设置流量为100%

④ 抹到历史记录：勾选该选项以后，橡皮擦工具的作用相当于历史记录画笔工具 。

练习 4-16 利用橡皮擦工具设置纯白色背景

源文件路径	素材和效果\第4章\练习4-16利用橡皮擦工具设置纯白色背景
视频路径	视频\第4章\练习4-16利用橡皮擦工具设置纯白色背景.mp4
难易程度	★★

01 打开素材"婚纱美女 .jpg"，如图 4-149 所示。

02 选取工具箱中的橡皮擦工具 ，选择硬边笔，将画笔大小设为 411 像素。设置背景色为白色（R255，G255，B255），单击鼠标左键，擦除背景区域，此时被擦除的区域将被填充白色，如图 4-150 所示。

图 4-149 打开素材

图 4-150 擦除背景区域

03 选择柔边笔，将画笔大小设为 20 像素，继续擦除背景区域，效果如图 4-151 所示。

图 4-151 继续擦除背景区域

4.8.2 背景橡皮擦工具

使用背景橡皮擦工具 ✎ 可以将图层上的像素擦为透明的，并在擦除背景的同时在前景中保留对象的像素，适用于一些背景较为复杂的图像。其选项栏如图 4-152 所示。

图 4-152 背景橡皮擦工具选项栏

❶取样：分别单击 3 个按钮，可以以 3 种不同的取样模式进行擦除操作，█模式表示连续进行取样，在光标移动的过程中，随着取样点的移动而不断地取样，此时背景色板颜色会在操作过程中不断变化；█模式表示取样一次，以第一次擦除操作的取样作为取样颜色，取样颜色

不会随着光标的移动而发生改变；█模式表示以工具箱背景色板的颜色作为取样颜色，只擦除图像中有背景色的区域。

❷保护前景色：选中"保护前景色"复选框，可以防止擦除与前景色颜色相同的区域，从而起到保护某部分图像区域的作用。

练习 **4-17** 利用背景橡皮擦工具去除图片背景

源文件路径	素材和效果\第4章\练习4-17利用背景橡皮擦工具去除图片背景
视频路径	视频\第4章\练习4-17利用背景橡皮擦工具去除图片背景.mp4
难易程度	★★

01 打开素材文件"金发 .jpg"，如图 4-153 所示。

02 选取工具箱中的背景橡皮擦工具 ✎，选择█模式，画笔大小设为 77 像素，容差设为 50%，单击鼠标左键，将背景区域擦除，如图 4-154 所示。

图 4-153 打开素材

图 4-154 擦除背景区域

03 调整画笔大小，将画笔大小设为 11 像素，选择█模式，继续擦除背景区域，如图 4-155 所示。

图 4-155 继续擦除背景

4.8.3 魔术橡皮擦工具

魔术橡皮擦工具 是根据图像中相同或相近的颜色进行擦除操作，被擦除的区域均以透明方式显示。其选项栏如图 4-156 所示。

图 4-156 魔术橡皮擦工具选项栏

❶ 容差：该文本框中的数值越大代表可擦除的范围越广。

❷ 消除锯齿：选中该复选框可以使擦除后的图像边缘保持平滑。

❸ 连续：选中该复选框后，只擦除与单击点像素邻近的像素；取消选中该选项时，可以擦除图像中所有相似的像素。

❹ 不透明度：用来设置擦除的强度。值为 100% 时，将完全擦除像素，较低的值可以擦除部分像素。

练习4-18 利用魔术橡皮擦工具替换图片背景

源文件路径	素材和效果\第4章\练习4-18利用魔术橡皮擦工具替换图片背景
视频路径	视频\第4章\练习4-18利用魔术橡皮擦工具替换图片背景.mp4
难易程度	★★

01 打开素材文件"人像 .jpg"，如图 4-157 所示。

02 在工具箱中单击魔法橡皮擦工具 ，在其选项栏中设置容差值为 30，在人像附近的背景上单击鼠标左键，擦除效果如图 4-158 所示。

图 4-157 打开素材　　　　图 4-158 擦除背景

03 然后使用橡皮擦工具 擦去多余的背景，效果如图 4-159 所示。

04 在按住 Alt 键的同时双击图层的缩略图，将其转换为普通图层，按 Ctrl+O 快捷键，打开素材文件"背景 .jpg"，将背景素材拖动至人物素材图像中，适当调整大小和位置，效果如图 4-160 所示。

图 4-159 查看擦除效果　　　图 4-160 查看最终效果

4.8.4 课堂范例——使用魔术橡皮擦工具抠图

源文件路径	素材和效果\第4章\4.8.4课堂范例——使用魔术橡皮擦工具抠图
视频路径	视频\第4章\4.8.4课堂范例——使用魔术橡皮擦工具抠图.mp4
难易程度	★★★

01 执行"文件"|"打开"命令，在"打开"对话框中选择素材照片"飞鸟 .jpg"，单击"打开"按钮，如图 4-161 所示。

图 4-161 打开素材

02 在工具箱中选择魔术橡皮擦工具 ，在飞鸟周围单击鼠标，如图 4-162 所示。此时，背景图层转换为"图层 0"图层。

图 4-162 擦除多余部分

03 按 Ctrl+O 快捷键，打开背景素材文件"湖面.jpg"，如图 4-163 所示。

图 4-163 打开背景素材

04 选择移动工具 ⊕，将飞鸟添加至背景素材图像中，按 Ctrl+T 快捷键，适当调整大小和位置，最终效果如图 4-164 所示。

图 4-164 最终效果

4.9 纠正错误

在使用 Photoshop 处理图片时，往往会出现操作失误，让工作前功尽弃，那有没有一种方法可以使得误操作的图片快速还原呢？如果之间已经经过了许多操作又该如何操作呢？本节便介绍几种在误操作后进行补救的方法。

4.9.1 "历史记录"面板

执行"窗口"|"历史记录"命令，即可打开"历史记录"面板，如图 4-165 所示。在此面板中可以查看历史记录，通过对历史记录的回溯，选中误操作的步骤，按 Delete 键删除，即可退回到误操作之前的图形状态。

图 4-165 打开"历史记录面板"

4.9.2 历史记录画笔工具

历史记录画笔工具 ⊘ 可以将图像恢复到编辑过程中某一个步骤的状态，或者将部分图像恢复到原样。历史记录画笔工具 ⊘ 需要配合历史记录面板一同使用。其选项栏如图 4-166 所示。

| 🖌 - | 21 | 🖹 | 模式: 正常 | ⇕ | 不透明度: 100% | ▾ | 🖉 | 流量: 100% | ▾ | 🦋 | 🖉 |

图 4-166 历史记录画笔工具选项栏

4.9.3 课堂范例——制作颜色对比效果

源文件路径	素材和效果\第4章\4.9.3课堂范例——制作颜色对比效果
视频路径	视频\第4章\4.9.3课堂范例——制作颜色对比效果.mp4
难易程度	★★★

01 按 Ctrl+O 快捷键，打开素材文件"女孩 .jpg"，如图 4-167 所示。

02 复制新图层，得到"背景 副本"图层。执行"图像"|"调整"|"去色"命令，对图片进行去色处理，效果如图4-168所示。

图 4-167 打开素材文件　　　图 4-168 去色处理

03 执行"窗口"|"历史记录"命令，打开历史记录面板。在工具箱中选择历史记录画笔工具 ✍️，在"复制图层"步骤前单击，如图 4-169 所示。

04 在选项栏中调整画笔大小，在图像中涂抹人物部分，将其恢复至"复制图层"时的状态，效果如图 4-170所示。

图 4-169 图层面板　　　　图 4-170 查看效果

4.10 修复工具

　　通常情况下我们拍摄的数码照片都难免会有瑕疵，合理运用各类修饰工具可以将有污点或瑕疵的图像处理好，使图像的效果更加自然、美观。

4.10.1 污点修复画笔工具

　　污点修复画笔工具 ✍️ 可以自动对像素进行取样，只需要在图像中有污点的地方单击鼠标左键即可。其选项栏如图 4-171 所示。

图 4-171 污点修复画笔工具选项栏

❶ 模式：在该下拉列表中可以设置修复后的图像与目标图像之间的混合方式。

❷ 近似匹配：选中该按钮后，在修复图像时，将根据当前图像周围的像素来修复污点。

❸ 创建纹理：选中该按钮后，在修复图像时，将根据当前图像周围的纹理自动创建一个相似的纹理，从而在修复瑕疵的同时保证不改变原图像的纹理。

❹ 内容识别：选中该按钮后，在修复图像时，将根据当前图像的内容识别像素并自动填充。

练习 4-19 使用污点修复画笔工具修复图像

源文件路径	素材和效果\第4章\练习4-19使用污点修复画笔工具修复图像
视频路径	视频\第4章\练习4-19使用污点修复画笔工具修复图像.mp4
难易程度	★★

01 按 Ctrl+O 快捷键，打开素材文件"沙发.jpg"，如图 4-172 所示。

图 4-172 打开素材

02 选择工具箱中的污点修复画笔工具 ✍️，并将画笔大小设为 19 像素，在图像中的水果上涂抹，被涂抹的区域有黑色标记，如图 4-173 所示。

图 4-173 涂抹图像

03 释放鼠标左键，被涂抹的区域被修复，如图 4-174 所示。

图 4-174 修复图像

4.10.2 修复画笔工具

修复画笔工具 是通过从图像中取样或用图案填充的方式修复图像的。其选项栏如图 4-175 所示。

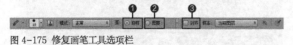

图 4-175 修复画笔工具选项栏

❶ 取样：选中该按钮，在按住 Alt 键的同时在图像内单击，即可确定取样点，释放 Alt 键，将鼠标指针移到需要复制的位置，按住鼠标左键拖曳鼠标即可完成修复。

❷ 图案：用于设置在修复图像时以图案或自定义图案对图像进行填充。

❸ 对齐：用于设置在修复图像时将复制的图案对齐。

练习 4-20 使用修复画笔工具修复图像

源文件路径	素材和效果\第4章\练习4-20使用修复画笔工具修复图像
视 频 路 径	视频\第4章\练习4-20使用修复画笔工具修复图像.mp4
难 易 程 度	★★

01 按 Ctrl+O 快捷键，打开素材"海边 .jpg"，如图 4-176 所示。

图 4-176 打开素材

02 选取工具箱中的修复画笔工具 ，将画笔大小设为 19 像素，按住 Alt 键并单击鼠标左键确定取样点。释放 Alt 键，将光标移至合适位置并进行涂抹，即可对涂抹过的图像区域进行修复，如图 4-177 所示。

图 4-177 修复图像

03 继续选择取样点，对未修复图像区域进行适当的修复，如图 4-178 所示。

图 4-178 继续修复图像

4.10.3 修补工具

修补工具 █ 可以使用其他区域的色块或图案来修补选中的区域，使用修补工具 █ 修复图像，可以将图像的纹理、亮度和层次保留，使图像的整体效果更加真实。其选项栏如图 4-179 所示。

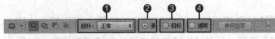

图 4-179 修补工具选项栏

❶ 修补：用以设置修补方式。共有两种模式，一个是正常模式，另一个是内容识别模式。两种模式的操作方法相同，只是对图像的处理效果不一样。内容识别会根据选区的周围将选区变成接近周围的样子。

❷ 源：选中该按钮后，拖动选区并释放鼠标左键后，选区内的图像都将被选区释放时所在的区域所代替。

❸ 目标：选中该单选按钮，拖动选区并释放鼠标左键后，释放选区时的图像区域都将被原选区的图像所代替。

❹ 透明：选中该按钮后，被修饰区域内的图像效果就会呈半透明状态。

练习 4-21　使用修补工具去除拖鞋

源文件路径	素材和效果\第4章\练习4-21使用修补工具去除拖鞋
视频路径	视频\第4章\练习4-21使用修补工具去除拖鞋.mp4
难易程度	★★

01 按 Ctrl+O 快捷键，打开素材文件"湖面 .jpg"，如图 4-180 所示。

图 4-180 打开素材

02 选择工具箱中的修补工具 █，沿着鞋子轮廓绘制出选区，如图 4-181 所示。

图 4-181 绘制选区

03 将光标放置在选区内，然后按住鼠标左键将选区向左或向右拖曳，直到选区内没有显示出鞋子时松开鼠标左键，按 Enter 键取消选区，效果如图 4-182 所示。

图 4-182 查看修补效果

4.10.4 内容感知移动工具

内容感知移动工具 ⚹ 是 Photoshop CS6 新增的工具，用它将选中的对象移动或扩展到图像的其他区域后，可以重组和混合对象，产生出色的视觉效果。其选项栏如图 4-183 所示。

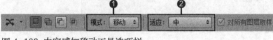

图 4-183 内容感知移动工具选项栏

❶ 模式：用来选择图像移动方式，包括移动和扩展 2 种模式。

❷ 适应：用来设置图像修复精度。

练习 4-22 使用内容感知移动工具移动人物

源文件路径	素材和效果\第4章\练习4-22使用内容感知移动工具移动人物
视 频 路 径	视视频\第4章\练习4-22使用内容感知移动工具移动人物.mp4
难 易 程 度	★★

01 按 Ctrl+O 快捷键，打开素材文件"沙漠 .jpg"如图 4-184 所示。

图 4-184 打开素材

02 选择工具箱中的内容感知移动工具 ⚹ ，在工具选项栏中设置模式为"移动"，框选图像中的人物，拖动至需要放置图像的区域，原区域自动以周围色值填充，如图 4-185 所示。

03 使用橡皮擦工具 ✐ 擦除多余的部分，效果如图 4-186 所示。

图 4-185 使用"移动"模式

图 4-186 查看设置效果

4.10.5 课堂范例——使用污点修复画笔工具去除斑点

源文件路径	素材和效果\第4章\4.10.5课堂范例——使用污点修复画笔工具去除斑点
视 频 路 径	视频\第4章\4.10.5课堂范例——使用污点修复画笔工具去除斑点.mp4
难 易 程 度	★★★

01 打开素材文件"斑点女生 .jpg"，如图 4-187 所示。

图 4-187 打开素材

02 在工具箱中选择污点修复画笔工具 ，在其选项栏中将画笔大小设为 19 像素，在脸上的斑点处单击，即可将斑点去除，效果如图 4-188 所示。

图 4-188 查看去除效果

4.11 综合训练——合成广告特效

本训练综合使用图层蒙版、椭圆选框工具、画笔工具、橡皮擦工具等多种工具和方法，合成广告特效。

源文件路径	素材和效果\第4章\4.11综合训练——合成广告特效
视 频 路 径	视频\第4章\4.11综合训练——合成广告特效.mp4
难 易 程 度	★★★★

01 启动 Photoshop 后，执行"文件"|"新建"命令，弹出"新建"对话框，在对话框中设置参数，如图 4-189 所示，单击"确定"按钮，新建一个空白文件。

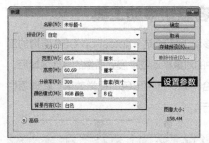

图4-189 "新建"对话框

02 设置前景色为黑色，按 Alt+Delete 键填充，按 Ctrl+O 快捷键，弹出"打开"对话框，选择人物素材，将人物素材添加至图像中，调整好位置和大小，效果如图 4-190 所示，图层面板自动生成"图层 1"。

图4-190 添加人物素材

03 按 Ctrl+J 快捷键，复制"图层 1"，并得到"图层 1 副本"，执行"滤镜"|"模糊"|"高斯模糊"命令，设置半径为 70 像素，单击"确定"按钮。按 Ctrl+J 快捷键，复制"图层 1 副本"，得到"图层 1 副本 2"，并调整位置，如图 4-191 所示。

图4-191 高斯模糊

04 将"图层 1"移动至"图层 1 副本 2"上方，如图 4-192 所示。

图4-192 调整图层顺序

05 按 Ctrl+O 快捷键，弹出"打开"对话框，选择光芒素材，单击"打开"按钮，将图案素材添加至图像中。按 Ctrl+T 键，进行自由变换，调整好位置和大小，添加图层蒙版，设置前、背景色分别为黑、白颜色，选择渐变工具 ，填充渐变，制作渐隐效果，如图 4-193 所示。

图4-193 添加光芒素材

06 单击图层面板中的"创建新图层"按钮 ，得到"图层 3"，选择画笔工具，设置前景色为 #00f0ff，在图层中涂抹，完成后选择橡皮擦工具，擦除多余的部分，效果如图 4-194 所示。

07 按 Ctrl+J 快捷键复制"图层 3"，得到"图层 3 副本"，按 Ctrl+T 快捷键，调整图层的位置和大小，效果如图 4-195 所示。

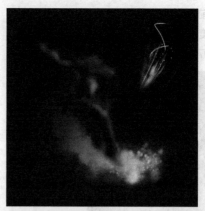

图4-194 画笔涂抹

图4-195 复制图层

08 单击图层面板中的"创建新图层"按钮 ，得到"图层 4"，选择椭圆选框工具，绘制如图 4-196 所示的椭圆选框。

图4-196 绘制椭圆选框

09 设置前景色为 #53e6ef，按 Shift+F6 快捷键，弹出"羽化选区"对话框，半径设为 100 像素，按 Shift+F5

快捷键，填充前景色，按 Ctrl+D 快捷键取消选区，设置图层不透明度为 65%，按 Ctrl+T 快捷键调整形态，效果如图 4-197 所示。

图4-197 调整选区

10 单击图层面板中的"创建新图层"按钮，得到"图层 5"，运用画笔工具在图像上绘制其他的图案，效果如图 4-198 所示。

图4-198 绘制其他图案

11 选择"图层 5"，双击图层缩览图，弹出"图层样式"对话框，设置参数，如图 4-199 所示。

图4-199 设置图层样式参数

12 本实例最后效果如图 4-200 所示。

图4-200 最终效果

4.12 课后习题

习题1: 使用载入画笔和画笔面板创建动态的自定义画笔，绘制可爱表情，如图 4-201 所示。

源文件路径	素材和效果\第4章\习题1——绘制可爱表情
视 频 路 径	视频\第4章\习题1——绘制可爱表情.mp4
难 易 程 度	★★★

 ▶

图4-201 习题1——绘制可爱表情

习题2: 使用渐变工具为风景图像添加彩虹，如图 4-202 所示。

源文件路径	素材和效果\第4章\习题2——绘制彩虹
视 频 路 径	视频\第4章\习题2——绘制彩虹.mp4
难 易 程 度	★★★

图4-202 习题2——绘制彩虹

习题3: 制作一幅妇女节创意海报,练习画笔工具的运用,如图 4-203 所示。

源文件路径	素材和效果\第4章\习题3——制作妇女节海报
视频路径	视频第4章\习题3——制作妇女节海报.mp4
难易程度	★★★★

图4-203 习题3——制作妇女节海报

第 5 章

调整图像颜色命令

　　Photoshop 提供了大量的色彩和色调调整工具，对我们处理图像和数码照片非常有帮助。例如，使用"曲线""色阶"等命令可以轻松调整图像的色相、饱和度、对比度和亮度，修正有色偏、曝光不足或过度等缺陷，甚至能为黑白图像上色，调整出光怪陆离的特殊图像效果。

　　本章首先介绍颜色的一些基础理论知识，然后详细讲解 Photoshop 各种颜色和色调调整工具的使用方法和应用技巧。

本章学习目标

- 掌握调整工具的使用；
- 掌握色彩调整的基本方法；
- 掌握色彩调整的中级方法；
- 掌握色彩调整的高级命令；
- 了解 HDR 色调。

本章重点内容

- 调整工具的使用；
- 色彩调整的方法。

扫 码 看 课 件

5.1 使用调整工具

图像颜色调整工具包括减淡🔍、加深🔍和海绵🔍3
个工具，可以对图像的局部进行色调和颜色上的调整。
如果要对整幅图像或某个区域进行调整，则可以使用
Photoshop的色调调整命令，如"色阶""曲线""亮
度/对比度"命令等。

5.1.1 减淡工具

减淡工具🔍用于增强图像部分区域的颜色亮度。它
和加深工具是一组效果相反的工具，两者常用来调整图
像的对比度、亮度和细节。

图5-1所示为减淡工具选项栏，通过在该选项栏中
指定图像减淡范围、曝光度，可以对不同的区域进行不
同程度的减淡。

图5-1 减淡工具选项栏

减淡工具选项栏中各选项含义如下。

❶ 范围：指定图像中区域颜色的加深范围，包括3个选项。
· 阴影：修改图像的低色调区域。
· 高光：修改图像高亮区域。
· 中间调：修改图像的中间色调区域，即介于阴影和高光
之间的色调区域。
❷ 曝光度：定义曝光的强度，值越大，曝光度越大，图像
变暗的程度越明显。
❸ 保护色调：在操作的过程中保护画面的亮部和暗部尽量
不受影响，或者说受到较小的影响，并且在受到影响色
相可能改变的时候，尽量保持色相不发生改变。

练习 5-1　减淡荷花颜色

源文件路径	素材和效果\第5章\练习5-1减淡荷花颜色
视频路径	视频\第5章\练习5-1减淡荷花颜色.mp4
难易程度	★★

01 打开"花束.jpg"素材图像，如图5-2所示。
02 在工具箱中选择减淡工具🔍，取消选中"保护色调"
选项，涂抹画面，效果如图5-3所示。

图5-2 打开文件

图5-3 未选中"保护色调"减淡

03 选中"保护色调"选项，涂抹画面，效果如图5-4
所示。

图5-4 选中"保护色调"减淡

提示

减淡和加深工具都属于色调调整工具，它们通过减小或增大图像区域的曝光度来使图像变暗或变亮。其功能与“图像”|“调整”|“亮度/对比度”命令类似，但由于减淡和加深工具通过鼠标拖动的方式来调整局部图像，因而在处理图像的局部细节方面更为方便和灵活。

5.1.2 加深工具

加深工具用于调整图像的部分区域颜色，以降低图像颜色的亮度，图 5-5 所示为加深工具选项栏。

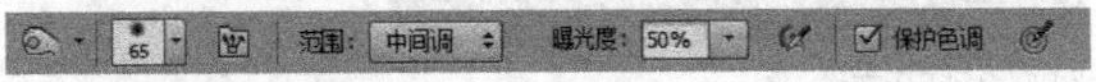

图 5-5 加深工具选项栏

练习 5-2 加深图形的对比色

源文件路径	素材和效果\第5章\练习5-2加深图形的对比色
视 频 路 径	视频\第5章\练习5-2加深图形的对比色.mp4
难 易 程 度	★★

01 打开“树 .jpg”素材图像，如图 5-6 所示。

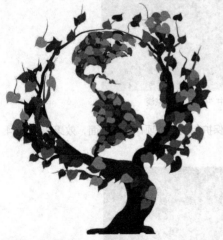

图 5-6 打开文件

02 在工具箱中选择加深工具，在“范围”列表框中选择“阴影”并在树干部分上涂抹，加深阴影效果如图 5-7 所示。

03 选择“文件”|“恢复”操作，恢复图像至打开时的状态，在“范围”列表框中选择“中间调”并在图像上涂抹，加深中间调效果如图 5-8 所示。

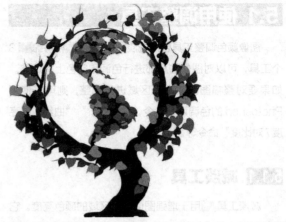

图 5-7 加深阴影

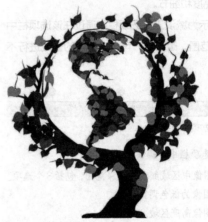

图 5-8 加深中间调

04 选择“文件”|“恢复”操作，恢复图像至打开时的状态，在“范围”列表框中选择“高光”并在图像上涂抹，加深高光效果如图 5-9 所示。

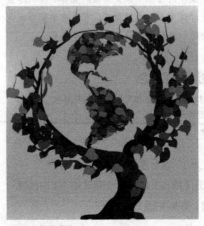

图 5-9 加深高光

5.1.3 海绵工具

海绵工具 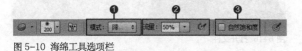 为色彩饱和度调整工具，可以降低或提高图像色彩的饱和度。所谓饱和度指的是图像颜色的强度和纯度，用0%~100%的数值来衡量，饱和度为0%的图像为灰度图像。

使用海绵工具前，首先需要在工具选项栏中对工具模式进行设置，工具选项栏如图5-10所示。其中工作模式有饱和和降低饱和度2种。

图5-10 海绵工具选项栏

减海绵工具选项栏中各选项含义如下。

❶ 模式：通过选择下拉列表中的选项设置绘画模式，包括"降低饱和度"和"饱和"2个选项。

· 降低饱和度：选择此工作模式时，使用海绵工具可降低图像的饱和度，从而使图像中的灰度色调增加。当已是灰度图像时，则会增加中间灰度色调。

· 饱和：选择此工作模式时，使用海绵工具可提高图像颜色的饱和度，使图像中的灰度色调减少。当已是灰度图像时，则会减少中间灰度色调颜色。

❷ 流量：设置饱和度的更改效率。

❸ 自然饱和度：选中该复选框后，操作更加智能化。例如，要运用海绵工具对图像进行降低饱和度的操作，则它会对饱和度已经很低的像素做较轻的处理，而对饱和度比较高的像素做较强的处理。

练习5-3 修改图形的饱和度

源文件路径	素材和效果\第5章\练习5-3 修改图形的饱和度
视频路径	视频第5章\练习5-3 修改图形的饱和度.mp4
难易程度	★★

01 打开"人物.jpg"素材图像，如图5-11所示。

02 在工具箱中选择海绵工具 ，在工具选项栏中"模式"下拉列表中选择"降低饱和度"，取消勾选"自然饱和度"复选框，在画面中涂抹，降低图片的饱和度，效果如图5-12所示。

图5-11 打开文件

图5-12 未选中"自然饱和度"降低饱和度

03 选中"自然饱和度"选项，在画面中涂抹，效果如图5-13所示。

图5-13 选中"自然饱和度"降低饱和度

04 在工具选项栏中"模式"下拉列表中选择"饱和"，涂抹图片，提高图片的饱和度，效果如图 5-14 所示。

图 5-14 选中"自然饱和度"提高饱和度

05 取消勾选"自然饱和度"复选框，在画面中涂抹，效果如图 5-15 所示。

图 5-15 未选中"自然饱和度"提高饱和度

5.1.4 课堂范例——利用加深、减淡工具抠图

源文件路径	素材和效果\第5章\5.1.4 课堂范例——利用加深、减淡工具抠图
视频路径	视频\第5章\5.1.4 课堂范例——利用加深、减淡工具抠图.mp4
难易程度	★★★★

本实例主要介绍如何使用加深工具和减淡工具进行通道抠图并合成图像。

01 打开"人物.jpg"素材文件，如图 5-16 所示。

图 5-16 打开文件

提示

本例的难点在于抠取发丝，这里使用的是当前主流的通道抠图法。所涉及的通道知识并不多，主要就是通过加深工具和减淡工具将某一个通道的前景与背景颜色拉开层次。

02 按 Ctrl+J 快捷键复制出"图层 1"，然后切换到"通道"面板，分别观察红、绿、蓝通道，可以发现蓝通道的头发颜色与背景色的对比最强烈，如图 5-17 所示。

图 5-17 蓝色通道

03 将"蓝"通道拖曳到"通道"面板下方的"创建新通道"按钮上，复制出一个"蓝 副本"通道，如图 5-18 所示。

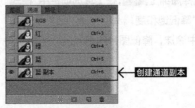

图 5-18 创建通道副本

130

04 选择"蓝 副本"通道，按 Ctrl+M 快捷键打开"曲线"对话框，将曲线调整成如图 5-19 所示的形状，效果如图 5-20 所示。

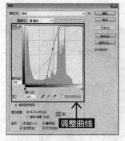

图 5-19 曲线调整

图 5-20 调整效果

05 在工具箱中选择减淡工具，设置画笔"大小"为 90 像素，硬度为 0%，设置"范围"为"高光"，"曝光度"为 100%，如图 5-21 所示。在图像背景边缘区域涂抹，如图 5-22 所示。

06 在工具箱中选择加深工具，设置画笔"大小"为 100 像素，硬度为 0%，设置"范围"为"阴影"，"曝光度"为 100%，如图 5-23 所示。在人像的头发部分上涂抹，以加深头发的颜色，如图 5-24 所示。

07 使用黑色画笔工具将面部和身体部分涂抹成黑色，如图 5-25 所示。

图 5-21 设置减淡工具

图 5-22 减淡背景边缘

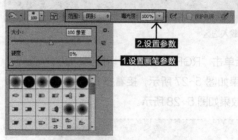

图 5-23 设置加深工具

图 5-24 加深发丝

图 5-25 使用画笔工具涂抹

131

08 按住 Ctrl 键单击"蓝 副本"的缩略图，载入该通道的选区，白色部分为所选区域，如图 5-26 所示。

图 5-26 载入选区

09 然后单击"RGB"通道，并切换到"图层"面板，选区效果如图 5-27 所示，接着按 Delete 键删除背景区域，效果如图 5-28 所示。

图 5-27 切换到"图层"面板

图 5-28 删除背景区域

10 按 Ctrl+O 的快捷键，打开"背景 .jpg"素材文件，并将其拖曳到"人物 .jpg"操作界面中，并将其放置在"图层 1"的下方，效果如图 5-29 所示。

图 5-29 添加背景素材

11 接着打开"气泡 .jpg"素材文件，并将其拖曳到"人物 .jpg"操作界面中，并将其放置在"图层 1"的上方，最终效果如图 5-30 所示。

图 5-30 添加气泡素材

5.2 色彩调整的基本方法

要掌握调整图像颜色的命令，我们先从学习简单的基本方法开始，包括"去色""反相""色调均化""阈值""色调分离"等调整命令的使用。

5.2.1 为图像去色

执行"去色"命令可以删除图像的颜色，彩色图像将变成黑白图像，只对当前图层或图像中的选区进行转化，但不改变图像的颜色模式。它给 RGB 图像中的每个像素指定相等的红色、绿色和蓝色值，从而得到去色效果。此命令与在"色相/饱和度"对话框中将"饱和度"设置为 -100 有相同的效果。

练习 5-4 使用"去色"调整命令

源文件路径	素材和效果\第5章\练习5-4 使用"去色"调整命令
视频路径	视频第5章\练习5-4 使用"去色"调整命令.mp4
难易程度	★★

01 打开"人物 .jpg"素材图像，如图 5-31 所示。

图 5-31 打开文件

02 执行"图像"｜"调整"｜"去色"命令，或按 Ctrl+Shift+U 快捷键，去色效果如图 5-32 所示。

图 5-32 去色效果

提示

如果正在处理多层图像，则"去色"命令仅转换所选图层。"去色"命令经常被用于将彩色图像转换为黑白图像，如果对图像执行"图像"｜"模式"｜"灰度"命令，直接将图像转换为灰度效果，当源图像的深浅对比度不大而颜色差异较大时，其转换效果不佳，如果将图像先去色，然后再转换为灰度模式，则能够保留较多的图像细节，如图5-33所示。

原图

直接将图像转换为灰度模式

去色后将图像转换为灰度模式

图 5-33 将图像转换为灰度模式

5.2.2 使图像反相

"反相"命令用于反转图像中的颜色，可以使用此命令将一个正片黑白图像变成负片，或从扫描的黑白负片得到一个正片。

"反相"命令可以单独对层、通道、选取范围或者

整个图像进行调整，只要执行"图像"|"调整"|"反相"命令，或者直接按 Ctrl + I 快捷键即可。

使图像反相时，通道中每个像素的亮度值转换为 256 级颜色值中相反的值。例如，亮度值为 255 的正片图像中的像素转换为 0，亮度值为 5 的像素转换为 250。因而它在转换时不会丢失图像色彩信息，连续 2 次反相，又会得到开始时的图像。

练习 5-5 使用"反相"调整命令

源文件路径	素材和效果\第5章\练习5-5 使用"反相"调整命令
视频路径	视频\第5章\练习5-5 使用"反相"调整命令.mp4
难易程度	★★★

01 打开"人物.jpg"素材图像，如图 5-34 所示。

02 按 Ctrl+J 快捷键 2 次，复制 2 层，选中图层面板中的"图层 1 副本"，单击前面的眼睛图标，隐藏"图层 1 副本"，如图 5-35 所示。

图 5-34 打开文件

复制并隐藏图层
图 5-35 隐藏图层

03 选中"图层 1"，执行"图像"|"调整"|"反相"命令，或按 Ctrl+I 快捷键，使图像反相，图像效果如图 5-36 所示。

04 将图层混合模式改为"颜色"，图像效果如图 5-37 所示。

图 5-36 反相效果

图 5-37 更改图层混合模式

05 显示"图层 1 副本"，将图层混合模式改为"强光"，此时图像效果如图 5-38 所示。

06 按 Ctrl+J 快捷键再次复制 1 层，混合模式改为"柔光"，不透明度设为 50%，得到的最终效果如图 5-39 所示。

图 5-38 更改图层混合模式

图 5-39 最终效果

提示

使用"反相"命令除了可以创建一个负相的外形外，还可以使蒙版反相，使用这种方式，可对同一个图像中的不同部分的颜色进行调整。

5.2.3 均化图像的色调

执行"色调均化"命令时，Photoshop 会查找复合图像中的最亮和最暗值，并将这些值重新映射，使最亮值表示白色，最暗值表示黑色。然后，Photoshop 会尝试对亮度进行色调均化，也就是在整个灰度中均匀分布中间像素值。

练习 5-6 使用"色调均化"调整命令

源文件路径	素材和效果\第5章\练习5-6 使用"色调均化"调整命令
视频路径	视频\第5章\练习5-6 使用"色调均化"调整命令.mp4
难易程度	★★

01 打开"花朵.jpg"素材图像，如图 5-40 所示。

图 5-40
打开文件

02 执行"图像"|"调整"|"色调均化"命令，效果如图 5-41 所示。

图 5-41
色调均化效果

5.2.4 制作黑白图像

"阈值"命令用于将灰度或彩色图像转换为高对比度的黑白图像，我们可以指定某个色阶作为阈值，所有比阈值色阶亮的像素转换为白色，而所有比阈值暗的像素转换为黑色，从而得到纯黑白图像。

执行"图像"|"调整"|"阈值"命令，打开"阈值"对话框，该对话框中显示了当前图像像素亮度的直方图，如图 5-42 所示。

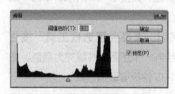

图 5-42 "阈值"对话框

以中间值 128 为基准，亮于该值的颜色更接近白色，暗于该值的颜色更接近黑色。"阈值色阶"越小，图像接近白色的区域越多；反之，图像接近黑色的区域越多。

练习 5-7 使用"阈值"命令制作黑白图像

源文件路径	素材和效果\第5章\练习5-7 使用"阈值"命令制作黑白图像
视 频 路 径	视频\第5章\练习5-7 使用"阈值"命令制作黑白图像.mp4
难 易 程 度	★★

01 打开"人物 .jpg"素材图像，如图 5-43 所示。

02 执行"图像"|"调整"|"阈值"命令，打开"阈值"对话框，在对话框中设置"阈值色阶"为 128，单击"确定"按钮，效果如图 5-44 所示。

图 5-43 打开文件

图 5-44 阈值色阶=128

03 设置"阈值色阶"为 180，单击"确定"按钮，效果如图 5-45 所示。

图 5-45 阈值色阶=180

5.2.5 使用"色调分离"命令

"色调分离"命令可以按照指定的色阶数减少图像的颜色（或灰度图像中的色调），从而简化图像内容。

执行"图像"|"调整"|"色调分离"命令,打开"色调分离"对话框,如图 5-46 所示。

图 5-46 "色调分离"对话框

在对话框中输入 2 ~ 255 之间想要的色调色阶数或拖动滑块,单击"确定"按钮即可。值越大,色阶数越大,保留的图像细节越多。反之,值越小,色阶数越小,保留的图像细节越少。

练习 5-8 使用"色调分离"命令调整图片的色阶

源文件路径	素材和效果\第5章\练习5-8 使用"色调分离"命令调整图片的色阶
视频路径	视频\第5章\练习5-8 使用"色调分离"命令调整图片的色阶.mp4
难易程度	★★

01 打开"花海 .jpg"素材图像,如图 5-47 所示。

图 5-47
打开文件

02 执行"图像"|"调整"|"色调分离"命令,在"色调分离"对话框中设置"色阶"为 4,效果如图 5-48 所示。

图 5-48
色阶=4

03 在对话框中设置"色阶"为 15,效果如图 5-49 所示。

图 5-49 色阶=15

5.2.6 课堂范例——制作个人图章

源文件路径	素材和效果\第5章\5.2.6 课堂范例——制作个人图章
视频路径	视频\第5章\5.2.6 课堂范例—— 制作个人图章.mp4
难易程度	★★★

本实例主要通过添加"阈值"和"纯色"调整图层,将照片转换成图章的效果。

01 启动 Photoshop,执行"文件"|"新建"命令,在"新建"对话框中设置参数,如图 5-50 所示,单击"确定"按钮。

02 新建"图层 1"图层,选择椭圆选框工具,按住 Shift 键在图像窗口中绘制一个正圆,并填充为黑色,如图 5-51 所示,按 Ctrl+D 快捷键取消选择。

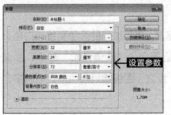

图 5-50 新建文件　　　　图 5-51 绘制正圆

03 双击"图层 1"图层,弹出"图层样式"对话框,选择"描边"选项,设置参数,如图 5-52 所示,填充颜色设为(R229,G197,B232),单击"确定"按钮,效果如图 5-53 所示。

04 按 Ctrl+O 键,打开"1.jpg"素材文件,选择移动工具,将其添加至图像中,并适当调整大小和位置,如图 5-54 所示。

05 按 Alt+Ctrl+G 快捷键创建剪贴蒙版，效果如图 5-55 所示。

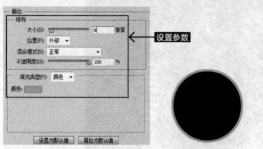

图 5-52 "描边"参数　　　图 5-53 描边效果

图 5-54 添加照片素材

图 5-55 创建剪贴蒙版

06 单击"创建新的填充或调整图层"按钮 ，在弹出的快捷菜单中选择"阈值"，设置参数，如图 5-56 所示，并按 Alt+Ctrl+G 快捷键创建剪贴蒙版，效果如图 5-57 所示。

图 5-56 "阈值"参数　　　图 5-57 阈值调整效果

07 单击"创建新的填充或调整图层"按钮 ，在弹出的快捷菜单中选择"纯色"，在弹出的"拾色器（纯色）"对话框中设置颜色为粉红色（R235, G183, B230），单击"确定"按钮，设置图层"混合模式"为"滤色"，并按 Alt+Ctrl+G 快捷键创建剪贴蒙版，效果如图 5-58 所示。

图 5-58 效果图

08 按照同样的操作方法制作另外几张照片的图章效果，完成后效果如图 5-59 所示。

图 5-59 效果

09 新建一个图层，并将其移至"背景"图层上方，运用画笔工具绘制一些彩色的光晕，如图 5-60 所示。

图 5-60 绘制圆点

10 设置图层"不透明度"为 70%，并添加背景素材至图像中，放置在适当位置。至此，本实例制作完成，最终效果如图 5-61 所示。

图 5-61 最终效果

5.3 色彩调整的中级方法

在了解基本方法以后，我们可以更进一步。色彩调整的中级方法包括"亮度/对比度""色彩平衡""变化""自然饱和度"等调整命令的使用。

5.3.1 直接调整图像的亮度与对比度

使用"亮度/对比度"命令可以快速提高或降低图像的亮度和对比度。

执行"图像"|"调整"|"亮度/对比度"命令，可打开"亮度/对比度"对话框，如图5-62所示，向左拖动滑块可降低亮度和对比度，向右拖动滑块则可提高亮度和对比度。

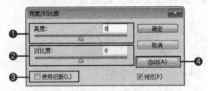

图5-62 "亮度/对比度"对话框

"亮度/对比度"对话框中各选项含义如下。

❶ 亮度：拖动滑块或在文本框中输入数字（范围为-150～150），以调整图像的明暗。当数值为正时，将提高图像的亮度，当数值为负时，将降低图像的亮度。

❷ 对比度：用于调整图像的对比度，当数值为正数时，将提高图像的对比度，当数值为负数时，将降低图像的对比度。

❸ 使用旧版：Photoshop CS6对亮度/对比度的调整算法进行了改进，在调整亮度和对比度的同时，能保留更多的高光和细节。若需要使用旧版本的算法，则可以勾选"使用旧版"复选框。

❹ 自动：单击此按钮，会根据图像的明暗对比，自动调整为一个适合图像的值。

练习5-9 使用"亮度/对比度"命令完善图形

源文件路径	素材和效果\第5章\练习5-9 使用"亮度/对比度"命令完善图形
视频路径	视频\第5章\练习5-9 使用"亮度/对比度"命令完善图形.mp4
难易程度	★★

01 打开"海滩.jpg"素材图像，如图5-63所示。

图5-63 素材图像

02 执行"图像"|"调整"|"亮度/对比度"命令，打开"亮度/对比度"对话框，设置亮度为20，对比度为-10，预览效果如图5-64所示。

图5-64 设置参数

03 勾选"使用旧版"复选框，再设置亮度为20，对比度为-10，预览效果如图5-65所示。

图5-65 设置参数

04 取消勾选"使用旧版"复选框，单击"亮度／对比度"对话框中的"自动"按钮，自动调整图像颜色，效果如图 5-66 所示。

图 5-66 自动调色

5.3.2 平衡图像的色彩

　　"色彩平衡"命令可以更改图像的总体颜色混合效果。在"色彩平衡"对话框中，相互对应的两个色互为补色（如青色和红色）。当我们提高某种颜色的比重时，位于另一侧的补色的颜色就会减少。执行"图像"｜"调整"｜"色彩平衡"命令，打开"色彩平衡"对话框，如图 5-67 所示。

图 5-67 "色彩平衡"对话框

　　"色彩平衡"对话框中各选项含义如下。

❶ "色阶"数值栏：设置色彩通道的色阶值，范围为 −100~+100。

❷ 拖动滑块可在图像中增加或减少颜色。

❸ 可选择一个色调范围来进行调整，包括"阴影""中间调"和"高光"。

❹ 如果选中"保持明度"复选框，可防止图像的亮度值随着颜色的更改而改变，从而保持图像的色调平衡。

练习5-10 使用"色彩平衡"命令完善图形

源文件路径	素材和效果\第5章\练习5-10 使用"色彩平衡"命令完善图形
视频路径	视频第5章\练习5-10　使用"色彩平衡"命令完善图形.mp4
难易程度	★★

01 打开"人物 .jpg"素材图像，如图 5-68 所示。

图 5-68 打开文件

02 执行"图像"｜"调整"｜"色彩平衡"命令，在对话框中将青色 – 红色滑块拖至最左边青色处，减少红色，增加青色，效果如图 5-69 所示。

图 5-69 增加青色

03 将青色 – 红色滑块拖至最右边红色处，增加红色，减少青色，效果如图 5-70 所示。

图 5-70 增加红色

04 将洋红-绿色滑块拖至最左边洋红色处，增加洋红色，减少绿色，效果如图 5-71 所示。

图 5-71 增加洋红色

05 将洋红-绿色滑块拖至最右边绿色处，增加绿色，减少洋红色，效果如图 5-72 所示。

图 5-72 增加绿色

06 将黄色-蓝色滑块拖至最左边黄色处，增加黄色，减少蓝色，效果如图 5-73 所示。

图 5-73 增加黄色

07 将黄色-蓝色滑块拖至最右边蓝色处，增加蓝色，减少黄色，效果如图 5-74 所示。

图 5-74 增加蓝色

5.3.3 通过选择直接调整图像色调

"变化"命令可以让用户非常直观地调整图像或选区的色彩平衡、对比度和饱和度，功能相当于"色彩平衡"命令和"色相/饱和度"命令，在调整时可同时查看图像调整前和调整后的效果。"变化"命令非常适合用于色调平均且不需要精确调节的图像。

执行"图像"|"调整"|"变化"命令，打开"变化"对话框，如图 5-75 所示。

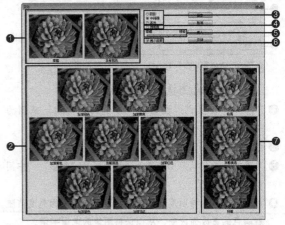

图 5-75 "变化"对话框

"变化"对话框中各选项含义如下。

❶ 每单击一个缩览图，其他的缩览图都会发生相应的变化，以反映当前所做的调整。"当前挑选"缩览图总是反映当前的选择。

❷ 若要将颜色添加到图像中，可单击相应的颜色缩览图。若要减去一种颜色，可单击其补色的缩览图。例如，若要减去青色，可单击"加深红色"缩览图。

❸ 阴影、中间调或高光：选中任一选项，将调整相应区域的颜色。

❹ 饱和度：选中该选项，"变化"对话框将刷新为调整饱和度的对话框。

❺ 用来控制每次调整量，滑块每移动一格，可以使调整量双倍增加。

❻ 在提高饱和度时，可以选中"显示修剪"复选框，这样如果超出了饱和度的最高限度（即出现溢色），颜色就会被修剪，以标识出溢色区域。

❼ 若要调整亮度，可单击对话框右侧的缩览图。

提示

移动光标到"原稿"缩览图上单击，可将图像恢复至调整前的状态。

练习 5-11 修改茶水的颜色

源文件路径	素材和效果\第5章\练习5-11修改茶水的颜色
视频路径	视频第5章\练习5-11修改茶水的颜色.mp4
难易程度	★★

01 打开"倒茶.jpg"素材图像，如图 5-76 所示。

图 5-76 打开文件

02 打执行"图像"|"调整"|"变化"命令，打开"变化"对话框，分别单击"加深红色""加深黄色""加深蓝色"和"较亮"缩览图，如图 5-77 所示。

03 调整好图像颜色后，单击"确定"按钮，即可得到调整后的图像效果，如图 5-78 所示。

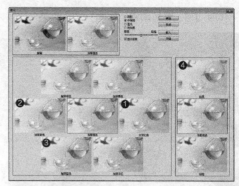

图 5-77 调整图像颜色

图 5-78 调整后的图像

5.3.4 自然饱和度

"自然饱和度"是用于调整色彩饱和度的命令，可以在提高饱和度的同时防止颜色过于饱和而出现溢色，适合处理人像照片。执行"图像"|"调整"|"自然饱和度"命令，可以打开"自然饱和度"对话框，如图 5-79 所示。

图 5-79 "自然饱和度"对话框

"自然饱和度"还可以对肤色进行一定的保护，确保其不会在调整过程中变得过度饱和。

练习 5-12 使用"自然饱和度"命令打造温馨橘黄色

源文件路径	素材和效果\第5章\练习5-12 使用"自然饱和度"命令打造温馨橘黄色
视频路径	视频\第5章\练习5-12 使用"自然饱和度"命令打造温馨橘黄色.mp4
难易程度	★★

01 打开"花海 .jpg"素材图像，如图 5-80 所示。

图 5-80 打开文件

02 执行"图像"|"调整"|"自然饱和度"命令，在对话框中设置"自然饱和度"为 100，如图 5-81 所示。

图 5-81 自然饱和度=100

03 设置"饱和度"为 100，效果如图 5-82 所示，人物皮肤颜色因过度饱和而变得不真实。

图 5-82 饱和度=100

5.3.5 课堂范例——制作万圣节海报

源文件路径	素材和效果\第5章\5.3.5 课堂范例——制作万圣节海报
视 频 路 径	视频\第5章\5.3.5 课堂范例——制作万圣节海报.mp4
难 易 程 度	★★★

本实例主要通过"色彩平衡"命令调整照片的阴影色调、中间调和高光色调，以此制作万圣节海报。

01 打开"背景 .jpg"素材图像，如图 5-83 所示。

图 5-83 打开背景素材

02 打开"1.jpg"素材文件，将其拖曳到"背景 .jpg"操作界面中，调整好图像的大小和位置，如图 5-84 所示。

图 5-84 添加人物素材

03 在"图层"面板下方单击"添加图层蒙版"按钮 ，为"图层 1"添加一个图层蒙版，设置前景色为黑色，选择画笔工具，在选项栏中选择"粗边圆形钢笔"，如图 5-85 所示。在蒙版中将人像的边缘涂抹成如图 5-86 所示的效果。

图 5-85 选择画笔形状

图 5-86 涂抹图像边缘

04 按照相同的方法，将其他人物素材添加至"背景 . jpg"操作界面中，接着采用步骤（3）的方法将其处理成如图 5-87 所示的效果。

图 5-87 处理其余图像

05 选择"图层 1"，执行"图层"|"新建调整图层"|"色彩平衡"命令，在"图层 1"的上方新建一个"色彩平衡"调整图层，按 Ctrl+Alt+G 快捷键将其设置为"图层 1"的剪贴蒙版，在"属性"面板中设置"色调"为"高光"，最后设置"青色 - 红色"为 +88，"洋红 - 绿色"

为 +27，"黄色 - 蓝色"为 +97，如图 5-88 所示，效果如图 5-89 所示。

图 5-88 色彩平衡参数

图 5-89 色彩平衡效果

06 在"图层 2"的上方新建一个"色彩平衡"调整图层，按 Ctrl+Alt+G 快捷键将其设置为"图层 2"的剪贴蒙版，在"属性"面板中设置"色调"为"中间调"，最后设置"青色 - 红色"为 -8，"洋红 - 绿色"为 -8，"黄色 - 蓝色"为 -84，如图 5-90 所示，效果如图 5-91 所示。

图 5-90 色彩平衡参数

图 5-91 色彩平衡效果

07 在"图层3"的上方新建一个"色彩平衡"调整图层，按 Ctrl+Alt+G 快捷键将其设置为"图层3"的剪贴蒙版，在"属性"面板中设置"色调"为"阴影"，最后设置"青色－红色"为 −36，"洋红－绿色"为 +28，"黄色－蓝色"为 +45，如图 5-92 所示，效果如图 5-93 所示。

图 5-92 色彩平衡参数

图 5-93 色彩平衡效果

08 添加蝙蝠和文字素材至图像中，放置在适当位置。至此，本实例制作完成，最终效果如图 5-94 所示。

图 5-94 最终效果

5.4 色彩调整的高级命令

色彩调整的高级命令包括"色阶""曲线""黑白""色相／饱和度""渐变映射""照片滤镜""阴影／高光"等命令。

5.4.1 "色阶"命令

使用"色阶"命令可以调整图像的阴影、中间调和高光的强度级别，从而校正图像的色调范围和色彩平衡。"色阶"命令常用于修正曝光不足或过度的图像，同时也可对图像的对比度进行调节。执行"图像"|"调整"|"色阶"命令，打开"色阶"对话框，如图 5-95 所示。

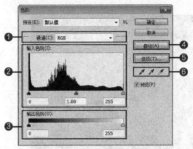

图 5-95 "色阶"对话框

"色阶"对话框中各选项含义如下。

❶ 通道：选择需要调整的颜色通道，系统默认为复合颜色通道。在调整复合通道时，各颜色通道中的相应像素会按比例自动调整以避免改变图像色彩平衡。

❷ 输入色阶：拖动输入色阶下方的 3 个滑块，或直接在输入色阶框中输入数值，分别设置阴影、中间调和高光色阶值来调整图像的色阶。其中的直方图面板用来显示图像的色调范围和各色阶的像素数量。

有时图像虽然得到了从高光到阴影的全部色调范围，但照片可能受不正常曝光的影响，图像整体仍然太暗（曝光不足），或者图像整体太亮（曝光过度）。此时可以移动输入色阶的中间色调滑块以调整灰度系数，向左移动可调亮图像，向右移动可调暗图像。

❸ 输出色阶：拖动输出色阶的两个滑块，或直接输入数值，以设置图像最高色阶和最低色阶。向右拖动黑色滑块，可以减少图像中的阴影色调，从而使图像变亮；向左侧拖动白色滑块，可以减少图像的高光，从而使图像变暗。

❹ 自动：单击该按钮可自动调整图像的对比度与明暗度。

❺ 选项：单击该按钮会弹出"自动颜色校正选项"对话框，如图 5-96 所示，用于快速调整图像的色调。

在"自动颜色校正选项"对话框中，"算法"定义增强对比度的类型；"目标颜色和修剪"设置阴影、中间调、高光颜色和修剪百分比；"存储为默认值"将参数设置存储为自动颜色校正的默认设置。

图 5-96 "自动颜色校正选项"对话框

⑥ 取样吸管：3 个吸管从左到右依次为黑场吸管 、灰场吸管 和白场吸管 ，单击其中任一个吸管，然后将光标移动到图像窗口中，光标会变成相应的吸管形状，此时单击鼠标即可完成色调调整。

照片在拍摄过程中往往会发生偏色现象，设置灰场吸管工具 能够通过定义图像的中性灰色来调整图像偏色。所谓中性灰色指的是各颜色份量相等的颜色，如果是 RGB 颜色模式，则 $R=G=B$，如颜色（R125，G125，B125）。

使用灰场吸管工具纠正偏色，关键是要找准图像中的中性灰色位置，可以多次单击进行筛选，也可以根据生活常识来进行判断。

练习 5-13 使用"色阶"命令调整整体亮度

源文件路径	素材和效果\第5章\练习5-13使用"色阶"命令调整整体亮度
视频路径	视频\第5章\练习5-13使用"色阶"命令调整整体亮度.mp4
难易程度	★★

01 打开"人物 .jpg"素材图像，如图 5-97 所示。

图 5-97 打开文件

02 执行"图像"|"调整"|"色阶"命令，或按 Ctrl + L 快捷键，打开"色阶"对话框，向右拖动阴影滑块或直接输入数值"30"，增强暗调，如图 5-98 所示。图像效果如图 5-99 所示。

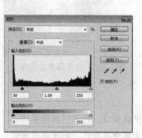

图 5-98 "色阶"对话框

图 5-99 增强暗调效果

03 将高光滑块往左边拖动，或输入数值"235"，增强亮调，如图 5-100 所示。图像效果如图 5-101 所示。

图 5-100 "色阶"对话框

图 5-101 增强亮调效果

04 在该对话框中，向左拖动中间调滑块或直接输入数值"1.2"，整体提高图像亮度，如图 5-102 所示。

图 5-102 整体提高图像亮度

05 向右拖动中间调滑块或直接输入数值"0.8"，整体降低图像亮度，如图5-103所示。

图5-103 整体降低图像亮度

提示

通常情况下，若色阶的像素集中在右边，则说明该图像的亮部所占区域较多；若色阶的像素集中在左边，则说明该图像的暗部所占的区域较多，如图5-104所示。

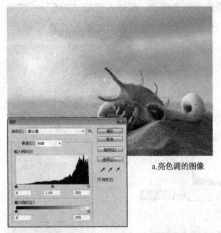

a.亮色调的图像

b.色阶的像素集中在右边

c.暗色调的图像

d.色阶的像素集中在左边
图5-104 色阶的像素集中分布

146

练习5-14	"输出"色阶的使用
源文件路径	素材和效果\第5章\练习5-14 "输出"色阶的使用
视频路径	视频\第5章\练习5-14 "输出"色阶的使用.mp4
难易程度	★★

01 打开"手心的树苗.jpg"素材图像，如图5-105所示。
02 执行"图像"|"调整"|"色阶"命令，或按Ctrl + L快捷键，打开"色阶"对话框，在"输出色阶"选项中，设置阴影和高光输出色阶值分别为75和255，效果如图5-106所示。

图5-105 打开文件　　　图5-106 输出色阶效果

03 在"输出色阶"选项中，设置阴影和高光输出色阶值分别为0和180，效果如图5-107所示。

图5-107 输出色阶效果

练习5-15	用"色阶"命令中的吸管工具设置黑场和白场
源文件路径	素材和效果\第5章\练习5-15 用"色阶"命令中的吸管工具设置黑场和白场
视频路径	视频\第5章\练习5-15 用"色阶"命令中的吸管工具设置黑场和白场.mp4
难易程度	★★

01 打开"老人.jpg"素材图像，如图5-108所示。
02 执行"图像"|"调整"|"色阶"命令，或按Ctrl +

L 快捷键，打开"色阶"对话框，分别选择黑场吸管  和白场吸管 ，在不同的地方单击，如图 5-109 所示。

图 5-108 打开文件

图 5-109 使用黑场、白场吸管调整图像色调范围

练习 5-16 用"色阶"命令中的吸管工具设置灰场

源文件路径	素材和效果\第5章\练习5-16 用"色阶"命令中的吸管工具设置灰场
视 频 路 径	视频\第5章\练习5-16 用"色阶"命令中的吸管工具设置灰场.mp4
难 易 程 度	★★

01 打开"老人.jpg"素材图像，如图 5-110 所示。

图 5-110 打开文件

02 执行"图像"|"调整"|"色阶"命令，或按 Ctrl + L 快捷键，打开"色阶"对话框，选择灰场吸管 ，在毛衣处单击，如图 5-111 所示。

图 5-111 纠正图像偏色

5.4.2 快速使用调整命令的技巧——使用预设

在 CS6 中有预设功能的几个调整命令的对话框如图 5-112 所示。

图 5-112 有预设功能的调整命令

预设功能简化了调整命令的使用方法，如"色阶"可直接在"预设"下拉列表中选择一个 Photoshop 自带的调整方案。图 5-113 所示是原图像，图 5-114、图 5-115、图 5-116 所示分别为设置为"增加对比度 2""加亮阴影"和"中间调较暗"以后的效果。

对于那些不需要得到较精确的调整效果的用户而言，此功能简化了操作步骤。

图 5-113 原图

图 5-114 增加对比度2效果

图 5-115 加亮阴影效果

图 5-116 中间调较暗效果

5.4.3 快速使用调整命令的技巧——存储参数

如果某调整命令有预设参数，在"预设"下拉列表框的右侧将显示用于保存或调用参数的"预设选项"按钮，如图 5-117 所示。

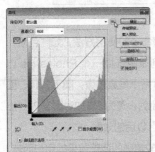

图 5-117 能够保存调整参数的调整命令对话框

如果需要将调整命令对话框中的参数设置保存为一个设置文件，以便在以后的工作中使用，可以单击"预设选项"按钮，在弹出的菜单中选择"存储预设"命令，在弹出的"存储"对话框中输入文件名称。

如果要调用参数设置文件，可以单击"预设选项"按钮，在弹出的菜单中选择"载入预设"命令，在弹出的"载入"对话框中选择所需的文件。

提示

在Photoshop CS6中，很多其他命令都支持预设的管理功能，但其操作方法与此处讲解的完全相同，届时将不再重述。

5.4.4 "曲线"命令

与色阶命令类似，"曲线"命令也可以调整图像的整个色调范围，不同的是："曲线"命令不是使用3个变量（高光、阴影、中间调）进行调整，而是使用调整曲线，它最多可以添加 14 个控制点，因而曲线工具调整更为精确，更为细致。

执行"图像"|"调整"|"曲线"命令，或按 Ctrl + M 快捷键，打开"曲线"对话框，如图 5-118 所示。

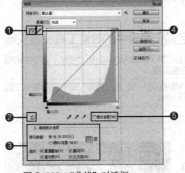

图 5-118 "曲线"对话框

"曲线"对话框中各选项含义如下。

❶ 编辑点以修改曲线。在曲线上单击可增加锚点；将点拖动到对话框以外则删除锚点；拖动锚点可调整曲线。

❷ 在图像中单击取样，并在竖直方向拖动以修改曲线。

❸ 曲线显示选项：单击 ⌄ 按钮可展开选项组，用于设置曲线的显示效果，各选项的含义如下。

· 光（0 ~ 255）：以 0 ~ 255 级色阶的方式显示曲线图。

· 颜料 / 油墨 %：以 0% ~ 100% 颜色浓度的方式显示色阶图。

· 通道叠加：控制是否显示不同颜色通道的调整曲线，如果分别对各颜色通道进行了调整，选中该选项，可以方便查看各通道调整曲线的形状，如图5-119所示，不同颜色的曲线分别代表不同的颜色通道。

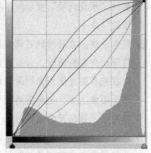

图 5-119 显示各颜色通道调整曲线

· 基线：控制是否显示对角线上那条浅灰色的基准线。
· 直方图：控制是否显示图像直方图，以便为图像调整提供参考。
· 交叉线：控制是否显示在拖动曲线时出现的水平和竖直方向的参考线。
· 田、▦：单击按钮可选择网格显示的数量。单击田按钮，显示 4×4 的网格；单击▦按钮，显示 10×10 的网格。按住 Alt 键单击网格，可以快速在两种显示方式之间切换。
④ 通过直接绘制来修改曲线。
⑤ 显示修剪：显示图像中发生修剪的位置。

提示

曲线在一个二维坐标系中，横轴代表输入色调，竖轴代表输出色调。从白到灰再到黑的渐变条代表高光、中间调和阴影。除了调整这3个变量外，还可以调整0~255范围内的任意点。
使用铅笔工具绘制曲线后，可以单击"曲线"对话框右边的"平滑"按钮，使曲线变得平滑。按住Shift键可以绘制直线。

当"曲线"对话框打开时，调整曲线呈现为一条与横轴成45°角的直对角线，这样曲线上各点的输入色阶与输出色阶相同，图像仍保持原来的效果。而当调整之后，曲线形状发生改变，图像的输入与输出不再相同。因此，使用曲线命令调整图像，关键是如何控制曲线的形状。

提示

消除曲线调整效果的快捷键是Shift＋Ctrl＋F。有时候使用曲线命令调整图像时，效果有些"过"，这时可以选择"编辑"｜"渐隐"命令来减弱调整效果。

练习 5-17 使用"曲线"命令纠正图形偏色

源文件路径	素材和效果\第5章\练习5-17 使用"曲线"命令纠正图形偏色
视频路径	视频\第5章\练习5-17 使用"曲线"命令纠正图形偏色.mp4
难易程度	★★

01 打开"鸟 .jpg"素材图像。

02 执行"图像"｜"调整"｜"曲线"命令，或按 Ctrl ＋ M 快捷键，打开"曲线"对话框，在"通道"下拉列表框中选择"RGB"通道，在中间基准线上单击以添加一个节点，并往左上角拖动，整体调亮图像，如图 5-120 所示。

03 选择"红"通道，往左上角拖动，增强红色，如图 5-121 所示。

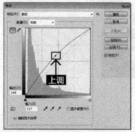

图 5-120 调整RGB通道　　图 5-121 调整红通道

04 调整其他颜色通道，如图 5-122、图 5-123 所示，以纠正图像的偏色。

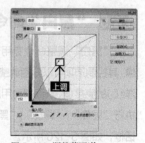

图 5-122 调整绿通道　　图 5-123 调整蓝通道

提示

如果对当前调整不满意，可以按住Alt键，"取消"按钮会切换为"复位"按钮，单击此按钮，图像可以恢复至调整前的状态。

05 单击"确定"按钮，完成图像调整，前后对比效果如图 5-124、图 5-125 所示。

图 5-124 原图

图 5-125 调整后

提示

曲线在Photoshop的图像处理中应用非常广泛，比如调整图像明度、基本的抠图、制作质感等都要用到曲线。同样，凡是用到通道的地方也不免会用到曲线。

5.4.5 "黑白"命令

"黑白"调整命令专用于将彩色图像转换为黑白图像，其控制选项可以分别调整6种颜色(红、黄、绿、青、蓝、洋红)的亮度值，从而帮助用户制作出高质量的黑白照片。执行"图像"|"调整"|"黑白"命令，打开"黑白"对话框，如图 5-126 所示。

图 5-126 "黑白"对话框

❶ **预设**：在该选项的下拉列表中可以选择一种预设的调整设置。如果要存储当前的调整设置结果，可单击选项右侧的"预设选项"按钮，在弹出的菜单中选择"存储预设"命令。

❷ **颜色滑块**：拖动滑块可调整图像中特定颜色的灰色调。将滑块向左拖动时，可以使图像的原色的灰色调变暗；向右拖动则可使图像的原色的灰色调变亮。如果将光标移至图像上方，光标变为吸管状。单击某个图像区域会高亮显示该位置的主色的色卡和文本框。

❸ **色调**：如果要对灰度应用色调，可选中"色调"复选框，并根据需要调整"色相"滑块和"饱和度"滑块。"色相"滑块可更改色调颜色，而"饱和度"滑块可提高或降低颜色的集中度。单击色卡可打开拾色器并进一步微调色调颜色。

❹ **自动**：单击该按钮，可设置基于图像的颜色值的灰度混合效果，并使灰度值的分布最大化。自动混合通常会产生极佳的效果，并可以用作使用颜色滑块调整灰度的起点。

练习 5-18 使用"黑白"命令调整图形颜色

源文件路径	素材和效果\第5章\练习5-18 使用"黑白"命令调整图形颜色
视频路径	视频\第5章\练习5-18 使用"黑白"命令调整图形颜色.mp4
难易程度	★★

01 打开"人物 .jpg"素材图像，如图 5-127 所示。

图 5-127 素材图像

02 执行"图像"|"调整"|"黑白"命令，打开"黑白"对话框，如图 5-128 所示。

03 在"预设"下拉列表中选择不同的模式，图像效果如图 5-129 所示。

图 5-128 "黑白"对话框

a.蓝色滤镜

b.高对比度红色滤镜

c.较亮

图 5-129 使用不同的预设

04 勾选"色调"复选框,对图像中的灰度应用颜色,效果如图 5-130 所示。

05 设置"色相"为100°,"饱和度"为30%,调整颜色,效果如图 5-131 所示。

图 5-130 单色调图像

图 5-131 调整图像色调

提示

"黑白"对话框可被看作"通道混合器"和"色相饱和度"对话框的综合,构成原理和操作方法与它们类似。

5.4.6 "色相/饱和度"命令

"色相/饱和度"命令可以调整图像中特定颜色分量的色相、饱和度和明度,或者同时调整图像中的所有颜色。该命令适用于微调 CMYK 图像中的颜色,以使它们处在输出设备的色域内。执行"图像"|"调整"|"色相/饱和度"命令,打开"色相/饱和度"对话框,如图 5-132 所示。

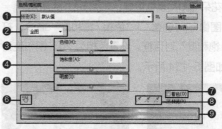

图 5-132 "色相/饱和度"对话框

"色相 / 饱和度"对话框中各选项的含义如下。

❶ **预设:** 选择 Photoshop 提供的色相 / 饱和度预设或自定义预设。

❷ **编辑:** 在该下拉列表中可以选择要调整的颜色。选择"全图",可调整图像中所有的颜色;选择其他选项,则可以单独调整红色、黄色、绿色和青色等颜色。

❸ **色相:** 拖动该滑块可以改变图像的色相。

❹ **饱和度:** 向右侧拖动滑块可以提高饱和度,向左侧拖动滑块可以降低饱和度。

❺ **明度:** 向右侧拖动滑块可以提高亮度,向左侧拖动滑块可以降低亮度。

❻ 按下此按钮,在图像中按住鼠标左键拖动鼠标可以修改取样颜色的饱和度;在按住 Ctrl 键的同时按住鼠标左键拖动鼠标可以修改取样颜色的色相。

❼ **着色:** 选中该复选框后,可以将图像转换成为只有一种颜色的单色图像。变为单色图像后,拖动"色相"滑块可以调整图像的颜色。

❽ **吸管工具:** 如果在"编辑"下拉列表中选择了一种颜色,便可以用吸管工具拾取颜色。使用吸管工具 在图像中单击可选择颜色范围;使用添加到取样工具 在图像中单击可以增大颜色范围;使用从取样中减去工具 在图像中单击可减小颜色范围。设置了颜色范围后,可以拖动滑块来调整颜色的色相、饱和度或明度。

❾ **颜色条:** 在对话框底部有两个颜色条,它们以各自的顺序表示色轮中的颜色。上面的颜色条显示调整前的颜色,下面的颜色条显示调整如何全饱和状态影响所有色相。

练习 5-19 使用"色相 / 饱和度"命令调整图形

源文件路径	素材和效果\第5章\练习5-19 使用"色相/饱和度"命令调整图形
视频路径	视频\第5章\练习5-19 使用"色相/饱和度"命令调整图形.mp4
难易程度	★★

01 打开"花朵.jpg"素材图像，如图 5-133 所示。

02 执行"图像"|"调整"|"色相/饱和度"命令，打开"色相/饱和度"对话框，设置色相为 20，饱和度为 35，效果如图 5-134 所示。

图 5-133 打开文件　　　　图 5-134 色相=20，饱和度=35

03 设置色相为 -50，饱和度为 50，效果如图 5-135 所示。

04 勾选"着色"复选框，调整效果如图 5-136 所示。

图 5-135 色相=-50，饱和度=50　　图 5-136 着色效果

05 设置色相为 180，饱和度为 55，调整颜色效果如图 5-137 所示。

图 5-137 色相=180，饱和度=55

　　"色相/饱和度"命令既可以调整单一颜色（包括红、黄、绿、蓝、青、洋红等）的色相、饱和度、明度，也可以同时调整图像中所有颜色的色相、饱和度、明度。还可以将图像转换成为只有一种颜色的单色图像，再拖动"色相"滑块调整图像的颜色。

5.4.7 "渐变映射"命令

　　"渐变映射"命令的主要功能是将图像灰度映射到范围相等的指定的渐变填充色上。例如，指定双色渐变作为映射渐变，图像中的阴影像素将映射到渐变填充的一个端点颜色上，高光像素将映射到另一个端点颜色上，中间调映射到两个端点间的过渡色上，如果应用"黑，白渐变"映射，则得到灰度图像效果。执行"图像"|"调整"|"渐变映射"命令，打开"渐变映射"对话框，如图 5-138 所示。

图 5-138 "渐变映射"对话框

　　"渐变映射"对话框中各选项含义如下。

❶单击渐变条右侧的下拉按钮，从渐变列表框中选择所需的渐变。

❷仿色：可添加随机杂色，使渐变填充的外观减少带宽效果，从而产生平滑渐变。

❸反向：反转渐变映射的颜色。

练习5-20 使用"渐变映射"命令调整图形

源文件路径	素材和效果\第5章\练习5-20 使用"渐变映射"命令调整图形
视频路径	视频\第5章\练习5-20 使用"渐变映射"命令调整图形.mp4
难易程度	★★

01 打开"发型.jpg"素材图像，如图 5-139 所示。

02 执行"图像"|"调整"|"渐变映射"命令，打开"渐变映射"对话框，在"灰度映射所用的渐变"下拉列表中选择"蓝，红，黄渐变"，如图 5-140 所示。

03 勾选"反向"复选框，反转渐变映射的颜色，如图 5-141 所示。

图 5-139 打开文件

图 5-140 设置渐变色

图 5-141 渐变映射反向效果

5.4.8 "照片滤镜"命令

"照片滤镜"功能相当于传统摄影中滤光镜的功能，可以模拟彩色滤镜，调整通过镜头传输的光的色彩平衡和色温，以便调整到达镜头的光线的色温与色彩的平衡，从而使胶片产生特定的曝光效果。

练习5-21 使用"照片滤镜"命令创建相片效果

源文件路径	素材和效果\第5章\练习5-21 使用"照片滤镜"命令创建相片效果
视频路径	视频\第5章\练习5-21 使用"照片滤镜"命令创建相片效果.mp4
难易程度	★★

01 打开"人物.jpg"素材图像，如图 5-142 所示。

图 5-142 打开文件

02 执行"图像"|"调整"|"照片滤镜"命令，打开"照片滤镜"对话框，如图 5-143所示。

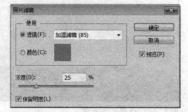
图 5-143 "照片滤镜"对话框

03 在"滤镜"下拉列表中选择"冷却滤镜（80）"选项，效果如图 5-144 所示。

04 在"滤镜"下拉列表中选择"深红"选项，效果如图 5-145 所示。

图 5-144 冷却滤镜（80）

图 5-145 深红

5.4.9 "阴影/高光"命令

"阴影/高光"调整特别适合用于由于逆光摄影而形成剪影的照片，针对图片中明显的曝光不足或者曝光过度的区域进行细节调整。

如果使用"亮度/对比度"命令直接进行调整，高光区域会随着阴影区域同时增加亮度而出现曝光过度的情况。与"亮度/对比度"调整不同，"阴影/高光"可以分别对图像的阴影和高光区域进行调节，既不会损失高光区域的细节，也不会损失阴影区域的细节。

练习5-22 使用"阴影/高光"命令增强图形的对比效果

源文件路径	素材和效果\第5章\练习5-22 使用"阴影/高光"命令增强图形的对比效果
视频路径	视频\第5章\练习5-22 使用"阴影/高光"命令增强图形的对比效果.mp4
难易程度	★★

01 打开"人物.jpg"素材图像，如图 5-146 所示。

图 5-146 打开文件

02 执行"图像"|"调整"|"阴影/高光"命令，打开"阴影/高光"对话框，拖动"阴影"和"高光"2 个滑块，设置阴影数量为 35%，高光数量为 50%，调整图像阴影区域和高光区域的亮度，如图 5-147 所示。调整结果如图 5-148 所示。

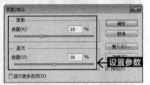

图 5-147 "阴影/高光"对话框

图 5-148 阴影/高光调整结果

提示

在打开的"阴影/高光"对话框中，其阴影和高光的"数量"文本框的默认设置分别为35%和0%，在调整图像使其黑色主体变亮时，如果中间调或较亮的区域更改得太多，可以尝试减小阴影的"数量"，使图像中只有最暗的区域变亮，但是如果需要既加亮阴影又加亮中间调，则需将阴影的"数量"增大到100%。

5.4.10 课堂范例——打造电影流行色

源文件路径	素材和效果\第5章\5.4.10 课堂范例——打造电影流行色
视频路径	视频\第5章\5.4.10 课堂范例——打造电影流行色.mp4
难易程度	★★★★

本实例主要通过"曲线""色相/饱和度""色彩平衡"等命令调出电影的流行色。

01 打开"人物.jpg"素材图像，如图 5-149 所示。

图 5-149 打开文件

02 创建一个"色彩平衡"调整图层，在"属性"面板中设置"色调"为"中间调"，设置"青色-红色"为 -47，"洋红-绿色"为 -15，"黄色-蓝色"为 +30，如图 5-150 所示，效果如图 5-151 所示。

图 5-150 色彩平衡参数

图 5-151 色彩平衡效果

03 创建一个"曲线"调整图层，在"属性"面板中将曲线调整成如图 5-152 所示的形状，效果如图 5-153 所示。

图 5-152 曲线参数

图 5-153 曲线效果

04 创建一个"色相/饱和度"调整图层，在"属性"面板中设置饱和度为 -61，如图 5-154 所示，效果如图 5-155 所示。

图 5-154 色相/饱和度参数

图 5-155 色相/饱和度效果

05 创建一个"色彩平衡"调整图层，在"属性"面板中设置"青色－红色"为 +35，"洋红－绿色"为 +36，"黄色－蓝色"为 +29，如图 5-156 所示，效果如图 5-157 所示。

图 5-156 色彩平衡参数

图 5-157 色彩平衡效果

06 新建"图层 1"，设置前景色为（R7，G13，B31），按 Alt+Delete 快捷键填充"图层 1"，设置该图层的混合模式为"排除"，如图 5-158 所示。

图 5-158 填充"图层1"

07 创建一个"曲线"调整图层，在"属性"面板中选择"红"通道，将曲线调整成如图 5-159 所示的形状，效果如图 5-160 所示。

08 再次创建一个"曲线"调整图层，在"属性"面板中将曲线调整成如图 5-161 所示的形状，效果如图 5-162 所示。

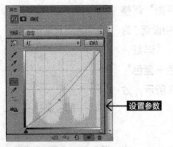

图 5-159 曲线参数

图 5-160 曲线效果

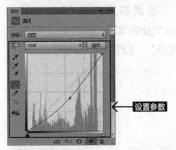

图 5-161 曲线参数

图 5-162 曲线效果

09 使用椭圆选框工具绘制一个椭圆选区，按 Shift+F6 快捷键打开"羽化选区"对话框，设置"羽化半径"为 100 像素，如图 5-163 所示。

图 5-163 羽化选区

10 设置前景色为（R112，G112，B112），选择"曲线 3"调整图层中的蒙版，按 Alt+Delete 快捷键使用前景色填充蒙版选区，如图 5-164 所示，效果如图 5-165 所示。

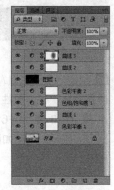

图 5-164 选择蒙版

图 5-165 填充效果

11 使用"横排文字工具" T 在图像左侧输入一些装饰文字，最终效果如图 5-166 所示。

图 5-166 最终效果

5.5 HDR色调

　　HDR 的全称是 High Dynamic Range，即高动态范围，动态范围是指信号最高和最低值的相对比值。"HDR 色调"命令可以使亮的地方非常亮，暗的地方非常暗，亮、暗部的细节都很明显。执行"图像"|"调整"|"HDR 色调"命令，打开"HDR 色调"对话框，如图 5-167 所示。

图 5-167 "HDR色调"对话框

　　"HDR 色调"对话框中各选项含义如下。

❶ 预设效果：在"HDR 色调"对话框的"预设"下拉列表中，除了"默认值"与"自定"外，还包括 16 个选项，通过对这些选项的选择，能够直接得到想要的调整效果，如图 5-168 所示为部分预设效果。

❷ 边缘光："边缘光"选项组中的"半径"选项用来指定局部亮度区域的大小，参数值为 1~500 像素。"强度"选项用来指定两个像素的色调值相差多大时，它们属于不同的亮度区域，参数值范围为 0.10~4.00。同时设置这两个选项参数值，能够调整整幅画面的细节亮度，如图 5-169 所示。

城市暮光

单色高对比度

更加饱和

逼真照片

Scott5

超现实

图 5-168 多种预设效果

图 5-169 调节边缘光

❸ 色调和细节："色调和细节"选项组中的"灰度系数"选项设置为 1.0 时动态范围最大；较低的设置会加深中间调，而较高的设置会加深高光和阴影。"曝光度"选项参数值反映光圈大小，拖动"细节"滑块可以调整锐化程度，如图 5-170 所示。

157

图 5-170
不同选项效果

❹ 高级：在"高级"选项组中拖动"阴影"和"高光"滑块可以使这些区域变亮或变暗。"自然饱和度"选项可调整细微颜色强度，同时尽量不剪切高度饱和的颜色。"饱和度"选项则调整从 –100%~100% 的所有颜色的强度，如图 5-171 所示。

图 5-171 不同选项效果

❺ 色调曲线和直方图："色调曲线和直方图"选项在直方图上显示一条可调整的曲线，从而显示原始的 32 位 HDR 图像中的明度值。横轴的红色刻度线以一个 EV（约为一级光圈）为增量，当将该直线调整为曲线后，能够改变图像明暗关系，如图 5-172 所示。

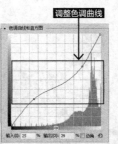

图 5-172 调整色调曲线效果

提示

默认情况下，"色调曲线和直方图"选项可以从点到点限制所做的更改并进行色调均化。要移去该限制并应用更大的调整，可在曲线上插入点之后选中"边角"选项，在插入并移动第二个点时，曲线会变成尖角。

将不同色调的图像放置在同一个文档中，这些图像内容相同但色调不同，有些明度过低，有些明度过高，等等，如图 5-173 所示。

图 5-173 不同色调的图像

选中图层面板中最上方的图像，执行"图像"|"调整"|"HDR 色调"命令，Photoshop 会弹出"脚本警告"对话框，如图 5-174 所示，提醒执行该命令将文档中的图像合并。单击"是"按钮，弹出"HDR 色调"对话框，这时图像会显示默认值效果，如图 5-175 所示。

图 5-174
"脚本警告"对话框

158

图 5-175 默认值效果

在 "HDR 色调" 对话框中重新调整 "边缘光" "色调和细节" "高级" 等选项组中的选项，如图 5-176 所示，即可得到色彩丰富、色调明亮的效果，如图 5-177 所示。

图 5-176 设置相应参数

图 5-177 所得效果

练习 5-23 使用 "HDR 色调" 加强图片的彩色质感

源文件路径	素材和效果\第5章\练习5-23 使用 "HDR色调" 命令加强图片的彩色质感
视频路径	视频\第5章\练习5-23 使用 "HDR色调" 命令加强图片的彩色质感.mp4
难易程度	★★

01 打开 "脚丫 .jpg" 素材图像，如图 5-178 所示。

图 5-178 打开文件

02 执行 "图像" | "调整" | "HDR 色调" 命令，在打开的 "HDR 色调" 对话框中设置各选项，如图 5-179 所示。

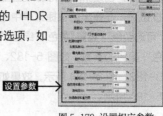

设置参数

图 5-179 设置相应参数

03 单击 "确定" 按钮，即可调整图像色调，调整效果如图 5-180 所示。

图 5-180 调整图像色调

5.6 综合训练——唯美调色

本训练综合使用 "可选颜色" "色相/饱和度" "曲线、亮度/对比度" 等多种调色命令，调出唯美的蓝色效果。

源文件路径	素材和效果\第5章\5.6 综合训练——唯美调色
视频路径	视频\第5章\5.6 综合训练——唯美调色.mp4
难易程度	★★★★

01 打开 "人物 .jpg" 素材文件，如图 5-181 所示。

图 5-181
打开文件

02 单击"创建新的填充或调整图层"
按钮 ◎，在弹出的快捷菜单中选择
"可选颜色"，设置"黄色""绿色""黑
色"颜色的参数，如图 5-182、图
5-183、图 5-184 所示，效果如图
5-185 所示。

图 5-182
可选颜色参数

图 5-183
可选颜色参数

图 5-184
可选颜色参数

图 5-185 可选颜色调整效果

03 按 Ctrl+J 快捷键把当前"可选颜色"调整图层复制
一层，将不透明度设置为 50%，效果如图 5-186 所示。

图 5-186 复制图层

04 创建"色相 / 饱和度"调整图层，设置"黄色""绿
色"颜色的参数，如图 5-187、图 5-188 所示，效果
如图 5-189 所示。

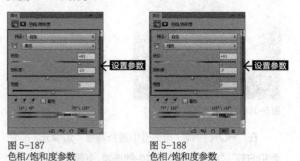

图 5-187
色相/饱和度参数

图 5-188
色相/饱和度参数

图 5-189 色相/饱和度调整效果

05 再次创建"色相 / 饱和度"调
整图层，设置"绿色"颜色的参数，
如图 5-190 所示，效果如图
5-191 所示。

图 5-190
色相/饱和度参数

图 5-191 色相/饱和度调整效果

06 创建"曲线"调整图层，设置RGB、绿、蓝3个通道的参数，如图 5-192 所示，效果如图 5-193 所示。

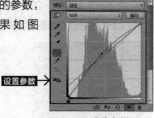

设置参数

图 5-192 曲线参数

设置参数

图 5-196 亮度/对比度参数

图 5-193 曲线调整效果

图 5-197 亮度/对比度调整效果

07 创建"可选颜色"调整图层，设置"青色"颜色的参数，如图 5-194 所示，效果如图 5-195 所示。

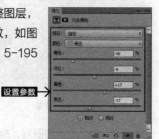

设置参数

图 5-194 可选颜色参数

09 选择背景图层，按 Ctrl+J 快捷键把背景图层复制一层，按 Ctrl+Shift+] 快捷键置顶，在"图层"面板下单击"添加图层蒙版"按钮，为"背景副本"添加一个图层蒙版，设置前景色为黑色，用画笔工具把人物部分擦出来，如图 5-198、图 5-199 所示。

图 5-198 添加图层蒙版

图 5-195 可选颜色调整效果

08 创建"亮度 / 对比度"调整图层，适当增高亮度及对比度，如图 5-196 所示，效果如图 5-197 所示。

图 5-199 添加图层蒙版

10 创建"色相 / 饱和度"调整图层,设置"全图""黄色"的参数,如图 5-200、图 5-201 所示。完成后按 Ctrl+Alt+G 快捷键创建剪切蒙版,效果如图 5-202 所示。

图 5-200 色相/饱和度参数　　　图 5-201 色相/饱和度参数

图 5-202 色相/饱和度调整效果

11 创建"曲线"调整图层,设置蓝通道的参数,如图 5-203 所示。完成后按 Ctrl+Alt+G 快捷键创建剪切蒙版,效果如图 5-204 所示。

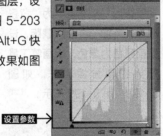

图 5-203 曲线参数

图 5-204
曲线调整效果

12 创建"可选颜色"调整图层,设置"白色""黑色"颜色的参数,如图 5-205、图 5-206 所示。完成后按 Ctrl+Alt+G 快捷键创建剪切蒙版,效果如图 5-207 所示。

图 5-205 可选颜色参数　　　图 5-206 可选颜色参数

图 5-207 可选颜色调整效果

13 创建"纯色"调整图层,颜色设置为淡蓝色(R219,G237,B248),并为"纯色"调整图层添加蒙版,将蒙版填充为黑色,使用画笔工具将左上角部分擦出来,效果如图 5-208、图 5-209 所示。

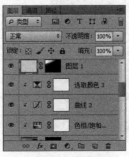

图 5-208 添加图层蒙版

图 5-209 添加图层蒙版

14 新建"图层 2"，按 Ctrl +Alt+Shift+E 快捷键盖印图层，执行"滤镜"|"模糊"|"高斯模糊"命令，设置半径为 6 像素，如图 5-210 所示，并为"图层 2"添加蒙版，将蒙版填充为黑色，使用画笔工具将不需要模糊的部分擦出来，效果如图 5-211 所示。

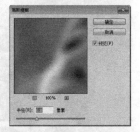

图 5-210 高斯模糊

图 5-211 高斯模糊效果

15 新建"图层 3"，按 Ctrl +Alt+Shift+E 快捷键盖印图层，执行"滤镜"|"模糊"|"动态模糊"命令，角度设置为 -45 度，距离设置为 180 像素，如图 5-212 所示。确定后把混合模式改为"柔光"，不透明度改为 70%，效果如图 5-213 所示。

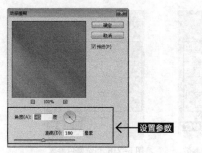

设置参数

图 5-212 动态模糊

图 5-213 动态模糊效果

16 新建"图层 4"，按 Ctrl +Alt+Shift+E 快捷键盖印图层，使用修补工具██简单地给人物祛痘，效果如图 5-214 所示。

图 5-214 给人物磨皮

17 创建"可选颜色"调整图层，设置"青色""白色"颜色的参数，如图 5-215、图 5-216 所示，效果如图 5-217 所示。

图 5-215 可选颜色参数

图 5-216 可选颜色参数

图 5-217 可选颜色调整效果

18 使用"横排文字工具" **T** 在图像左侧输入一些装饰文字,最终效果如图 5-218 所示。

图 5-218 最终效果

5.7 课后习题

习题1: 通过在 Lab 颜色模式下调整图像色调,为照片调出蓝色调,如图 5-219 所示。

源文件路径	素材和效果\第5章\习题1——Lab照片调色
视 频 路 径	视频第5章\习题1——Lab照片调色.mp4
难 易 程 度	★★

▼

图5-219 习题1——Lab照片调色

习题2: 运用"色阶"为照片调色,为灰暗照片调出靓丽色彩,如图 5-220 所示。

源文件路径	素材和效果\第5章\习题2——调出靓丽色彩
视 频 路 径	视频第5章\习题2——调出靓丽色彩.mp4
难 易 程 度	★★

图5-220 习题2——调出靓丽色彩

图5-222 习题4——调出清冷海报色

习题 3: 通过添加"通道混合器"调整图层,为荷花调出别样色调,如图 5-221 所示。

源文件路径	素材和效果\第5章\习题3——为荷花调出别样色调
视 频 路 径	视频\第5章\习题3——为荷花调出别样色调.mp4
难 易 程 度	★★★

习题 5: 为照片中人物的衣服更换颜色,如图 5-223 所示。

源文件路径	素材和效果\第5章\习题5——更换衣服颜色
视 频 路 径	视频\第5章\习题5——更换衣服颜色.mp4
难 易 程 度	★★★★

图5-221 习题3——为荷花调出别样色调

习题 4: 使用"色阶""可选颜色""色相/饱和度"等命令调出清冷海报色,如图 5-222 所示。

源文件路径	素材和效果\第5章\习题4——打造清冷海报色照片
视 频 路 径	视频\第5章\习题4——打造清冷海报色照片.mp4
难 易 程 度	★★★★

图5-223 习题5——更换衣服颜色

本章视频时长
56 分钟

第 6 章

路径和形状的绘制

本章主要介绍 Photoshop CS6 中的路径和形状绘制的相关知识。

本章学习目标

■ 掌握如何绘制路径；

■ 掌握如何选择及变换路径；

■ 了解"路径"面板；

■ 了解路径运算；

■ 掌握如何绘制几何形状；

■ 了解如何为形状设置填充与描边。

本章重点内容

■ 创建和编辑路径；

■ 路径在图像中的处理。

扫 码 看 课 件

6.1 绘制路径

在工具箱中单击路径工具按钮可以创建工作路径。路径是一种轮廓。它主要有以下几个用途。

- 可以使用路径作为矢量蒙版来隐藏图层区域。
- 将路径转换为选区。
- 可以将路径保存在路径面板中，以备随时使用。
- 可以使用颜色填充路径或为路径描边。
- 将图像导出到页面排版或矢量编辑程序中时，将已存储的路径指定为剪贴路径，可以使图像的一部分变得透明。

6.1.1 钢笔工具

钢笔工具是绘制和编辑路径的主要工具，了解和掌握钢笔工具的使用方法是创建路径的基础。Photoshop路径工具组包括5个工具，如图6-1所示，分别用于绘制路径，增加、删除锚点及转换锚点类型。

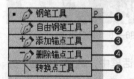

图6-1 路径工具组

❶ 钢笔工具：最常用的路径工具，使用它可以创建光滑而复杂的路径。

❷ 自由钢笔工具：类似于真实的钢笔，它允许在按住鼠标左键拖动鼠标时创建路径。

❸ 添加锚点工具：为已经创建的路径添加锚点。

❹ 删除锚点工具：从路径中删除锚点。

❺ 转换点工具：用于转换锚点的类型，可以将路径的圆角转换为尖角，或将尖角转换为圆角。

钢笔工具选项栏如图6-2所示。

图6-2 钢笔工具选项栏

❶ 定义路径的创建模式：单击此按钮，出现下拉列表框，"形状"用于在形状图层中创建路径，"路径"用于直接创建路径；"像素"创建的路径为填充像素的框。

❷ "建立"选项组：单击不同的按钮，会将路径建立成不同的对象。单击某个按钮，可以在钢笔工具和形状工具的选项栏之间切换。

❸ 创建复合路径的选项。选中此按钮下拉列表中相应的复合路径选项。

- 新建图层 ：选中该选项，可以创建新的路径层。
- 合并形状 ：在原路径区域的基础上添加新的路径区域。
- 减去顶层形状 ：在原路径区域的基础上减去路径区域。
- 与形状区域相交 ：新路径区域与原路径区域交叉的区域为新的路径区域。
- 排除重叠形状 ：原路径区域与新路径区域不相交的区域为最终的路径区域。
- 合并形状组件 ：可以合并重叠的路径组件。

❹ 对齐与分布：对象以不同的方式对齐。

❺ 调整形状顺序：可以将形状调整到不同的图层中。

❻ 几何选项：显示当前工具的选项面板。选择钢笔工具后，在工具选项栏中单击此按钮，可以打开钢笔选项下拉面板。面板中有一个"橡皮带"选项，如图6-3所示。

图6-3 钢笔选项

选中"橡皮带"复选框后，在绘制路径时，可以预先看到将要创建的路径段，从而可以判断出路径的走向，如图6-4所示。

未选中"橡皮带"选项

选中"橡皮带"选项

图6-4 "橡皮带"选项

167

❼自动添加/删除：定义钢笔停留在路径上时是否具有直接添加或删除锚点的功能。

❽对齐边缘：将矢量形状边缘与像素网格对齐。

练习6-1　使用钢笔工具绘制笑脸

源文件路径	素材和效果\第6章\练习6-1 使用钢笔工具绘制笑脸
视 频 路 径	视频\第6章\练习6-1 使用钢笔工具绘制笑脸.mp4
难易程度	★★

01 启动 Photoshop，执行"文件"|"打开"命令，打开素材文件。选择魔棒工具，单击白色背景区域，按 Ctrl+Shift+I 快捷键，反选选区，选择橘子图像，如图 6-5 所示。

02 打开一张草地素材，将抠出来的橘子放入草地中，调整好位置以及大小，如图 6-6 所示。

图6-5 抠出橘子

图6-6 添加草地

03 选择钢笔工具，在工具选项栏中选择"路径"选项，绘制如图 6-7 所示的路径。

04 选择钢笔工具，在钢笔工具选项栏中选择"形状"选项，分别绘制出嘴巴和手部分，效果如图 6-8 和图 6-9 所示。

图6-7 绘制笑脸

图6-8 绘制嘴巴

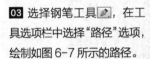

图6-9 绘制手

05 单击工具选项栏"填充"图标，为嘴巴填充（R65，G4，B4）颜色，为舌头填充（R152，G18，B18）颜色，为手填充白色。选择路径选择工具，选中路径并按住 Alt 键拖动复制一份，按 Ctrl+T 快捷键，进入自由变换状态，执行"编辑"|"变换路径"|"水平翻转"命令。调整好大小以及位置，效果如图 6-10 所示。

06 选择铅笔工具，在工具选项栏中设置大小为 2 像素，硬度为 100%，颜色为黑色。在图像中选中路径，单击右键，弹出快捷菜单，选择"描边路径"选项，如图 6-11 所示。

图6-10 填充效果

图6-11 为路径描边

07 在弹出的"描边路径"对话框中，选择"铅笔"为描边工具，单击"确定"按钮。完成后效果如图 6-12 所示。

08 添加耳机素材，调整耳机大小和位置，最终效果如图 6-13 所示。

图6-12 描边效果

图6-13 最后效果

6.1.2 自由钢笔工具

　　自由钢笔工具以手动绘制的方式建立路径。在工具箱中选择该工具，移动光标至图像窗口中并按住鼠标左键拖动，如使用画笔般创建路径，释放鼠标左键后，光标所移动的轨迹即为路径。在绘制路径的过程中，系统会自动根据曲线的走向添加适当的锚点和设置曲线的平滑度。

选择自由钢笔工具 ，在选项栏的自由钢笔选项面板中可以定义自由钢笔工具绘制路径的磁性选项和钢笔压力等，如图 6-14 所示。

图6-14 自由钢笔选项面板

练习6-2 使用自由钢笔工具建立路径

源文件路径	素材和效果\第6章\练习6-2 使用自由钢笔工具建立路径
视频路径	视频\第6章\练习6-2 使用自由钢笔工具建立路径.mp4
难易程度	★★

01 打开本书素材文件"第 6 章\练习 6-2 使用自由钢笔工具建立路径\灯泡 .jpg"文件，如图 6-15 所示。

02 选择自由钢笔工具 ，在画面中沿着灯泡边缘绘制路径，如图 6-16 所示。

03 选中选项栏中的"磁性的"复选框，自由钢笔工具也具有了和磁性套索工具 一样的磁性功能，在单击确定路径起始点后，沿着图像边缘移动光标，系统会自动根据颜色反差建立路径，如图 6-17 所示。

图6-15 打开素材　　图6-16 绘制路径　　图6-17 选中"磁性的"复选框后建立路径

6.1.3 添加锚点工具

在工具箱中选择添加锚点工具 ，将光标放在路径上，如图 6-18 所示。当光标变为 形状时，在路径上单击即可添加锚点，如图 6-19 所示。

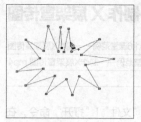
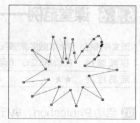

图 6-18 操作前　　　　　图 6-19 添加锚点

6.1.4 删除锚点工具

在工具箱中选择删除锚点工具 ，在图形路径上的锚点处单击即可删除锚点，如图 6-20 所示。

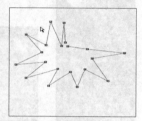

图 6-20 删除锚点

6.1.5 转换点工具

锚点共有 2 种类型：平滑点和角点。使用转换点工具 可以轻松完成平滑点和角点之间的相互转换。在工具箱中选择转换点工具 ，然后移动光标至平滑点上并单击，即可将该平滑点转换为没有方向线的角点，如图 6-21 所示。若要将角点转换成平滑点，只需要移动光标至角点上并按住鼠标左键拖动鼠标即可，如图 6-22 所示。

图 6-21
平滑点转换为角点

图 6-22
角点转换为平滑点

6.1.6 课堂范例——制作X展架宣传图

源文件路径	素材和效果\第6章\6.1.6课堂范例——制作X展架宣传图
视频路径	视频\第6章\6.1.6课堂范例——制作X展架宣传图.mp4
难易程度	★★

01 启动 Photoshop，执行"文件"|"打开"命令，在"打开"对话框中选择"中秋背景""人物"素材，单击"打开"按钮，如图 6-23 和图 6-24 所示。

图6-23 打开素材　　　图6-24 打开素材

02 选择工具箱中的自由钢笔工具 ✐，在工具选项栏中勾选"磁性的"复选框，然后在人物边缘处单击，添加起始锚点，如图 6-25 所示。

图6-25 自由钢笔工具

03 继续沿人物边缘移动光标，将自动吸附人物边缘绘制路径，如图 6-26 所示。

图6-26 绘制路径

04 按 Enter+Ctrl 快捷键，将路径转换为选区，按 D 键，恢复前景色和背景色的默认设置，按 Alt+Delete 快捷键，填充黑色，得到人物剪影效果，如图 6-27 所示。

05 运用移动工具 ➤ᵊ，将"人物"素材添加至背景文件中，调整好大小和位置，得到如图 6-28 所示的效果。

图6-27 填充颜色　　　　　　　图6-28 最终效果

6.2 编辑路径

要想使用钢笔工具准确地描摹对象的轮廓，必须熟练掌握锚点和路径的编辑方法，下面就让我们来了解如何对锚点和路径进行编辑。

6.2.1 选择和移动锚点、路径

Photoshop 提供了 2 个路径选择工具：路径选择工具 ▶ 和直接选择工具 ▷。

路径选择工具 ▶ 用于选择整条路径。移动光标至路径区域内任意位置并单击鼠标，路径所有锚点即被选中（以黑色实心显示），此时在路径上按住鼠标左键拖动鼠标可移动整个路径。如果当前的路径有多条子路径，可按住 Shift 键依次单击，以连续选择各子路径。或者按住鼠标左键拖动鼠标拉出一个虚框，与框交叉和被框包围的所有路径都将被选中。

练习 6-3　添加藤叶效果

源文件路径	素材和效果\第6章\练习6-3 添加藤叶效果
视频路径	视频\第6章\练习6-3 添加藤叶效果.mp4
难易程度	★★

01 打开本书素材"第6章\练习6-3添加藤叶效果\葡萄.psd"文件,如图6-29所示。

02 选择工具箱中的路径选择工具 🔖,单击较大的藤叶形状,如图6-30所示。

图6-29 打开文件　　　　　图6-30 选择整条路径

03 按住鼠标左键拖动鼠标,框选藤叶路径,效果如图6-31所示。

04 按 Ctrl+Enter 快捷键,将路径转换为选区,填充渐变色,如图6-32所示。

图6-31 框选多条子路径　　　　图6-32 填充颜色

提示

> 按住Alt键移动路径,可复制当前路径。如果当前选择的是直接选择工具 🔖,按住Ctrl键,可切换为路径选择工具 🔖。

在选择多条子路径后,使用工具选项栏中的对齐和分布按钮可对子路径进行对齐和分布操作,选中"合并形状组件"选项,则可按照各子路径的相互关系进行组合。

若希望对路径中某个或某几个锚点进行调整,可以使用直接选择工具 🔖。使用直接选择工具选择锚点可分2步进行,首先移动光标至该锚点所在路径上单击,以激活该路径,激活的路径的所有锚点都会以空心方框显示。然后再移动光标至锚点上并单击,即可选择该锚点,此时按住鼠标左键拖动鼠标即可移动该锚点。

与移动锚点相同,使用直接选择工具 🔖,拖动线段,可移动路径中的线段,按 Delete 键可删除该线段。

练习 6-4　绘制水滴

源文件路径	素材和效果\第6章\练习6-4绘制水滴
视频路径	视频\第6章\练习6-4绘制水滴.mp4
难易程度	★★

01 打开本书素材"第6章\练习6-4绘制水滴\蝴蝶"文件,如图6-33所示。

02 选择工具箱中的直接选择工具 🔖,单击路径,激活路径,选中草上相应的锚点,拖动调整,如图6-34所示。

图6-33 打开文件　　　　　图6-34 调整锚点

03 按Ctrl+Enter快捷键,将路径载入选区,填充渐变色,如图6-35所示。

04 按 Ctrl+H 快捷键,隐藏前面的路径,运用自定形状工具 🔖,绘制一个月亮,如图6-36所示。

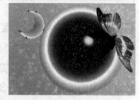

图6-35 填充颜色　　　　　图6-36 绘制形状

05 运用直接选择工具 🔖,选择月亮内侧上半段线段并往左上角拖动,如图6-37所示。

06 选中内侧下半段线段并往右下角拖动,调整出水滴状图形,如图6-38所示。

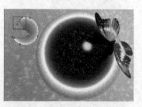

图6-37 调整内侧上半段路径　　图6-38 调整内侧下半段路径

提示

> 按住Shift键,可连续单击选择多个锚点。若按住鼠标左键拖动鼠标拉出一个虚框,可选择框内的所有锚点。按住Alt键拖动,可复制路径。

171

6.2.2 添加和删除锚点

使用添加锚点工具和删除锚点工具，可添加和删除锚点。选择添加锚点工具后，移动光标并在路径上单击，即可在路径上添加一个锚点，选择删除锚点工具后，移动光标至锚点上单击，即可删除一个锚点。

使用钢笔工具时，移动光标至路径上的非锚点位置，钢笔工具会自动切换为添加锚点工具；若移动光标至路径锚点上方，钢笔工具则自动切换为删除锚点工具。

使用删除锚点工具删除锚点和直接按下 Delete 键删除是完全不同的，使用删除锚点工具删除锚点不会打断路径，而按下 Delete 键会同时删除锚点两侧的线段，从而打断路径。

练习 6-5　使用锚点工具添加花草

源文件路径	素材和效果\第6章\练习 6-5使用锚点工具添加花草
视频路径	视频\第6章练习6-5 使用锚点工具添加花草.mp4
难易程度	★★

01 打开本书素材"第 6 章 \ 练习 6-5 使用锚点工具添加花草 \ 背景 .jpg"文件，运用钢笔工具，绘制曲线路径，选择工具箱中的添加锚点工具，将光移至需要添加锚点的位置，如图 6-39 所示。

图6-39 选择需要添加锚点的位置

02 在需要添加锚点的位置单击，如图 6-40 所示。

03 选择工具箱中的删除锚点工具，将光移至需要删除锚点的位置，如图 6-41 所示。

图6-40 添加锚点　　　　　图6-41 选择锚点

04 在需要删除锚点的位置单击，如图 6-42 所示。

05 单击画笔工具，在选项栏中选择草笔触形状，大小设为 134 像素，切换到路径面板，右键单击工作路径，在弹出的快捷菜单中选择"描边路径"，弹出"描边路径"对话框，在"描边"下拉列表中选择"画笔"，如图 6-43 所示。

图6-42 删除锚点　　　　　图6-43 为路径描边

6.2.3 转换锚点的类型

锚点共有 2 种类型：平滑点和角点。平滑曲线由平滑锚点组成，其锚点两侧的方向线在同一条直线上。角点则组成带有拐角的曲线。使用转换点工具可轻松完成平滑点和角点之间的相互转换。

练习 6-6 转换点工具的使用

源文件路径	素材和效果\第6章\练习6-6转换点工具的使用
视频路径	视频\第6章\练习6-6转换点工具的使用.mp4
难易程度	★★

01 打开本书素材"第 6 章 \ 练习 6-6 转换点工具的使用 \ 画 .jpg"文件，选择工具箱中的钢笔工具，在画面中绘制曲线，如图 6-44 所示。

02 单击工具箱中的转换点工具，单击需要转换为角点的锚点，如图 6-45 所示。

图6-44 绘制曲线　　图6-45 将平滑点转换为角点

03 单击角点，并拖动，将角点转换为平滑点，如图 6-46 所示。

04 新建一个图层，单击画笔工具，在选项栏中选择"硬边圆"笔触形状，大小设为 3 像素，切换到路径面板，右键单击工作路径，在弹出的快捷菜单中选择"描边路径"，弹出"描边路径"对话框，在"描边"下拉列表中选择"画笔"，并添加一个气球素材，结果如图 6-47 所示。

图6-46 将角点转换为平滑点　图6-47 为路径描边并添加气球

　　若想将平滑点转换成带有方向线的角点，在选择转换点工具后，移动光标至平滑点一侧的方向点上并拖动方向点即可。

练习 6-7 将平滑点转换为有方向线的角点

源文件路径	素材和效果\第6章\练习6-7 将平滑点转换为有方向线的角点
视频路径	视频\第6章\练习6-7 将平滑点转换为有方向线的角点.mp4
难易程度	★★

01 打开本书素材"第 6 章 \ 练习 6-7 将平滑点转换为有方向线的角点 \ 绿地 .jpg"文件，选择工具箱中的钢笔工具，在画面中绘制曲线，如图 6-48 所示。

图6-48 绘制曲线

02 单击工具箱中的转换点工具，拖动平滑点一侧的方向点至相应的方向，如图 6-49 所示。

图6-49 将平滑点转换为带方向线的角点

提示

使用钢笔工具时，按住Alt键可切换为转换点工具。

6.2.4 调整方向线

　　使用直接选择工具选中锚点之后，该锚点及相邻锚点的方向线和方向点就会显示在图像窗口中，如图 6-50 所示。方向线和方向点的位置确定了曲线段的曲率，移动这些元素将改变路径的形状。

图6-50 使用直接选择工具选择锚点

移动方向点与移动锚点的方法类似，首先移动光标至方向点上，然后拖动方向点，即可改变方向线的长度和角度。若使用直接选择工具 ↘ 拖动曲线段可改变曲线的形状。

01 打开本书素材"第 6 章 \ 练习 6-8 使用直接选择工具调整路径线段 \ 卡通 .jpg"文件，选择工具箱中的钢笔工具 ✐，在画面中绘制曲线，如图 6-51 所示。

图6-51 绘制曲线

02 选择工具箱中的直接选择工具 ↘，拖动曲线段以改变曲线的形状，如图 6-52 所示。

图6-52 调整曲线段

6.2.5 路径的变换操作

与图像和选区一样，对路径也可以进行旋转、缩放、斜切、扭曲等变换操作。在变换路径之前，首先在路径面板中选择该路径，使其显示在图像窗口中，然后使用路径选择工具 ▶ 激活该路径，"编辑"菜单中的"自由变换"命令便会转换为"自由变换路径"命令，选择该命令或直接按 Ctrl + T 快捷键便可对其进行变换操作。

01 打开本书素材"第 6 章 \ 练习 6-9 为图形添加修饰图案 \ 动漫画 .jpg"文件，如图 6-53 所示。

02 选择工具箱中的自定形状工具 ☁，在选项栏中选择"路径"选项，设置填充色为橙色，单击"形状"下拉按钮 ♥，在弹出的下拉面板中单击右上角图标 ✿，在弹出的快捷菜单中选择"动物"选项，弹出"Adobe Photoshop"警示框，单击"追加"按钮，在下拉面板中选择蜗牛图形，在画面中绘制形状，如图 6-54 所示。

图6-53 打开文件　　　　　　图6-54 绘制形状

03 执行"编辑"｜"变换路径"｜"旋转"命令，将光标定位在定界框的角点处，出现旋转箭头时，旋转路径，如图 6-55 所示。

04 选择工具箱中的路径选择工具 ▶，按住 Alt 键，拖动路径，再复制一层，按 Ctrl+T 快捷键，进入自由变换状态，将光标定位在定界框的角点处，出现斜向的双向箭头时，按住 Shift 键，往内拖动，缩小路径，如图 6-56 所示。

图6-55 旋转路径

图6-56 缩小路径

05 再次复制一个蜗牛路径，按 Ctrl+T 快捷键，进入自由变换状态，单击右键，选择"斜切"选项，将光标定位在中间控制点处，当箭头变为白色并带有水平或竖直的双向箭头时，拖动中间控制点，斜切变换图形，如图6-57所示。

06 复制两个蜗牛路径，选中其中一个，按 Ctrl+T 快捷键，进入自由变换状态，单击右键，选择"水平翻转"，并进行一定的旋转，效果如图6-58所示。

图6-57 斜切路径

图6-58 翻转路径

07 再次复制一个蜗牛路径，按 Ctrl+T 快捷键，进入自由变换状态，单击右键，选择"垂直翻转"，并进行一定的旋转后，单击右键，选择"扭曲"选项，拖动定界框的角点，可对路径进行扭曲变形。

08 新建一个图层，按 Ctrl+Enter 快捷键，将路径转换为选区，填充橙色，如图6-59所示。将每个蜗牛作为独立的图层，选中一个蜗牛图层，执行"窗口"|"样式"命令，打开样式面板，在样式面板中选择"条纹的锥形"样式，给蜗牛添加样式，给其他蜗牛图层添加相同的样式，效果如图6-60所示。

图6-59 填充颜色

图6-60 添加样式

6.2.6 路径的对齐与分布

路径选择工具的工具选项栏中包含路径对齐与分布的选项，如图6-61所示。

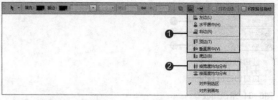

图6-61 路径选择工具选项栏

❶ 对齐路径：工具选项栏中的对齐选项包括左边对齐 、水平居中对齐 、右边对齐 、顶边对齐 、垂直居中对齐 和底边对齐 。使用路径选择工具选择需要对齐的路径后，单击工具选项栏中的一个对齐按钮即可进行路径对齐操作。图6-62所示为按下不同按钮的对齐结果。

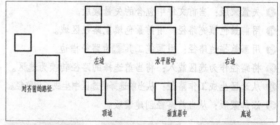

图6-62 对齐路径

❷ 分布路径：工具选项栏中的分布选项包括按宽度均匀分布 和按高度均匀分布 。要分布路径，应至少选择三个路径组件，然后单击工具选项栏中的一个分布按钮即可进行路径的分布操作。图6-63所示为按下不同按钮的分布结果。

图6-63 分布路径

6.3 路径面板

路径面板中显示了每条存储的路径、当前工作路径和当前矢量蒙版的名称和缩览图。通过面板可以编辑和管理路径。

175

6.3.1 了解路径面板

执行"窗口"|"路径"命令，可以打开路径面板，如图 6-64 所示。

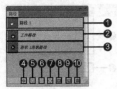

图6-64 路径面板

❶ 路径：当前文件中包含的路径。

❷ 工作路径：使用钢笔工具或形状工具绘制的路径为工作路径。工作路径是出现在路径面板中的临时路径，如果没有存储便取消了对它的选择（在路径面板空白处单击可取消对工具路径的选择），再绘制新的路径时，原工作路径将被新的工作路径替换，如图 6-65 所示。

❸ 矢量蒙版：当前文件中包含的矢量蒙版。

❹ 用前景色填充路径：用前景色填充路径区域。

❺ 用画笔描边路径：用画笔工具 ✐ 为路径描边。

❻ 将路径作为选区载入：将当前选择的路径转换为选区。

❼ 从选区生成工作路径：从当前选择的选区中生成工作路径。

❽ 添加蒙版：从当前路径创建蒙版。

原工作路径

取消选择工作路径

绘制新的工作路径

图6-65 工作路径

❾ 创建新路径：单击路径面板"创建新路径"按钮 ▣ ，可以新建路径，如图 6-66 所示。执行路径面板菜单中的"新建路径"命令，或在按住 Alt 键的同时单击面板中"创建新路径"按钮，打开"新建路径"对话框，在对话框中可输入路径的名称，单击"确定"按钮，也可以新建路径。新建路径后，可以使用钢笔工具或形状工具绘制图形，此时创建的路径不再是工作路径，如图 6-67 所示。

❿ 删除当前路径：可以删除当前选择的路径。

通过路径面板的菜单也可实现这些操作，面板菜单如图 6-68 所示。

图6-66 新建路径

图6-67 绘制图形

图6-68 面板菜单

6.3.2 选择路径与隐藏路径

路径面板和图层面板一样，以分组的形式显示各个路径。单击选择其中的某个路径，该路径即成为当前路径而显示在图像窗口中，未显示的路径处于关闭状态，任何编辑路径的操作将只对当前路径有效。这时如果在图像窗口中继续添加路径，那么新增路径将成为当前路径的子路径（一条路径可以有多条子路径）。

若想关闭当前路径，单击路径面板空白处即可，路径关闭后即从图像窗口中消失。

提示

按Ctrl＋H快捷键，可隐藏图像窗口中显示的当前路径，但当前路径并未关闭，编辑路径操作仍对当前路径有效。

6.3.3 复制路径

1. 在面板中复制

将要复制的路径拖动至"创建新路径"按钮 ▣ 上，或单击面板右上角的 ▼≡ 按钮，从弹出的菜单中选择"复制路径"命令即可。

2. 通过剪贴板复制

运用路径选择工具 ▶ 选择画面中的路径后，执行"编辑"|"拷贝"命令，可以将路径复制到剪贴板中。复制路径后，执行"编辑"|"粘贴"命令，可粘贴路径。如果在其他打开的图像中执行"粘贴"命令，则可将路径粘贴到其他图像中。

练习 6-10 复制路径的使用方法

源文件路径	素材和效果\第6章\练习6-10 复制路径的使用方法
视 频 路 径	视频\第6章\练习6-10 复制路径的使用方法.mp4
难 易 程 度	★★

01 打开本书配套资源中的"第6章\练习6-10复制路径的使用方法\天使.psd"文件，选择路径面板，单击工作路径，将其路径激活，按 Ctrl+C 键复制路径，如图6-69所示。

图6-69 打开并激活路径

02 打开"女神.jpg"文件，切换到路径面板，单击路径面板中的"创建新路径"按钮 ，按 Ctrl+V 键，粘贴路径，如图6-70所示。

03 选择路径选择工具 ，拖动路径至合适位置，按 Ctrl+Enter 键，载入选区，按 Ctrl+Shift+I 键反选，填充白色，如图6-71所示。

图6-70 粘贴路径　　　　图6-71 填充颜色

6.3.4 保存路径

使用钢笔工具或形状工具创建路径时，新的路径作为"工作路径"出现在路径面板中。工作路径是临时路径，必须进行保存，否则当再次绘制路径时，新路径将代替原工作路径。

保存工作路径方法如下。

01 在路径面板中单击选择"工作路径"为当前路径。

02 执行下列操作之一以保存工作路径。

・拖动工作路径至面板底端"创建新路径"按钮 上。
・单击面板右上角的 按钮，从弹出的面板菜单中选择"新建路径"命令。

03 工作路径保存之后，在路径面板中双击该路径名称，可为新路径命名。

6.3.5 删除路径

在路径面板中选择需要删除的路径后，单击"删除当前路径"按钮 ，或者执行面板菜单中的"删除路径"命令，即可将其删除。也可将路径直接拖至该按钮上删除。用路径选择工具 选择路径后，按下 Delete 键也可以将其删除。

6.3.6 路径与选区的相互转换

路径与选区可以相互转换，即路径可以转换为选区，选区也可以转换为路径。

无论是使用套索工具、多边形套索工具，还是使用磁性套索工具，都不能建立光滑的选区边缘，而且选区范围一旦建立就很难进行调整。路径则不同，它由各个锚点组成，可随时进行调整，使用方向线可控制各曲线段的平滑度。在制作复杂、精密的图像选区方面，路径具有无可比拟的优势。

要将当前选择的路径转换为选择区域，单击路径面板底部的"将路径作为选区载入"按钮 即可。

此外，选区也可以转换为路径，建立选区后，从路径面板菜单中选择"建立工作路径"命令，在弹出的"建立工作路径"对话框"容差"文本框中设置路径的平滑度，如图6-72所示，取值范围为 0.5～10像素，最后单击"确定"按钮即可得到所需的路径。

图6-72 "建立工作路径"对话框

6.4 形状工具

形状实际上就是由路径轮廓围成的矢量图形。使用 Photoshop 提供的矩形、圆角矩形、椭圆、多边形、直线等形状工具，可以创建规则的几何形状，使用自定形状工具可以创建不规则的复杂形状。Photoshop 形状工具组如图 6-73 所示。

图6-73 形状工具组

6.4.1 矩形工具

使用矩形工具■可绘制出矩形、正方形的形状、路径或填充区域，使用方法也比较简单。选择工具箱中的矩形工具■，在选项栏中适当地设置各参数，移动光标至图像窗口中并按住鼠标左键拖动，即可得到所需的矩形路径或形状。

矩形工具选项栏如图 6-74 所示，在使用矩形工具前应适当地设置绘制的内容和绘制方式。

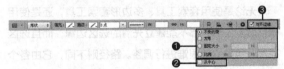

图6-74 矩形工具选项栏

单击选项栏"几何选项"下拉按钮■，将打开如图 6-74 所示的"矩形选项"面板，在其中可控制矩形的大小和宽高比例。

❶ 矩形选项：定义矩形的创建方式。

❷ 从中心：从中心绘制矩形

❸ 对齐边缘：将边缘对齐像素边缘。

练习6-11 矩形工具的使用

源文件路径	素材和效果\第6章\练习6-11矩形工具的使用
视频路径	视频\第6章\练习6-11矩形工具的使用.mp4
难易程度	★★

01 打开本书素材"第 6 章\练习 6-11 矩形工具的使用\花纹 .jpg"文件，如图 6-75 所示。选择工具箱中的矩形工具■，在选项栏中选择"路径"，在画面中绘制矩形，如图 6-76 所示。

02 若在画面中单击，则会弹出"创建矩形"对话框，

在对话框中设置矩形的宽和高都为 178 像素，单击"确定"按钮，如图 6-77 所示。

03 选择矩形工具选项栏中的"形状"选项，单击"填充"按钮，在弹出的填充下拉面板中设置填充色为渐变，在选项栏中单击"描边"按钮，设置描边颜色为黑色，效果如图 6-78 所示。

图6-75 打开背景图

图6-76 创建不受约束矩形

图6-77 创建正方形

图6-78 填充颜色并描边

04 在工具选项栏中单击"设置形状描边类型"按钮----，打开下拉面板，在下拉面板中选择一种虚线样式，效果如图 6-79 所示。

05 在工具选项栏中将描边宽度设置为 10 点，按 Enter 键确定，效果如图 6-80 所示。

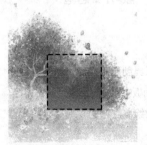

图6-79 描边虚线样式

图6-80 加大描边宽度

06 再次单击"设置形状描边类型"按钮----，打开下拉面板，在下拉面板中的端点下拉列表中选择圆角端点，如图 6-81 所示，按 Enter 键确定设置，效果如图 6-82 所示。

图6-81 选择描边形状　　图6-82 圆角端点

6.4.2 圆角矩形工具

圆角矩形工具■用于绘制圆角的矩形，选择该工具后，在画面中按住鼠标左键并拖动鼠标，可创建圆角矩形，按住 Shift 键拖动鼠标可创建圆角正方形。

在绘制之前，可在选项栏（如图6-83所示）中的"半径"框中设置圆角的半径大小，半径值越大，得到的矩形边角就越圆滑。

图6-83 圆角矩形工具选项栏

练习6-12 制作水晶按钮 UI 图标

源文件路径	素材和效果\第6章\练习6-12制作水晶按钮UI图标
视频路径	视频\第6章\练习6-12制作水晶按钮UI图标.mp4
难易程度	★★

01 新建一个空白文件，设置参数，如图 6-84 所示。

02 选择圆角矩形工具■，在工具选项栏中选择"形状"选项，设置填充色为 (R176，G193，B185)，"半径"为 25 像素，在画布中绘制一个圆角矩形。

03 右键单击图层，在弹出的快捷菜单中选择"混合选项"选项，在弹出的"图层样式"对话框中选择"斜面和浮雕"，设置深度为 100%，大小为 6 像素，角度为 127 度。单击"投影"，设置距离为 5 像素，扩展为 0%，大小为 5 像素，如图 6-85 所示。

图6-84 新建文件参数　　图6-85 斜面和浮雕效果

04 运用同样的方法绘制第二层，填充颜色 (R12，G99，B0)，右键单击图层，在弹出的快捷菜单中选择"混合选项"选项，在弹出的"图层样式"对话框中选择"斜面和浮雕"，设置样式为"外斜面"，深度为 260%，大小为 6 像素。单击"描边"选项，设置大小为 30 像素，颜色为黑色。再绘制一个圆角矩形，填充颜色设置为 (R102，G192，B90)，完成后效果如图 6-86 所示。

05 新建一个图层，绘制按钮高光效果。选择画笔工具☑，笔触设置为"柔边圆"，绘制一个光点，移动至左上角并调整好位置。按住 Ctrl 键单击第一个图层以建立选区，按 Ctrl+Shift+I 快捷键反选，回到光点图层中，按 Delete 键删除多余部分，如图 6-87 所示。

图6-86 绘制图形　　图6-87 绘制光效果

06 运用同样的方法绘制出其他渐隐效果，并用画笔绘制出光点，如图 6-88 所示。

07 新建一个图层，选择钢笔工具☑，选择工具选项栏中的"路径"选项，绘制出如图 6-89 所示的形状，按 Ctrl+Enter 快捷键转换为选区，填充颜色 (R251，G245，B205)，用橡皮擦擦出渐隐效果。

图6-88 绘制光点　　图6-89 绘制形状

08 输入文字"ahwin"，字体设置为"Swis721 Blk BT"，大小为 30 点，颜色为 (R6，G98，B4)，双击图层缩览图打开"图层样式"对话框，单击"斜面和浮雕"，设置参数，如图 6-90 所示。

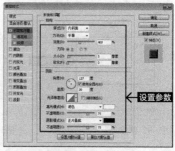

图6-90 设置斜面和浮雕参数

09 完成后复制一层，按 Ctrl+T 快捷键进入自由变换状态，执行"编辑"|"变换"|"垂直翻转"命令，移动至合适位置，用橡皮擦擦出渐隐效果，制作完成，最终效果如图 6-91 所示。

图6-91 最终效果

6.4.3 椭圆工具

椭圆工具 可建立圆形或椭圆的形状或路径，选择该工具后，在画面中按住鼠标左键并拖动鼠标，可创建椭圆形，按住 Shift 键拖动鼠标则可以创建圆形，椭圆工具选项栏与矩形工具选项栏基本相同，可以选择创建不受约束的椭圆形和圆形，也选择创建固定大小和比例的图像。

练习 6-13 自制 QQ 表情

源文件路径	素材和效果\第6章\练习6-13自制QQ表情
视频路径	视频\第6章\练习6-13自制QQ表情.mp4
难易程度	★★

01 按 Ctrl+N 快捷键，新建一个空白文件，设置参数，如图 6-92 所示。

02 选择椭圆工具 ，选择工具选项栏中的"形状"选项，绘制一个圆。在工具选项栏中单击 填充: 按钮，在弹出的下拉面板中选择"渐变"，并设置渐变颜色为（R243，G196，B52）和（R240，G229，B41），填充方式选择"径向"，效果如图 6-93 所示。

图6-92 新建文件

图6-93 填充径向渐变

03 用同样的方法绘制出眼睛和眉毛，选中眉毛，单击工具箱中的直接选择工具 ，将椭圆调整成眉毛形状。选择矩形工具 ，设置填充色为黑色，在眼中画出 × 的形状，运用椭圆工具在下面绘制一个从黑色到白色的径向渐变椭圆，执行"图层"|"栅格化"|"形状"命令，按 Ctrl+T 键，拉宽椭圆，制作阴影，如图 6-94 所示。

04 选择钢笔工具 ，画出嘴巴形状，双击图层缩览图，在弹出的"拾色器"对话框中填充颜色，嘴巴颜色为（R138，G8，B8），舌头颜色为（R210，G12，B12），选择矩形工具 ，绘制一个矩形并调整好位置和大小。单击直接选择工具 ，调整矩形形状，按照同样的方法绘制砖头的另外两个面，调整好大小和位置，效果如图 6-95 所示。

图6-94 绘制眼睛　　　　　　　　　　图6-95 最终效果

6.4.4 多边形工具

使用多边形工具 可绘制等边多边形，如等边三角形、五角星等。在使用多边形工具之前，应在选项栏中设置多边形的边数，如图 6-96 所示，系统默认为 5，取值范围为 3 ~ 100。

图6-96 多边形工具选项栏

❶ 半径：该选项用于设置多边形半径的大小，系统默认以像素为单位。

❷ 平滑拐角：选中此复选框，可平滑化多边形的尖角。

❸ 星形：选中此选项，可绘制得到星形。

❹ 缩进边依据：设置星形边缩进的大小。

❺ 平滑缩进：平滑化星形凹角。

练习 6-14 多边形工具的使用

源文件路径	素材和效果\第6章\练习6-14多边形工具的使用
视频路径	视频\第6章\练习6-14多边形工具的使用.mp4
难易程度	★★

01 打开本书素材"第 6 章 \ 练习 6-14 多边形工具的使用 \ 图片 .jpg"文件，如图 6-97 所示。

02 选择工具箱中的多边形工具 ⬡，在选项栏中单击 ⚙ 按钮，弹出"多边形选项"面板，设置半径为 50 像素，在画面中绘制多边形，如图 6-98 所示。

图6-97 打开文件　　　　图6-98 绘制多边形

03 勾选"平滑拐角"复选框，按住 Shift 键，绘制图形，如图 6-99 所示。

04 勾选"星形"复选框，按住 Shift 键，绘制星形，如图 6-100 所示。

图6-99 平滑拐角　　　　图6-100 绘制星形

05 勾选"平滑缩进"复选框，按住 Shift 键，绘制星形，如图 6-101 所示。

06 按 Ctrl+Enter 键，将形状载入选区，新建一个图层，填充白色，运用橡皮擦工具 ⬛，对各图形中心位置进行涂抹，如图 6-102 所示。

图6-101 平滑缩进　　　　图6-102 填充颜色

6.4.5 直线工具

直线工具 ⟋ 除可绘制直线形状或路径以外，还可绘制箭头形状或路径。

若绘制线段，首先可在如图 6-103 所示的选项栏"粗细"文本框中输入线段的宽度，然后移动光标至图像窗口中并按住鼠标左键拖动鼠标即可。若想绘制水平、竖直或与水平方向成 45° 角的直线，可在绘制时按住 Shift 键。

图6-103 直线工具选项栏

如果绘制的是箭头，则需在选项栏中的"直线选项"面板中确定箭头的位置和形状。

❶ 起点：箭头位于线段的开始端。

❷ 终点：箭头位于线段的终止端。

❸ 宽度：确定箭头宽度与线段宽度的比例，系统默认为 500 %。

❹ 长度：确定箭头长度与线段宽度的比例，系统默认为 1 000 %。

❺ 凹度：确定箭头内凹的程度，范围为 –50 % 到 50 %。

练习 6-15 直线工具的使用

源文件路径	素材和效果\第6章\练习6-15直线工具的使用
视频路径	视频\第6章\练习6-15直线工具的使用.mp4
难易程度	★★

01 打开本书素材"第 6 章 \ 练习 6-15 直线工具的使用 \ 女孩 .jpg"文件，选择工具箱中的直线工具 ⟋，在选项栏中选择"形状"，设置填充色为白色，单击"几何选项"按钮 ⚙，弹出"直线选项"面板，勾选"起点"复选框，将"粗细"设置为 10 像素，在画面中绘制图形，如图 6-104 所示。

图6-104 起点

02 勾选"终点"复选框，取消勾选"起点"复选框，绘制图形，如图6-105所示。

图6-105 终点

03 设置不同的长度值和宽度值，效果如图6-106所示。

宽度为200%，长度为500%　　宽度为500%，长度为1 000%

图6-106 宽度与长度

04 设置不同的凹度，效果如图6-107所示。

凹度为-50%　　凹度为50%

图6-107 凹度

6.4.6 自定形状工具

使用自定形状工具  可以绘制Photoshop预设的各种形状，以及自定义形状。

首先在工具箱中选择该工具，然后单击选项栏"形状"下拉按钮 ，从形状列表中选择所需的形状，最后在图像窗口中按住鼠标左键拖动鼠标即可绘制相应的形状，如图6-108所示。

图6-108 自定形状工具选项栏

单击下拉面板右上角的 按钮，可以打开面板菜单，如图6-109所示。在其中选择预设形状后，会弹出"Adobe Photoshop"警示框，单击"确定"按钮，可以用载入的形状替换面板中原有的形状；单击"追加"按钮，可在面板中原有形状的基础上添加载入的形状；单击"取消"按钮，则取消操作。图6-110所示为载入全部预设形状。

图6-109 面板菜单　　图6-110 全部预设形状

练习 6-16　省钱聚惠广告

源文件路径	素材和效果\第6章\练习6-16省钱聚惠广告
视 频 路 径	视频\第6章\练习6-16省钱聚惠广告.mp4
难 易 程 度	★★

01 启动Photoshop CS6，执行"文件"|"打开"命令，在"打开"对话框中选择"促销海报"素材，单击"打开"按钮，如图6-111所示。

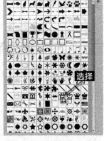

图6-111 素材文件

02 选择"自定形状工具" ，在工具选项栏中选择"形状"选项，填充设为"白色"，描边设为"黑色"，大小设为0.48点，在"形状"下拉列表中选择"皇冠2"图案，如图6-112所示。

03 在人物的头顶位置绘制皇冠，按Ctrl+H快捷键，隐藏路径，如图6-113所示。

图6-112 选择预设形状

图6-113
绘制王冠并隐藏路径

04 在工具选项栏中设置填充为 ![icon]，描边为"黑色"，大小为1点，样式选择"虚线" ----，"形状"选择图案 ![icon]，在"省钱聚惠"图层下方绘制图形，如图6-114所示。

图6-114
绘制文字旁边的虚线框

提示

创建自定形状图形时，如果要保持形状的比例，可以按住Shift键绘制图形。

05 在工具选项栏中的设置填充为"白色"，描边为 ![icon]，"形状"选择图案 ![icon]，绘制图形，如图6-115所示。

图6-115
绘制文字旁边的云注释框

06 按Ctrl+J快捷键，拷贝图层，选择"自定形状工具" ![icon]，在工具选项栏中更改填充为 ![icon]，描边颜色为#9b7252，大小为0.8点，如图6-116所示。

图6-116
设置云边参数

07 使用相同的方法，完成其他图形的绘制，得到的最终效果如图6-117所示。

图6-117
图形最终效果

提示

在绘制矩形、圆形、多边形、直线或者自定形状时，在创建形状的过程中按住键盘中的空格键并拖动鼠标，可以移动形状。

6.5 综合训练——卡通PSP海报

本实例制作一幅卡通PSP海报，练习矢量工具和直接选择工具的运用。

源文件路径	素材和效果\第6章\6.5综合训练——卡通PSP海报
视频路径	视频\第6章\6.5综合训练——卡通PSP海报.mp4
难易程度	★★★★

01 启动Photoshop后，执行"文件"|"新建"命令，弹出"新建"对话框，设置宽度为1 500像素，高度为1 000像素，分辨率为360像素/英寸，单击"确定"按钮，新一个空白文档，单击工具箱中的渐变工具 ![icon]，在工具选项栏中单击渐变条 ![bar]，打开"渐变编辑器"对话框，编辑颜色为（R68，G193，B177）到位置为26%的（R223，G247，B199），再到（R223，G247，B199），如图6-118所示。

图6-118 "渐变编辑器"对话框

02 单击"确定"按钮,在选项栏中按下"径向渐变"按钮█,在画面中从内往外拖出渐变色,如图6-119所示。

03 单击工具箱中的钢笔工具▱,在钢笔选项栏中选择"形状",在填充选项中选择黑色,在画面中绘制图形,如图6-120所示。

图6-119 渐变效果

图6-120 绘制图形

04 参照上述操作,绘制其他不规则图形,分别更改填充色为橙色(R234,G135,B90)、青色(R143,G200,B155)和棕色(R171,G70,B42),如图6-121所示。

05 单击工具箱中的椭圆工具▱,按住Shift键绘制正圆,分别更改填充色为橙色(R234,G98,B38)和金色(R220,G153,B75),如图6-122所示。

图6-121 绘制图形

图6-122 绘制椭圆

06 单击钢笔工具▱,设置填充色分别为紫色(R191,G85,B159)、棕色(R164,G143,B52)和深紫色(R117,G90,B169),在画面中绘制图形,按Ctrl+Alt+G键,建立剪贴蒙版,如图6-123所示。

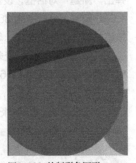
图6-123 绘制彩色图形

07 参照上述操作,绘制其他正圆上的彩图,如图6-124所示。

08 单击工具箱中的圆角矩形工具▱,设置填充色为黑色,"半径"为10像素,绘制圆角矩形,单击直接选择工具▱,在圆角矩形的左边线中间位置单击右键,选择"添加锚点",并往左拖动锚点,同样在右边线上添加锚点,往右拖动,如图6-125所示。

图6-124 绘制彩色图形

图6-125 绘制圆角矩形

09 参照上述操作,绘制一个圆角半径为15像素的圆角矩形,运用直接选择工具调整形状,如图6-126所示。

图6-126 绘制圆角矩形

10 选中2个圆角矩形图层,按Ctrl+E键,合并图层,单击椭圆选框工具,在右下角处绘制一个椭圆选框,单击"添加图层蒙版"按钮,按Ctrl+I键进行反相,制作缺口,如图6-127所示。

11 单击工具箱中的圆角矩形工具▱,在选项栏中设置"半径"为20像素,设置填充色为(R231,G255,B167),在画面中绘制图形,如图6-128所示。

图6-127 绘制PSP轮廓

图6-128 绘制圆角矩形

12 再次运用圆角矩形工具▱,在选项栏中设置"半径"为20像素,设置填充色为(R159,G217,B202),在画面中绘制图形,如图6-129所示。

13 分别单击多边形工具▱、直线工具▱、矩形工具▱和椭圆工具▱,在选项栏中选择"形状",设置填充色为无,描边色为白色,描边宽度为0.5点,绘制图形,如图6-130所示。

图6-129 绘制小圆角矩形

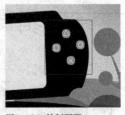
图6-130 绘制图形

14 单击钢笔工具，分别设置不同的填充色，绘制PSP上的其他部件，如图6-131所示。

15 单击直线工具，设置填充色为白色，在中间位置绘制折线图形，得到的最终效果如图6-132所示。

图6-131 绘制不规则图形　　图6-132 最终效果

6.6 课后习题

习题1: 利用圆角矩形工具，制作数码广告，如图6-133所示。

源文件路径	素材和效果\第6章\习题1——制作数码广告
视 频 路 径	视频\第6章\习题1——制作数码广告.mp4
难 易 程 度	★★

图6-133 习题1——制作数码广告

习题2: 利用椭圆工具，制作一个米奇外形的播放器，如图6-134所示。

源文件路径	素材和效果\第6章\习题2——米奇外形的播放器
视 频 路 径	视频\第6章\习题2——米奇外形的播放器.mp4
难 易 程 度	★★★

图6-134 习题2——米奇外形的播放器

习题3: 通过填充路径，制作一个情人节海报，如图6-135所示。

源文件路径	素材和效果\第6章\习题3——情人节海报
视 频 路 径	视频\第6章\习题3——情人节海报.mp4
难 易 程 度	★★★

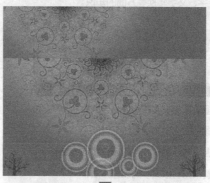

图6-135 习题3——情人节海报

本章视频时长
98 分钟

第 7 章

文字的编排

　　文字相对于图像来说更容易操作，很多参数与微软的 Word 一致。多数情况下，文字设计只需要改变参数就可以了，资深设计师对这些参数的选用是非常老练的，而新手则往往不知所措。

　　本章主要讲解如何在 Photoshop 中输入文字、点文字与段落文字、格式化文本、设置字符样式与段落样式、特效文字、文字转换等方面的知识。

本章学习目标

- 掌握输入点文字和段落文字的方法；
- 掌握格式化文本的方法；
- 掌握设置字符样式与段落样式的方法；
- 了解常见特效文字的制作方法；
- 掌握文字转换的方法。

本章重点内容

- 文字的输入方法；
- 设置字符样式与段落样式的方法；
- 常见特效文字的制作方法。

扫 码 看 课 件

7.1 输入文字

在平面设计中，文字一直是画面不可缺少的元素，文字作为传递信息的重要工具之一，它不仅可以传达信息，还能起到美化版面、强化主题的作用，经常被用在广告、网页、画册等设计作品中，起到画龙点睛的作用，如图7-1和图7-2所示。

图7-1 艺术文字示例

图7-2 艺术文字示例

7.1.1 输入水平或竖直文字

利用工具箱中的横排文字工具 T 和直排文字工具 IT 即可输入水平与竖直文字，二者在操作步骤上没有本质的区别，其中，横排文字工具选项栏如图7-3所示。

图7-3 横排文字工具选项栏

横排文字工具选项栏中各选项含义如下。

❶更改文本方向：用于选择文字的输入方向。

❷设置字体：用于设定文字的字体。

❸设置字体样式：用于为字符设置样式，包括 Regular（规则的）、Italic（斜体）、Bold（粗体）、Bold Italic（粗斜体）、Black（黑体）等，如图7-4所示。该选项只对部分英文字体有效。

图7-4 设置字体样式

❹设置字体大小：用于设定文字的大小。

❺设置消除锯齿的方式：用于消除文字的锯齿，包括无、锐利、犀利、浑厚和平滑5个选项。

❻设置文本对齐：用于设定文字的段落格式，包括左对齐 、居中对齐 和右对齐 。

❼设置文本颜色：单击颜色色块，可在打开的拾色器中设置文字的颜色。

❽创建文字变形：用于对文字进行变形操作。

❾切换字符和段落面板：用于显示或隐藏字符和段落面板。

图7-5、图7-6所示分别为水平文字和竖直文字的实例。

图7-5 水平方向排列的文本

图7-6 竖直方向排列的文本

练习7-1 输入水平文字

源文件路径	素材和效果\第7章\练习7-1 输入水平文字
视频路径	视频\第7章\练习7-1 输入水平文字.mp4
难易程度	★★

01 打开"电视机.jpg"素材文件，如图7-7所示。选择横排文字工具 T，在工具选项栏中设置字体为"迷你简菱心"，字体大小为100点，字体颜色为白色。

02 在需要输入文字的位置单击，设置插入点，画面中会出现一个闪烁的"I"形光标，如图7-8所示。

图7-7 打开文件

图7-8 显示光标

187

03 此时便可输入文字，如图 7-9 所示。

04 在"通"字和"电"字中间单击，按 Enter 键对文字进行换行，然后在"卡"字前面单击，按空格键调整文字位置，如图 7-10 所示。

图 7-9 输入文字　　　　图 7-10 换行

05 框选"电视机"文字，如图 7-11 所示。在选项栏中重设颜色为蓝色（R75，G87，B175），得到如图 7-12 所示的效果。

图 7-11 框选文字　　　　图 7-12 更改颜色

06 选择移动工具，将文字移动到合适的位置，如图 7-13 所示。

图 7-13 移动文字位置

7.1.2 创建文字型选区

使用文字蒙版工具和，可以创建文字选区。

选择横排文字蒙版工具，在图像中单击鼠标，图

像窗口会自动进入快速蒙版编辑状态，此时整个窗口显示为红色，输入的文字显示为透明的，按 Ctrl+Enter 快捷键，即可得到文字选区，如图 7-14 所示。

使用文字蒙版工具时，图层面板并不会新建文字图层以保存文字内容，因而一旦建立文字选区，文字内容将再也不能编辑。所以，文字内容若以后仍需修改，最好使用文字工具创建文字，最后通过载入该文字图层选区的方法创建文字选区。

图 7-14 使用文字蒙版工具创建文字选区

练习 7-2　制作图案文字

源文件路径	素材和效果\第7章\练习7-2 制作图案文字
视频路径	视频\第7章\练习7-2 制作图案文字.mp4
难易程度	★★★

01 打开"山.jpg"素材文件，如图 7-15 所示。

02 选择横排文字蒙版工具，在工具选项栏中选择"禹卫书法行书简体"字体，设置字体大小为 50 点。设置完成后在图像窗口中输入文字，如图 7-16 所示。按 Ctrl+Enter 键确定，得到文字选区，移动选区至合适的位置，如图 7-17 所示。

成效果如图 7-19 所示。

图 7-18 打开素材图像

图 7-15 打开文件

图 7-19 添加图案文字至图像中

05 双击图层，弹出"图层样式"对话框，选择"投影"选项，保持默认参数设置，单击"确定"按钮，为图案文字添加投影效果，如图 7-20 所示。

图 7-16 输入文字

图 7-20 添加投影效果

图 7-17 文字选区

03 打开"背景.jpg"素材文件，如图 7-18 所示。
04 选择移动工具 ，将图案素材中的文字选区拖移至背景图像中，按 Ctrl+T 键，适当调整大小和位置，完

提示

如果工具选项栏字体列表框中没有显示中文字体名称，可选择"编辑"|"首选项"|"文字"命令，在打开的对话框中取消对"以英文显示字体名称"复选框的勾选。

189

7.1.3 转换横排文字与直排文字

在创建文本后，如果想要调整文字的排列方向，可单击工具选项栏中的"切换文本取向"按钮，也可以执行"文字"|"取向"|"水平"/"垂直"命令来进行切换。

练习 7-3 横排文字与直排文字相互转换

源文件路径	素材和效果\第7章\练习7-3横排文字与直排文字相互转换
视频路径	视频\第7章\练习7-3横排文字与直排文字相互转换.mp4
难易程度	★★

01 打开"自然.jpg"素材文件，选择横排文字工具 T ，在画面中单击，插入文字输入点，输入横排文字，如图 7-21 所示。

图 7-21 输入水平文字

02 单击工具选项栏中的"切换文本取向"按钮 或执行"文字"|"取向"|"垂直"命令，将横排文字转换为直排文字（再次单击"切换文本取向"按钮 或执行"文字"|"取向"|"水平"命令，则可将竖直文字转换为水平文字），如图 7-22 所示。

图 7-22 转换为竖直文字

提示

Photoshop无法转换一段文字中的某一行或某几行文字，同样也无法转换一行或一列文字中的某一个或某几个文字，只能对整段文字进行转换操作。

7.1.4 文字图层的特点

当我们使用文字工具在图像中创建文字后，在"图层"面板中会自动创建一个以输入的文字内容为名字的文字图层，如图 7-23 所示。

图 7-23 图像中的文字及文字图层

文字图层具有与普通图层不一样的操作性。例如，在文字图层中无法使用画笔、铅笔、渐变等工具进行绘制操作，也无法使用"滤镜"菜单中的滤镜命令对该图层进行操作，只能对文字进行变换、改变颜色等简单的操作。

但我们可以改变文字图层中文字的属性，同时保持原文字所具有的其他基本属性不变，如自由变换、颜色、图层效果、字体、字号、角度等。例如，对于如图 7-24 所示的文字效果，如果需要将文字的字体从"方正粗活意简体"改变为"黑体"，可以先将文字选中，然后在工具选项栏中选择"黑体"字体，在改变字体后，文字的颜色和大小都不会改变，如图 7-25 所示。

图 7-24 原文字效果图

图 7-25 改变后的文字效果

提示

在执行上述操作时，文字具有一定的倾斜角度和图层样式，不会因文字字体的改变而变化。

7.1.5 课堂范例——打造怀旧新年贺卡

源文件路径	素材和效果\第7章\7.1.5 课堂范例——打造怀旧新年贺卡
视 频 路 径	视频\第7章\7.1.5 课堂范例——打造怀旧新年贺卡.mp4
难 易 程 度	★★★★

本实例主要介绍如何使用横排文字工具 T 制作怀旧新年贺卡。

01 启动 Photoshop，执行"文件"|"新建"命令，在"新建"对话框中设置参数，如图 7-26 所示，单击"确定"按钮，新建一个空白文档。

02 设置前景色为深灰色（R22，G22，B22）并填充图层，执行"滤镜"|"杂色"|"添加杂色"命令，弹出"添加杂色"对话框，设置数量为 3%，分布为"高斯分布"，勾选"单色"复选框，如图 7-27 所示。

图 7-26 "新建"对话框

图 7-27 添加杂色

03 选择横排文字工具 T，在工具选项栏中设置文字的字体、样式、字号和颜色等属性，如图 7-28 所示。

图 7-28 文字工具选项栏

04 设置完成后在图像窗口中输入文字，如图 7-29 所示。

图 7-29 输入文字

05 单击图层面板中的"创建新图层"按钮，新建一个图层。选择矩形选框工具，在画面中绘制矩形选区，将其填充为白色，复制 8 个矩形副本摆在英文文字不用的位置，如图 7-30 所示。

图 7-30 绘制矩形

06 选择"背景"图层以上所有的图层，按 Ctrl+E 快捷键进行合并，得到"HAPPY"图层，按 Ctrl+T 快捷键进入自由变换状态，按住 Shift 键逆时针旋 30°，如图 7-31 所示。

图 7-31 旋转图像

07 双击"HAPPY"图层，弹出"图层样式"对话框，分别设置"斜面和浮雕""描边""渐变叠加"以及"投影"样式，设置的参数值如图 7-32~ 图 7-35 所示。所得效果如图 7-36 所示。

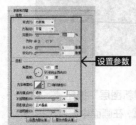

图 7-32 "斜面和浮雕"参数　　图 7-33 "描边"参数

图 7-34 "渐变叠加"参数

图 7-35 "投影"参数

图 7-36 设置图层样式效果

08 单击图层面板中的"创建新图层"按钮，新建一个图层，将其放置在"HAPPY"图层下方。使用多边形套索工具，在画面左下角创建一个直角三角形选区，设置前景色为橘黄色（R240，G188，B88）并填充选区，执行"滤镜"|"杂色"|"添加杂色"命令，弹出"添加杂色"对话框，设置数量为 3%，分布为"高斯分布"，勾选"单色"复选框，如图 7-37 所示。

图 7-37 填充选区

09 按照相同的方法，创建并填充其他选区，如图 7-38 所示。

图 7-38 填充其他选区

10 选择横排文字工具 T ，在工具选项栏中设置字体为 "Century Gothic" ，字体大小为 24 点，字体颜色为白色，设置完成后在图像窗口中输入文字，并逆时针旋转 30°，如图 7-39 所示。

图 7-39 输入文字

11 继续选择横排文字工具 T ，设置字体大小为 130 点，在图像窗口中输入文字，并设置不透明度为 2%，复制图层，结果如图 7-40 所示。

图 7-40 输入文字

无论用哪一种文字工具创建的文本都有 2 种形式，即点文字和段落文字。

点文字的文字行是独立的，即文字行的长度随文本的增加而变长，不会自动换行，由此，在输入点文字时要按 Enter 键换行。

段落文字与点文字的不同之处在于，输入的文字到达段落定界框的边缘时，文字会自动换行，当段落定界框的大小发生变化时，文字同样会根据定界框的变化而变化。

7.2.1 点文字

输入点文字的方法与输入水平或竖直文字相同，即按以下的操作步骤进行。

01 选择横排文字工具 T 或直排文字工具 IT 。

02 在图像中单击，得到一个文本插入点。

03 在光标后输入所需的文字，如果需要将文字拆分换行可按 Enter 键，完成输入后单击"提交所有当前编辑"按钮 ✓ 进行确认。

7.2.2 编辑点文字

要对输入完成的文字进行修改或编辑，有以下 2 种方法可以进入文字编辑状态。

第 1 种： 选择文字工具，在已经输入完成的文字上单击，将出现一个闪动的光标，此时即可对文字进行删除、修改等操作。

第 2 种： 在"图层"面板中双击文字图层缩略图，相对应的所有文字将被刷黑选中，可以在文字工具的选项栏中通过设置文字的属性对所有文字的字体、字号等属性进行编辑更改。

7.2.3 输入段落文字

要创建段落文字，选择文字工具后在图像中按住鼠标左键拖曳鼠标，拖动过程中将在图像中出现一个虚线框，如图 7-41 所示。释放鼠标左键后，在图像中将显示段落定界框，如图 7-42 所示。在段落定界框中输入相应的文字即可。

图 7-41 按住鼠标左键拖曳鼠标

图 7-42 段落定界框

练习 7-4　创建段落文字

源文件路径	素材和效果\第7章\练习7-4 创建段落文字
视 频 路 径	视频\第7章\练习7-4 创建段落文字.mp4
难 易 程 度	★★

01 打开"边框 .jpg"素材文件，选择横排文字工具 T，在画面中单击，输入文字，如图 7-43 所示。

图 7-43 输入点文字

02 选择横排文字工具 T，在工具选项栏中设置文字的字体、字号和颜色等属性，如图 7-44 所示。

图 7-44 文字工具选项栏

03 在画面中按住鼠标左键拖曳鼠标，绘制一个定界框，如图 7-45 所示。此时画面中会出现闪烁的文本输入光标。

图 7-45 绘制定界框

提示

如果在拖动鼠标的过程中，在未释放左键之前希望移动段落定界框，可以按住空格键，此时移动光标，则段落定界框会同时被移动。

04 在定界框内输入文字，如图 7-46 所示。

图 7-46 输入文字

05 输入完成后，按 Ctrl+Enter 快捷键，结束文本输入，创建段落文字，如图 7-47 所示。

梦幻童年

　　赤、橙、黄、绿、青、蓝、紫七彩的光环，环绕着童年多姿多彩的梦境。梦境从霓虹桥上飘过，承载着七彩梦想，飞向招灵神冥的殿堂。

　　赤色彩虹是那天际火红火红的火烧云，梦魂里燃烧着火红火红的惦念，飞向火红虹的理想彼岸，信念编织成生活，大周的光芒普照，让寰球同此热炽。

　　橙色彩虹是冉冉升起的一轮朝阳，燃照的梦魂活力四时，朝气蓬勃迎接明天的辉煌

　　黄色彩虹流淌着曹邴丹青的优雅风貌，梦魂在唐诗宋词里例说。

　　绿色彩虹蕴育着美好的希望，向往的地方是梦魂悠思的伊甸园。

　　青色彩虹任风雨飘摇前一往无前，梦魂里透着高贵的颜气。

　　蓝色彩虹瀽折宁静，是梦魂超凡脱俗的一方净土。心留的归宿。醉在南山游弋在桃花涧。

　　紫色彩虹里惦看童年的阿娇，青梅竹马过家家、藏猫猫般甜美神秘。

图 7-47 段落文本效果

7.2.4 编辑段落定界框

　　创建段落文本后，可以根据需要调整定界框的大小，文字会自动在调整后的定界框内重新排列。通过定界框还可以旋转、缩放和斜切文字。

练习 7-5 调整段落文字的边界

源文件路径	素材和效果\第7章\练习7-5 调整段落文字的边界
视频路径	视频第7章\练习7-5 调整段落文字的边界.mp4
难易程度	★★

01 打开"编辑段落定界框 .psd"素材文件，如图 7-48 所示。

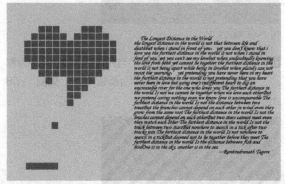

图 7-48 打开文件

02 选择横排文字工具 **T**，单击段落文字，将光标放在定界框的控制点上，鼠标光标会变为 形状。

03 拖动控制点可以缩放定界框，如图 7-49 所示。如果在按住 Shift 键的同时拖动控制点，可以按比例缩放定界框。

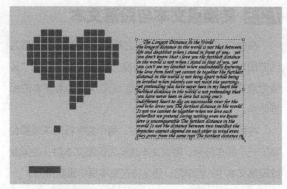

图 7-49 缩小定界框

04 将光标放在定界框的外侧，当光标变为 时拖动控制点，可以旋转定界框，如图 7-50 所示。

图 7-50 旋转定界框

05 在按住 Ctrl 键的同时，将光标放在定界框的外侧，鼠标光标变为 时，按住鼠标左键拖动鼠标可以改变定界框的倾斜度，如图 7-51 所示。

图 7-51 使定界框倾斜

7.2.5 转换点文本与段落文本

在建立点文本和段落文本之后，选择该文字图层为当前图层，执行"文字"|"转换为段落文本"（或"转换为点文本"）命令，可以实现点文本和段落文本的相互转换。

将段落文本转换为点文本时，每个文字行的末尾都会添加一个回车符号。将点文本转换为段落文本时，必须删除段落文本中的回车符，使字符在文本框中重新排列。

练习 7-6　点文本与段落文本的相互转换

源文件路径	素材和效果\第7章\练习7-6点文本与段落文本的相互转换
视频路径	视频第7章\练习7-6点文本与段落文本的相互转换.mp4
难易程度	★★

01 打开"低碳生活.psd"素材文件，如图 7-52 所示。

图 7-52 点文字

02 选择文字图层，执行"文字"|"转换为段落文本"命令，可将点文字转换为段落文本，此时选择横排文字工具 T，在文本上单击，即可显示段落文本框，如图 7-53 所示。

图 7-53 段落文本

7.2.6 课堂范例——制作文字人像海报

源文件路径	素材和效果\第7章\7.2.6 课堂范例——制作文字人像海报
视频路径	视频第7章\7.2.6 课堂范例——制作文字人像海报.mp4
难易程度	★★★★

本实例主要介绍如何使用横排文字工具 T 制作文字人像海报。

01 启动 Photoshop，执行"文件"|"新建"命令，在"新建"对话框中设置参数，如图 7-54 所示，单击"确定"按钮，新建一个空白文档。

图 7-54 "新建"对话框

02 为背景填充黑色。选择横排文字工具 T，在画面中按住鼠标左键拖动鼠标，绘制一个定界框，要求定界框大小超出图片大小，在定界框中输入段落文字，如图 7-55 所示。

图 7-55 输入文字

03 将光标放在定界框的外侧，当光标变为 时拖动控制点，按住 Shift 键将定界框顺时针旋转 45°，如图 7-56 所示。

图 7-56 旋转定界框

04 按 Ctrl+O 快捷键，打开"人物 .png"素材文件，将人物添加至图像中，如图 7-57 所示。

图 7-57 添加素材

05 按 Ctrl+J 快捷键复制一层，得到"图层 1 副本"，并隐藏"图层 1 副本"。选择"图层 1"，使用磁性套索工具 选择人物唇部，按 Ctrl+Shift+I 快捷键反选，按 Delete 键删除，如图 7-58 所示。

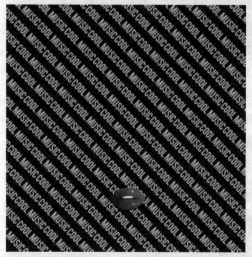

图 7-58 套索工具抠图

06 选择并显示"图层 1 副本"，在按住 Ctrl 键的同时单击文字图层缩略图，将其载入选区。按 Ctrl+Shift+I 快捷反选，按 Delete 键删除，按 Ctrl+D 快捷键取消选区，最终效果如图 7-59 所示。

图 7-59 最终效果

7.3 格式化文字与段落

在 Photoshop 中，文字与段落的格式化效果总是继承上一次设置的格式，直到我们再次改变它们为止。

7.3.1 格式化文字

格式化文字属性通常都是在"字符"面板中实现的。单击工具选项栏中的"切换字符和段落面板"按钮 ，弹出如图 7-60 所示的"字符"面板。

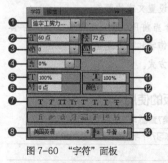

图 7-60 "字符"面板

"字符"面板中各选项含义如下。

❶ 设置字体系列：单击"设置字体系列"右侧的下拉按钮，在打开的下拉列表中可以为文字选择字体。

❷ 设置字体大小：单击"设置字体大小"右侧的下拉按钮，在打开的下拉列表中可以选择字号，也可以在数值框中直接输入数值来设置字体的大小。

❸ 设置两个字符间的字距微调：字距微调选项用来调整两个字符之间的间距。

❹ 设置所选字符的比例间距。

❺ 通过"竖直缩放"选项可以调整字符的高度。

❻ 设置基线偏移：基线偏移选项用来控制文字与基线的距离，它可以升高或降低选定的文字，从而创建上标或下标。当该值为正值时，横排文字上移，直排文字移向基线右侧；该值为负值时，横排文字下移，直排文字移向基线左侧。

❼ 字符面板下面的一排T字形状按钮用来创建仿粗体、斜体等字体样式，以及为字符添加下划线或删除线等。选择文字后，单击相应的按钮即可为其添加样式，如图7-61所示。

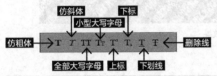

图7-61 设置字体样式

❽ 对所选字符进行有关连字符和拼写规则的语言设置。

❾ 设置行距：行距是指文本中各个文字行之间的竖直间距。在"设置行距"下拉列表中可以为文本设置行距，也可以在数值栏中输入数值来设置行距。

❿ 设置所选字符的字距调整：字距调整选项用来设置整个文本中所有字符或者被选择的字符之间的间距。

⓫ 通过"水平缩放"选项可以调整字符的宽度，未设置缩放的字符的值为100%。

⓬ 设置文字颜色：单击颜色选项中的色块，可以打开"拾色器"对话框，从中设置文字的颜色。

⓭ OpenType字体：包含当前PostScript和TrueType字体不具备的功能，如花饰字和自由连字。

⓮ 设置消除文字锯齿的方式。

练习7-7 字符面板的使用

源文件路径	素材和效果\第7章\练习7-7 字符面板的使用
视 频 路 径	视频第7章\练习7-7 字符面板的使用.mp4
难 易 程 度	★★

01 打开"海浪.jpg"素材文件，输入相应的文字，双击图层，弹出"图层样式"对话框，选择"投影"选项，保持默认参数设置，单击"确定"按钮，为图案文字添加投影效果，如图7-62所示。

02 在字符面板中设置"竖直缩放"为120%，效果如图7-63所示。

图7-62 打开文件并输入文字

图7-63 竖直缩放120%效果

03 在字符面板中分别设置字符间距为-50和100，效果如图7-64所示。

字符间距为-50
图7-64 设置字距

字符间距为100

图 7-64 设置字距（续）

04 在字符面板中分别设置基线偏移为 -30 点和 30 点，效果如图 7-65 所示。

基线偏移为-30点

基线偏移为30点

图 7-65 设置基线偏移

05 在字符面板中设置字符水平缩放为 110%，效果如图 7-66 所示。

原图

字符水平缩放110%

图 7-66 设置字符水平缩放

06 在文字"有""容"之间单击鼠标左键，然后分别设置字符字距微调为 -200 和 200，效果如图 7-67 所示。

字符字距微调为-200

图 7-67 设置字符字距微调

字符字距微调为200

图 7-67 设置字符字距微调（续）

7.3.2 格式化段落

通过格式化段落，可以设置段落文字的段间距、对齐方式、左缩进与右缩进数值等参数。

格式化段落属性通常都是在"段落"面板中实现的。单击工具选项栏中的"切换字符和段落面板"按钮，弹出如图 7-68 所示的"段落"面板。

图 7-68 "段落"面板

"段落"面板中各选项含义如下。

❶ 单击对齐按钮以定义段落的对齐方式，如图 7-69 所示。

图 7-69 对齐按钮

· 左对齐文本：将文本左对齐，段落右端不对齐，如图 7-70 所示。

· 右对齐文本：将文本右对齐，段落左端不对齐，如图 7-71 所示。

图 7-70 左对齐文本　　　图 7-71 右对齐文本

· 居中对齐文本：将文本居中对齐，段落两端不对齐，如图 7-72 所示。

· 最后一行左对齐：将文本中最后一行左对齐，其他行左右两端强制对齐。

· 最后一行右对齐：将文本中最后一行右对齐，其他行左右两端强制对齐。

· 最后一行居中对齐：将文本中最后一行居中对齐，其他行左右两端强制对齐。

· 全部对齐：通过在字符间添加间距的方式，使文本左右两端强制对齐，如图 7-73 所示。

图 7-72 居中对齐文本　　　图 7-73 全部对齐

❷ 左缩进：横排文字从段落的左边缩进，直排文字则从段落的顶端缩进，如图 7-74 所示。

❸ 右缩进：横排文字从段落的右边缩进，直排文字则从段落的底端缩进。

❹ 首行缩进：可缩进段落中的首行文字，如图 7-75 所示。对于横排文字，首行缩进与左缩进有关；对于直排文字，首行缩进与顶端缩进有关。

❺ 段前添加空格：设置选择的段落与前一段落的距离，如图 7-76 所示。

图 7-74 左缩进100点

图 7-75 首行缩进60点

图 7-76 设置段前距为20点

⑥ 段后添加空格：设置选择的段落与后一段落的距离，如图 7-77 所示。

图 7-77 设置段后距为20点

⑦ 避头尾法则设置：选择换行集为无、JIS 宽松、JIS 严格。

⑧ 间距组合设置：选择内部字符间距集。

⑨ 连字：为了对齐的需要，有时会将某一行末端的单词断开移至下一行，这时需要使用连字符在断开的单词之间显示标记，启用连字前后效果对比如图 7-78、图 7-79 所示。

图 7-78 未启用连字

图 7-79 启用连字

7.4 设置字符样式与段落样式

在 Photoshop CS6 中，为了满足多元化的排版需求，便于在处理多段文本时控制段落属性，加入了字符样式和段落样式功能。

7.4.1 设置字符样式

字符样式相当于为文字属性设置的一个集合，并能够统一、快速地应用于文本中，便于进行统一编辑及修改。

要设置和编辑字符样式，首先要执行"窗口"|"字符样式"命令，以显示"字符样式"面板，如图7-80所示。

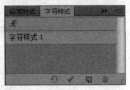

图7-80 "字符样式"面板

1. 创建字符样式

在"字符样式"面板中单击"创建新的字符样式"按钮，即可按照默认的参数创建一个字符样式，如图7-81所示。

图7-81 创建字符样式

若是在创建字符样式时，刷黑选中了文本内容，则会按照当前文本所设置的格式创建新的字符样式。

2. 编辑字符样式

在创建了字符样式后，双击要编辑的字符样式，会弹出"字符样式选项"对话框，如图7-82所示。

图7-82 "字符样式选项"对话框

在"字符样式选项"对话框中，在左侧分别可以选择"基本字符格式""高级字符格式"以及"OpenType功能"等3个选项，在对话框的右侧，可以设置不同的字符属性。

3. 应用字符样式

当选中一个文字图层时，在"字符样式"面板中单击某个字符样式，可为当前文字图层中所有的文本应用字符样式。

若是刷黑选中文本，则字符样式仅应用于选中的文本。

4. 覆盖与重新定义字符样式

在创建字符样式以后，若当前选择的文本中含有与当前所选字符样式不同的参数，则该样式上会显示一个"+"，如图7-83所示。

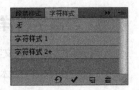

图7-83 "字符样式"面板

此时单击"清除覆盖"按钮，可将当前字符样式所定义的属性应用于所选的文本中，并清除与字符样式不同的属性；若单击"通过合并覆盖重新定义字符样式"按钮，则可依据当前所选文本的属性，将其更新至所选中的字符样式中。

5. 复制字符样式

若要创建一个与某字符样式相似的新字符样式，可以选中该字符样式，然后单击"字符样式"面板右上角的面板按钮，在弹出的菜单中选择"复制样式"命令，即可创建一个所选样式的副本，如图7-84所示。

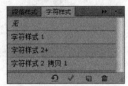

图7-84 复制字符样式

6. 载入字符样式

若要调用某PSD格式文件中保存的字符样式，则可以单击"字符样式"面板右上角的面板按钮，在弹出的菜单中选择"载入字符样式"命令，在弹出的对话框中选择包含要载入的字符样式的PSD文件即可。

7. 删除字符样式

对于无用的字符样式，可以选中该样式，然后单击"字符样式"面板底部的"删除当前字符样式"按钮，在弹出的对话框中单击"是"按钮即可。

7.4.2 设置段落样式

段落样式包含了对字符及段落属性的设置。

要设置和编辑段落样式，首先要执行"窗口"|"段落样式"命令，以显示"段落样式"面板，如图7-85所示。

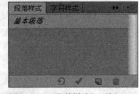

图7-85 "段落样式"面板

创建与编辑段落样式的方法和创建与编辑字符样式的方法基本相同，在编辑段落样式的属性时，将弹出如图7-86所示的"段落样式选项"对话框，在左侧列表中选择不同的选项，在右侧设置参数即可。

图 7-86 "段落样式选项"对话框

提示

当同时对文本应用字符样式与段落样式时，将优先应用字符样式中的属性。

练习 7-8 段落样式面板的使用

源文件路径	素材和效果\第7章\练习7-8 段落样式面板的使用
视频路径	视频第7章\练习7-8 段落样式面板的使用.mp4
难易程度	★★

01 打开"早餐 .jpg"素材文件，选择横排文字工具 T，输入"Important"文字，在工具选项栏中设置字体为"Arial"，大小为 60 点，如图 7-87 所示。

图 7-87 打开文件并输入文字

02 执行"窗口"｜"段落样式"命令，打开"段落样式"面板，单击面板右下角"创建新的段落样式"按钮 ，新建"段落样式 1"，如图 7-88 所示。双击"段落样式 1"，弹出"段落样式选项"对话框，设置参数，如图 7-89 所示。

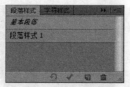

图 7-88 "段落样式"面板

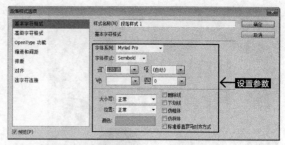

图 7-89 段落样式选项

03 单击"确定"按钮，建立新的段落样式。在图层面板中选择文字图层，在段落样式面板中单击"段落样式 1"，并移动文字图层至合适的位置，应用样式效果如图 7-90 所示。

图 7-90 应用样式效果

04 再次运用文字工具输入其他文字，设置字体为"Myriad Pro"，大小为 120 点，颜色为蓝色，如图 7-91 所示。

图 7-91 输入文字

05 单击"段落样式"面板中的"通过合并覆盖重新定义段落样式"按钮，如图 7-92 所示。

06 分别选中不同的字母，设置相应的颜色，如图 7-93 所示。

203

图 7-92 重新定义段落样式

图 7-93 更改文字颜色

07 双击文字图层，弹出"图层样式"对话框，给文字添加一定的描边和投影效果，如图 7-94 所示。

图 7-94 添加图层样式效果

7.5 特效文字

在一些广告、海报和宣传单上，我们经常可以看到一些变形的文字和特殊排列的文字，这些文字既新颖又能得到很好的版式效果，其实这些效果在 Photoshop 中很容易实现。常用的制作特效文字的方法有使文字变形、沿路径排文、制作区域文字等。

7.5.1 变形文字

Photoshop 可以对文字进行变形操作，将其转换为波浪形、球形等各种形状，从而得到富有动感的文字特效。

在图像中输入文字，执行"文字"|"文字变形"命令，或选择工具选项栏中的"创建文字变形"按钮，弹出"变形文字"对话框，如图 7-95 所示。使用该对话框可制作出各种文字弯曲变形的艺术效果。

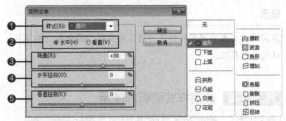

图 7-95 "变形文字"对话框

"变形文字"对话框中各选项含义如下。

❶ 样式：在此可以选择各种 Photoshop 预设的文字变形效果。图 7-96 所示为无变形效果的文本，图 7-97 所示为 Photoshop 提供的 15 种文字变形样式效果。

图 7-96 原文本

扇形

下弧

上弧

拱形

凸起

图 7-97 文字变形效果

贝壳

花冠

旗帜

波浪

鱼形

增加

鱼眼

膨胀

挤压

扭转

图 7-97 文字变形效果（续）

❷ 水平 / 垂直：在此可以选择使文字在水平方向上扭曲还是竖直方向上扭曲。

❸ 弯曲：在此输入数值可以控制文字弯曲的程度，数值越大，则弯曲程度越大。

❹ 水平扭曲：在此输入数值可以控制文字在水平方向上扭曲的程度，数值越大，则文字在水平方向上扭曲的程度越大。

⑤ 垂直扭曲：在此输入数值可以控制文字在竖直方向上扭曲的程度，数值越大，则文字在竖直方向上扭曲的程度越大。

提示

对文字进行变形后，其中的文本是可以再次进行修改的，变形的方式和程度也可以再调整。

对于使用横排文字工具和直排文字工具创建的文本，只要保持文字的可编辑性，即没有将其栅格化、转换成为路径或形状，就可以随时进行重置变形与取消变形的操作。

要重置变形，可选择一个文字工具，然后单击工具选项栏中的"创建文字变形"按钮 ，也可执行"文字"｜"文字变形"命令，打开"变形文字"对话框，此时可以修改变形参数，或者在"样式"下拉列表中选择另一种样式。

要取消文字的变形，可以打开"变形文字"对话框，在"样式"下拉列表中选择"无"选项，单击"确定"按钮关闭对话框，即可取消文字的变形。

练习 7-9　制作变形文字

源文件路径	素材和效果\第7章\练习7-9 制作变形文字
视频路径	视频\第7章\练习7-9 制作变形文字.mp4
难易程度	★★

01 打开"扑克牌 .jpg"素材文件，如图 7-98 所示。

02 选择横排文字工具 ，设置前景色为白色，在工具选项栏中找到合适的字体，设置大小为 120 点。设置完成后在图像中输入文字，按 Ctrl+Enter 键确定，完成文字的输入，如图 7-99 所示。

图 7-98
打开文件

图 7-99
输入文字

03 选择文字图层，单击右键，在弹出的快捷菜单中选择"文字变形"选项，弹出"变形文字"对话框，设置参数，如图 7-100 所示，完成后单击"确定"按钮。

图 7-100 "变形文字"对话框

04 至此，本实例制作完成，最终效果如图 7-101 所示。

图 7-101 最终效果

7.5.2 沿路径排文

路径指的是使用钢笔工具或形状工具创建的直线或曲线轮廓。在以前的版本中，如果需要制作文字沿路径绕排的效果，必须借助于 Illustrator 等矢量软件，而现在可以直接在 Photoshop CS6 中轻松实现这一功能。

练习 7-10 沿路径边缘输入文字

源文件路径	素材和效果\第7章\练习7-10 沿路径边缘输入文字
视 频 路 径	视频\第7章\练习7-10 沿路径边缘输入文字.mp4
难 易 程 度	★★

01 打开"情侣.jpg"素材文件，如图 7-102 所示。

图 7-102 打开文件

02 在工具箱中选择自定形状工具 ，在选项栏中选择"路径"，单击"形状"下拉按钮，从列表中选择"红心形卡"形状，如图 7-103 所示。

图 7-103 选择"红心形卡"形状

03 在图像窗口中按住鼠标左键拖动鼠标绘制一个心形的路径，如图 7-104 所示。

图 7-104 绘制路径

04 选择横排文字工具 ，设置前景色为红色（R255，G131，B137），在工具选项栏中设置字体为"Bradley Hand ITC"，设置字体大小为 50 点，完成后将光标放置至路径上方，光标会显示为 形状，单击鼠标输入文字，文字会自动沿着路径排列，按 Ctrl+Enter 键确定，完成文字的输入，如图 7-105 所示。

图 7-105 输入文字

05 按快捷键 Ctrl+H 隐藏路径。至此，本实例制作完成，最终效果如图 7-106 所示。

图 7-106 最终效果

提示

文字路径是无法在路径面板中直接删除的，除非在图层面板中删除这个文字图层。

练习 7-11 移动和翻转路径上的文字

源文件路径	素材和效果\第7章\练习7-11 移动和翻转路径上的文字
视 频 路 径	视频\第7章\练习7-11 移动和翻转路径上的文字.mp4
难 易 程 度	★★

01 打开"情侣 .psd"素材文件，如图 7-107 所示。

图 7-107 打开文件

02 在图层面板中选择文字图层，画面中会显示路径，选择工具箱中的路径选择工具 ▶ 或直接选择工具 ▶，移动光标至文字上方，当光标显示为 ♫ 形状时按住鼠标左键拖动，即可改变文字在路径上的起始位置，如图 7-108 所示。
03 当移动光标至路径下方时，文字会在路径上翻转排列，如图 7-109 所示。
04 移动光标至文字的终点位置，光标会显示为 ♫ 形状，按住鼠标左键拖动鼠标改变文字终点的位置，如图7-110 所示。

图 7-108 调整文字起点

图 7-109 翻转文字

图 7-110 调整文字终点

提示

若定义的范围小于文字所需的最小长度，此时文字的一部分将被隐藏（注意英文以单词为单位隐藏或显示）。

练习 7-12 调整文字与路径的距离

源文件路径	素材和效果\第7章\练习7-12 调整文字与路径的距离
视 频 路 径	视频\第7章\练习7-12 调整文字与路径的距离.mp4
难 易 程 度	★★

01 打开"人物 .jpg"素材文件，选择椭圆工具 ，按住 Shift 键绘制一个正圆。选择横排文字工具 T ，在正圆上单击，输入路径文字。

02 执行"窗口"｜"字符"命令，打开字符面板，设置基线偏移距离为 0 点，效果如图 7-111 所示。

图 7-111 基线偏移距离为0点

03 设置基线偏移距离为 25 点，路径文字效果如图 7-112 所示。

图 7-112 基线偏移距离为25点

提示

如果基线偏移距离设置为负数，则文字向相反的方向偏移。从上面的操作中可以看出，调整路径文字基线偏移距离，可以在不编辑路径的情况下轻松调整文字的位置。

7.5.3 区域文字

在 Photoshop CS6 中，除了可以将文字沿路径排列之外，也可以将文本放置于一个闭合的路径或形状中。该功能在特殊的文字排版中非常有用。建立路径后，接着选择横排文字工具 T 并输入文字，文字即按照形状的轮廓进行排列。如果对文字排列效果不满意，可以选择钢笔工具对路径进行修改，以调整文字排列效果。

练习 7-13 创建异形轮廓段落文本

源文件路径	素材和效果\第7章\练习7-13 创建异形轮廓段落文本
视 频 路 径	视频\第7章\练习7-13 创建异形轮廓段落文本.mp4
难 易 程 度	★★

01 打开"T恤.jpg"素材文件，如图 7-113 所示。
02 在工具箱中选择钢笔工具 ，然后在图像窗口中沿 T 恤边缘绘制路径，如图 7-114 所示。

图 7-113 打开文件　　　图 7-114 绘制路径

03 选择横排文字工具 T ，移动光标至路径内，光标会显示为 形状，单击并输入文字，文字即会按照路径的形状排列，如图 7-115 所示。
04 在按住 Ctrl 键的同时单击文字图层缩略图，将文字载入选区，如图 7-116 所示。

图 7-115 输入文字　　　图 7-116 载入文字选区

05 单击图层面板中的"创建新图层"按钮 ，新建一个图层。选择渐变工具 ，在工具选项栏中单击渐变条 ，打开"渐变编辑器"对话框，选择"透明彩虹渐变"，如图 7-117 所示。
06 单击"确定"按钮，关闭"渐变编辑器"对话框。按下工具选项栏中的"线性渐变"按钮 ，在图像中按住鼠标左键由左上角至右下角拖动，填充渐变，按 Ctrl+D 快捷键取消选择，效果如图 7-118 所示。

图 7-117 "渐变编辑器"对话框   图 7-118 最终效果

"创建工作路径"命令，路径效果如图 7-124 所示。

提示

如果对文字排列效果不满意，可以通过选择工具对路径进行修改，以调整文字排列效果。如果在编辑文字的过程中出现了文字疏密不理想的情况，可以按快捷键Ctrl+A全选要调整的文字，再按Alt+方向键进行调整。

7.5.4 课堂范例——制作斑点字

源文件路径	素材和效果\第7章\7.5.4 课堂范例——制作斑点字
视 频 路 径	视频\第7章\7.5.4 课堂范例——制作斑点字.mp4
难易程度	★★★★

本实例主要介绍如何利用文字路径制作斑点字。

01 打开"瓢虫 .jpg"素材文件，如图 7-119 所示。

02 选择横排文字工具 **T**，单击工具选项栏中的"切换字符和段落面板"按钮 **▤**，打开"字符"面板，设置字体为"Bernard MT Condensed"，大小为 240 点，如图 7-120 所示。

图 7-119 打开文件   图 7-120 "字符"面板

03 在图像中输入"BEATLES"文字，如图 7-121 所示。

04 双击文字图层，弹出"图层样式"对话框，选择"渐变叠加"选项，设置为"橙，黄，橙渐变"，如图 7-122 所示，效果如图 7-123 所示。

05 在文字图层名称上单击鼠标右键，在快捷菜单中选择

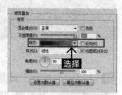

图 7-121 输入文字   图 7-122 渐变叠加参数

图 7-123 渐变叠加效果   图 7-124 路径效果

06 选择画笔工具 **✎**，按F5打开"画笔"面板，选择一种硬边画笔，设置大小为 25 像素，硬度为 100%，间距为 150%，如图 7-125 所示。

07 设置前景色为黑色（R29，G7，B10），单击图层面板中的"创建新图层"按钮 **▤**，新建"图层1"，按 Enter 键，为路径描边，如图 7-126 所示。

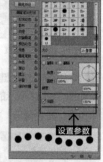

图 7-125 "画笔"面板

08 在路径面板空白处单击鼠标左键，取消对路径的选择。在图层面板中在按住 Ctrl 键的同时单击文字图层的缩略图，将其载入选区，如图 7-127 所示。

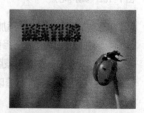

图 7-126 为路径描边   图 7-127 载入文字选区

09 选择"图层1"，单击图层面板上的"添加图层蒙版"按钮 **▤**，添加图层蒙版，如图 7-128 所示。

10 新建"图层2"，在按住 Ctrl 键的同时单击文字图层的缩略图，设置前景色为白色，按 Alt+Delete 快捷键填充选区，如图 7-129 所示。

图 7-128 添加图层蒙版　　　　图 7-129 填充选区

11 使用矩形选框工具█选出下半部分区域，按 Delete 键将其删除，并设置"图层 2"的不透明度为 40%，效果如图 7-130 所示。

12 隐藏背景图层，并新建"图层 3"，按 Ctrl+Alt+Shift+E 快捷键将可见图层盖印到"图层 3"中，将其放置在背景图层之上，并显示出背景图层，如图 7-131 所示。

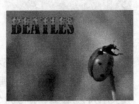

图 7-130 设置不透明度　　　　图 7-131 盖印图层

13 按 Ctrl+T 快捷键进入自由变换状态，将中心点拖曳至如图 7-132 所示的位置，单击鼠标右键，从快捷菜单中执行"垂直翻转"命令，效果如图 7-133 所示。

图 7-132 移动中心点　　　　图 7-133 竖直翻转

14 单击图层面板上的"添加图层蒙版"按钮█，为"图层 3"添加图层蒙版，选择画笔工具✐，降低其硬度和不透明度，从左向右绘制蒙版，如图 7-134 所示。

15 设置"图层 3"的不透明度为 40%，最终效果如图 7-135 所示。

图 7-134 添加图层蒙版　　　　图 7-135 最终效果

7.6 文字转换

文字图层有自己的特点，在对文字图层进行编辑时，我们可以将其转换为普通图层，或根据文字创建文字轮廓路径，以对图像进行更多的操作。

7.6.1 转换为普通图层

文字图层不能直接使用选框工具、绘图工具等进行编辑，也不能添加滤镜，所以必须将文字栅格化为图像。

选择文字图层为当前图层，然后执行"图层"|"栅格化"|"文字"命令，或在图层上单击右键，在弹出的快捷菜单中选择"栅格化文字"选项，可将文字图层转换为普通图层，文字图层转换为普通图层后，可以对其进行图像的所有操作。

练习 7-14 将文字图层转换为普通图层

源文件路径	素材和效果第7章练习7-14 将文字图层转换为普通图层
视 频 路 径	视频第7章练习7-14 将文字图层转换为普通图层.mp4
难易程度	★★

01 打开"蜡笔 .psd"素材文件，如图 7-136 所示。

02 选择文字图层，执行"图层"|"栅格化"|"文字"命令，将文字图层转换为普通图层。按住 Ctrl 键单击转换后的普通图层的缩略图，将文字载入选区，如图 7-137 所示。

图 7-136 打开文件

图 7-137 载入选区

03 选择渐变工具 ，在工具选项栏中单击渐变条 ，打开"渐变编辑器"对话框，选择"色谱"，如图7-138所示。

04 单击"确定"按钮，关闭"渐变编辑器"对话框。按下工具选项栏中的"线性渐变"按钮 ，在图像中按住鼠标左键由左侧至右侧拖动，填充渐变，按Ctrl+D快捷键取消选择，效果如图7-139所示。

图7-138
"渐变编辑器"对话框

图7-139 最终效果

7.6.2 由文字生成路径

选择文字图层为当前图层，然后执行"文字"|"创建工作路径"或"转换为形状"命令，可创建得到文字轮廓路径。选择"窗口"|"路径"命令，在窗口中显示路径面板，即可看到转换完成的路径。

通过文字创建路径，然后使用路径调整工具进行变形，可以非常方便创建一些特殊艺术字效果，如图7-140所示。

图7-140 艺术字效果

练习7-15 制作特效文字

源文件路径	素材和效果\第7章\练习7-15制作特效文字
视频路径	视频\第7章\练习7-15制作特效文字.mp4
难易程度	★★

01 打开"心.jpg"素材文件，输入如图7-141所示的文字。

图7-141 打开文件并输入文字

02 执行"文字"|"创建工作路径"命令，并隐藏文字图层，得到如图7-142所示的文字路径。

图7-142 由文字生成路径

03 选择工具箱中的路径选择工具 ，调整文字路径的位置，直至得到如图7-143所示的效果。

图7-143 调整文字路径位置

04 选择直接选择工具 ，调整路径的形状至如图 7-144 所示的效果。

图 7-144 调整路径形状

05 按 Ctrl+Enter 快捷键将路径转换成选区，并新建"图层1"。设置前景色为白色，得到如图 7-145 所示的特效文字。

图 7-145 填充文字效果

06 在图层面板中设置"图层1"的"填充"为 0%，双击"图层1"的缩略图，打开"图层样式"对话框，添加"外发光"效果，如图 7-146 所示。得到的最终效果如图 7-147 所示。

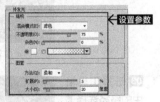

图 7-146 "外发光"参数

图 7-147 最终效果

7.7 综合训练——制作艺术效果文字

本训练综合使用文字工具和套索工具制作不规则文字选区，并结合添加图层样式、图层蒙版等操作，制作漂亮的绿草地文字。

源文件路径	素材和效果\第7章\7.7 综合训练——制作艺术效果文字
视 频 路 径	视频\第7章\7.7 综合训练——制作艺术效果文字.mp4
难易程度	★★

01 启动 Photoshop，执行"文件"|"新建"命令，在"新建"对话框中设置参数，如图 7-148 所示，单击"确定"按钮，新建一个空白文档。

图 7-148 "新建"对话框

02 设置前景色为黄绿色（R177，G194，B72），背景色为绿色（R50，G188，B38）。在工具箱中选择渐变工具，按下"径向渐变"按钮，单击选项栏渐变列表框下拉按钮，从弹出的渐变列表中选择"前景色到背景色渐变"，移动光标至图像窗口左上角位置，然后按住鼠标左键向右下角拖动鼠标填充渐变，得到如图 7-149 所示的效果。

图 7-149 填充渐变

03 按 Ctrl+O 快捷键，打开"图案.jpg"素材文件，如图 7-150 所示。

图 7-150 图案素材

04 利用移动工具，将素材添加至文件中，并调整至合适的大小。设置图层的"混合模式"为"颜色加深"，不透明度为 75%，如图 7-151 所示。

图 7-151 更改图层属性效果

05 单击图层面板上的"添加图层蒙版"按钮■，为图层添加图层蒙版。编辑图层蒙版，设置前景色为黑色，选择画笔工具✐，按 [或] 键调整画笔至合适的大小，在黄绿色背景部分上涂抹，图层面板如图 7-152 所示，效果如图 7-153 所示。

图 7-152 图层蒙版

图 7-153 添加图层蒙版效果

06 单击图层面板中的"创建新图层"按钮■，新建"图层 2"，选择画笔工具✐，在图像边缘处涂抹，效果如图 7-154 所示。

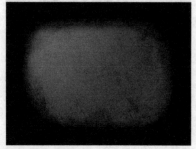

图 7-154 涂抹边缘

07 设置图层的"混合模式"为"叠加"，不透明度为 60%，得到如图 7-155 所示的效果。

图 7-155 更改图层属性效果

08 按 Ctrl+O 快捷键，打开"草地 .jpg"素材文件，利用移动工具▸↦，将素材添加至文件中，并调整至合适的大小，如图 7-156 所示。

图 7-156 添加草地素材

09 选择横排文字工具T，在图像上输入文字，如图 7-157 所示。

图 7-157 输入文字

10 设置文字图层的不透明度为 50%，选择套索工具◯，围绕字母创建不规则的选区，如图 7-158 所示。

11 选择草地图层，按 Ctrl+C 快捷键复制选区内的图形，新建"图层 4"，按 Ctrl+V 快捷键粘贴，隐藏文字和草地图层，效果如图 7-159 所示。

图 7-158 绘制选区

图 7-159 复制选区

12 双击图层,弹出"图层样式"对话框,选择"投影"选项,设置参数,如图 7-160 所示,所得效果如图 7-161 所示。

图 7-160 "投影"参数

图 7-161 投影效果

13 选择"斜面和浮雕"选项,设置参数,如图 7-162 所示,所得效果如图 7-163 所示。

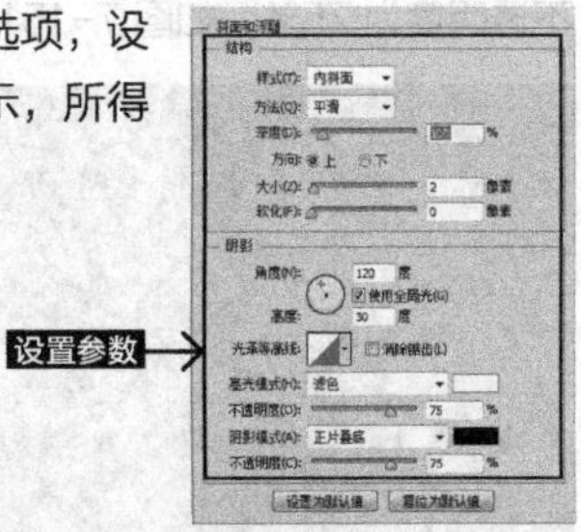

图 7-162
"斜面和浮雕"参数

图 7-163 "斜面和浮雕"效果

14 按住 Ctrl 键点击该图层的缩略图,将其载入选区,然后新建"图层 5",填充成黑色,将其放置在"图层 4"下方。在保持选择的情况下,向右移动选区,如图 7-164 所示。

图 7-164 移动选区

15 执行"滤镜"|"模糊"|"动感模糊"命令,设置文字阴影的角度为 -45 度,距离为 72 像素。然后设置图层不透明度为 50%,得到的效果如图 7-165 所示。

图 7-165 动感模糊效果

214

16 按照相同的方法，制作其他的几个文字，得到如图7-166所示的效果。

图 7-166 制作其他文字

17 选择横排文字工具 T，输入其他文字，如图7-167所示。

图 7-167 输入文字

18 按 Ctrl+O 快捷键，打开"素材.psd"素材文件，利用移动工具 ，将素材添加至文件中，并调整至合适的大小，如图7-168所示。

图 7-168 添加素材

19 单击"创建新的填充或调整图层"按钮 ，在弹出的快捷菜单中选择"亮度/对比度"，设置参数，如图7-169所示。

图 7-169 "亮度/对比度"参数

20 添加"色相/饱和度"调整图层，设置参数，如图7-170所示。

图 7-170 "色相/饱和度"参数

21 调整后的效果如图 7-171所示，至此，绿草地文字制作完毕。

图 7-171 完成效果

7.8 课后习题

习题1：绘制路径，然后使用文字工具输入文字，如图7-172所示。

源文件路径	素材和效果\第7章\习题1——沿路径排列文字
视频路径	视频\第7章\习题1——沿路径排列文字.mp4
难易程度	★★

▽

图7-172
习题1——沿路径排列文字

习题2: 使用文字工具和套索工具制作不规则文字选区,并结合添加图层样式、图层蒙版等操作制作趣味文字,如图 7-173 所示。

源文件路径	素材和效果\第7章\习题2——制作趣味文字
视 频 路 径	视频\第7章\习题2——制作趣味文字.mp4
难 易 程 度	★★★★

图7-173 习题2——制作趣味文字

习题3: 制作一幅创意海报,在其中制作立体变形文字,如图 7-174 所示。

源文件路径	素材和效果\第7章\习题3——立体变形文字
视 频 路 径	视频\第7章\习题3——立体变形文字.mp4
难 易 程 度	★★★★

图7-174 习题3——立体变形文字

习题4: 本习题主要使用文字工具输入文字,并对文字进行编辑,制作文字的立体效果,如图 7-175 所示。

源文件路径	素材和效果\第7章\习题4——制作立体文字
视 频 路 径	视频\第7章\习题4——制作立体文字.mp4
难 易 程 度	★★★★

图7-175 习题4——制作立体文字

心得笔记

本章视频时长
40 分钟

第 8 章

图层的应用

图层是 Photoshop 的核心功能之一。图层的引入为图像的编辑带来了极大的便利。以前只能通过复杂的选区和通道运算才能得到的效果，现在通过图层和图层样式便可轻松实现。

图层蒙版可轻松控制图层区域的显示或隐藏，是进行图像合成最常用的手段。使用图层蒙版混合图像的好处在于，可以在不破坏图像的情况下反复试验、修改混合方案，直至得到所需的效果。

本章学习目标
■ 掌握如何创建图层；
■ 掌握如何编辑图层；
■ 掌握如何管理图层。

本章重点内容
■ 图层样式的运用。

扫 码 看 课 件

8.1 图层的概念

图层是为多个图像创建出具有工作流程效果的构建块，这就好比一张完整的图像由层叠在一起的透明纸组成，可以透过图层的透明区域看到下面一层的图像，就样就组成了一个完整的图像效果。

8.1.1 图层的特性

总的来说，Photoshop 的图层都具有如下 3 个特性。

· 独立：图像中的每个图层都是独立的，因而当移动、调整或删除某个图层时，其他的图层不受影响。

· 透明：图层可看作透明的胶片，透过未绘制图像的区域可看见下方图层的内容。将众多的图层按一定次序叠加在一起，便可得到复杂的图像。

· 叠加：图层由上至下叠加在一起，但并不是简单地堆积，通过控制各图层的混合模式和透明度，可得到千变万化的图像合成效果。

8.1.2 图层的类型

在 Photoshop 中可以创建多种类型的图层，每种类型的图层都有不同的功能和用途，它们在图层面板中的显示状态也各不相同，如图 8-1 所示。

图8-1 图层面板

❶ 当前图层：当前选择的图层，在对图像进行处理时，编辑操作将在当前图层中进行。

❷ 中性色图层：填充了黑色、白色、灰色的特殊图层，结合特定图层混合模式可用于承载滤镜或在上面绘画。

❸ 链接图层：保持链接状态的图层。

❹ 剪贴蒙版图层：剪贴蒙版是蒙版的一种，该图层中的图像可以控制上面图层的显示范围，常用于合成图像。

❺ 智能对象图层：包含嵌入的智能对象的图层。

❻ 调整图层：可以调整图像的色彩，但不会永久更改像素值。

❼ 填充图层：通过填充"纯色""渐变"或"图案"而创建的特殊效果的图层。

❽ 图层蒙版图层：添加了图层蒙版的图层，通过对图层蒙版的编辑可以控制图层中图像的显示范围和显示方式，是合成图像的重要方法。

❾ 矢量蒙版图层：带有矢量形状的蒙版图层。

❿ 图层样式图层：添加了图层样式的图层，通过图层样式可以快速创建特效。

⓫ 图层组：用来组织和管理图层，以便于查找和编辑图层。

⓬ 变形文字图层：进行了变形处理的文字图层。与普通的文字图层不同，变形文字图层的缩览图上有一个弧线形的标志。

⓭ 文字图层：使用文字工具输入文字时创建的文字图层。

⓮ 视频图层：包含有视频文件帧的图层。

⓯ 背景图层：图层面板中最下面的图层。

8.1.3 图层面板

"图层"面板是图层管理的主要场所，各种图层操作基本上都可以在图层面板中完成，例如选择图层、新建图层、删除图层、隐藏图层等。执行"窗口"|"图层"命令，或直接按F7键，即可在Photoshop界面上显示"图层"面板，如图 8-2 所示。

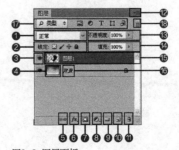

图8-2 图层面板

图层面板主要由以下几个部分组成。

❶ "图层混合模式"下拉列表框：从下拉列表框中可以选择图层的混合模式。

❷ "锁定"选项组：在此选项组中，包含了"锁定透明像素""锁定图像像素""锁定位置"和"锁定全部"4个按钮，单击各个按钮，可以设置图层的各种锁定状态。

❸ 眼睛图标：用于控制图层的显示或隐藏。当该图标显示为▣形状时，表示图层处于显示状态；当该图标显示为▢形状时，表示图层处于隐藏状态。处于隐藏状态的图层不能被编辑。

❹ 图层缩览图：图层缩览图是图层图像的缩小图，可便于查看和识别图层。

❺ "链接图层"按钮：同时选中2个或2个以上图层时，单击此按钮，可将选中的图层链接在一起。

❻ "添加图层样式"按钮：单击该按钮，在打开的菜单中可选择需要添加的图层样式，为当前图层添加图层样式。

❼ "添加图层蒙版"按钮：单击该按钮，可为当前图层添加图层蒙版。

❽ "创建新的填充或调整图层"按钮：单击该按钮，在弹出的菜单中选择填充或调整图层选项，可添加填充图层或调整图层。

❾ "创建新组"按钮：单击该按钮，可在当前图层上方创建一个新组。

❿ "创建新图层"按钮：单击该按钮，可在当前图层上方创建一个新图层。

⓫ "删除图层"按钮：单击该按钮，可将当前图层删除。

⓬ 扩展按钮：单击面板右上角的倒三角按钮，可以打开图层面板快捷菜单，从中可以选择控制图层和设置图层面板的命令。

⓭ "不透明度"文本框：输入数值，可以设置当前图层的不透明度，如图8-3所示。

图8-3 调整前后的对比

图8-3 调整前后的对比（续）

⓮ "填充"文本框：输入数值可以设置图层填充不透明度。

⓯ 当前图层：在 Photoshop 中，可以选择一个或多个图层以便在上面工作，当前选择的图层以加色显示。对于某些操作，一次只能在一个图层上工作。单个选定的图层称为当前图层。当前图层的名称将出现在文档窗口的标题栏中。

⓰ 图层名称：为了便于识别和选择图层，每个图层都可定义一个名称。

⓱ 选取图层类型：当图层数量较多时，可在该下拉列表中选择一种图层类型（包括名称、效果、模式、属性、颜色），让"图层"面板只显示此类图层，隐藏其他类型的图层。

⓲ 打开/关闭图层过滤：单击该按钮，可以启用或停用图层过滤功能。

图层面板中包含多个快捷菜单，是对图层面板各项功能的重要补充和扩展，单击面板右上角的倒三角按钮，可以打开图层面板快捷菜单，如图8-4所示。

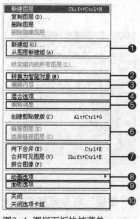

图8-4 图层面板快捷菜单

① 新建组 / 从图层新建组：新建图层组或将当前选定的图层新建成图层组。

② 转换为智能对象：将选定的图层转换为智能对象。

③ 编辑内容：编辑智能对象中的内容。

④ 混合选项：通过"图层样式"对话框设置图层的样式。

⑤ 编辑调整：通过调整面板编辑当前创建的填充或调整图层。

⑥ 链接图层 / 选择链接图层：对选定的图层进行链接或选择与当前选定图层相链接的所有图层。

⑦ 向下合并 / 合并可见图层 / 拼合图像：设置选定的多个图层的合并方式。

⑧ 动画选项：显示或隐藏图层面板中的动画选项。

⑨ 面板选项：通过"图层面板选项"对话框设置缩览图的大小、缩略图内容等选项。

⑩ 关闭 / 关闭选项卡组：选择该选项，将关闭图层面板或图层面板所在的选项卡组。

8.2 图层的基础操作

在图层面板中，我们可以通过各种方法来创建图层。在编辑图像的过程中，也可以创建图层，例如从其他图像中复制图层、粘贴图像时自动生成图层等，下面我们就来学习图层的具体创建方法。

8.2.1 新建图层

单击图层面板底端的"创建新图层"按钮，在当前图层的上方会得到一个新图层，并自动命名，如图8-5所示。

图8-5 新建图层

选择"图层"|"新建"|"图层"命令或按 Ctrl + Shift + N 快捷键，在弹出的如图 8-6 所示的"新建图层"

对话框单击"确定"按钮，即可得到新图层。

图8-6 "新建图层"对话框

8.2.2 背景图层与普通图层的转换

使用白色背景或彩色背景创建新图像时，图层面板中最下面的图像为背景。

1. 背景图层转换为普通图层

"背景"图层是较为特殊的图层，我们无法修改它的堆叠顺序、混合模式和不透明度。要进行这些操作，需要将"背景"图层转换为普通图层。

双击"背景"图层，打开"新建图层"对话框，在该对话框中可以为它设置名称、颜色、模式和不透明度，设置完成后单击"确定"按钮，即可将其转换为普通图层，如图 8-7 所示。

图8-7 背景图层转换为普通图层

2. 普通图层转换为背景图层

在创建包含透明内容的新图像时，图像中没有"背景"图层。

如果当前文件中没有"背景"图层，可选择一个图层，然后执行"图层"|"新建"|"背景图层"命令，将该图层转换为背景图层。

8.2.3 选择图层

若想编辑某个图层，首先应选择该图层，使该图层成为当前图层。在 Photoshop CS6 中，可以同时选择多个图层进行操作，当前选择的图层以加色显示。选择图层有两种方法，一种方法是在图层面板中选择，另一种方法是在图像窗口中选择。

在图层面板中，每个图层都有相应的名称和缩览图，因而可以轻松区分各个图层。如果需要选择某个图层，拖动图层面板滚动条，使该图层显示在图层面板中，然后单击该图层即可。

处于选择状态的图层与未选择的图层有一定区别，选择的图层将以蓝底反白显示，如图8-8所示。

图8-8 选择"图层1"图层

移动工具选项栏如图8-9所示，单击▼下拉按钮，从下拉列表中可以控制是选择图层组还是选择图层。当选择"组"方式时，无论是使用何种选择方式，只能选择该图层所在的图层组，而不能选择该图层。

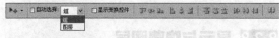

图8-9 移动工具选项栏

在Photoshop CS6中，可以同时选择多个图层。

· 如果要选择连续的多个图层，在选择一个图层后，按住Shift键在"图层"面板中单击另一个图层的名称，则两个图层之间的所有图层都会被选中，如图8-10所示。

· 如果要选择不连续的多个图层，可以在选择一个图层后，按住Ctrl键在"图层"面板中单击另一个图层的图层名称，如图8-11所示。

图8-10 选择多个连续图层

图8-11 选择多个不连续的图层

· 如果只选择同一类型的图层，可以单击图层过滤组中的相应按钮，进行筛选，图8-12所示是单击了面板中的"形状图层滤镜"按钮□，将形状图层筛选出来的结果。若要结束筛选，可以单击右边的红色小方块。

图8-12 筛选图层

8.2.4 复制图层

通过复制图层可以复制图层中的图像。在Photoshop中，不但可以在同一图像中复制图层，而且还可以在2个不同的图像之间复制图层。

· 如果是在同一图像内复制，选择"图层"|"复制图层"命令，或拖动图层至"创建新图层"按钮█上，即可得到当前选择图层的复制图层。

· 按Ctrl + J快捷键，可以快速复制当前图层。

· 如果是在不同的图像之间复制，首先在Photoshop界面中同时显示这2个图像窗口，然后在源图像的图层面板中拖拽该图层至目标图像窗口中即可。

· 如果需要在不同图像之间复制多个图层，首先应选择这些图层，然后使用移动工具▶在图像窗口之间拖动复制。

8.2.5 链接图层

Photoshop允许对多个图层进行链接，以便可以同时进行移动、旋转、缩放等操作。与同时选择的多个图层不同，图层的链接关系会随文件一起保存，除非用户解除它们之间的链接。

单击图层面板底端的链接图层按钮█，图层之间即建立链接关系，每个链接图层的右侧都会显示一个链接标记█，如图8-13所示。链接之后，对其中任何一个图层执行变换操作，其他链接图层也会发生相应的变化。

当需要解除某个图层的链接时，可以选择该图层，例如"渐变图"图层，如图8-14所示。然后再单击 ∞ 按钮，该图层即与其他3个图层解除了链接关系，如图8-15所示。

某一个图层的链接解除后，并不会影响其他图层之间的链接关系，因此当选择其中一个图层时，其右侧仍然会显示出链接标记，如图8-16所示。

图8-13 链接图层

图8-14 选择欲解除链接的图层

图8-15 解除链接

图8-16 其他图层仍保持链接

8.2.6 更改图层名称

更改图层名称的操作非常简单。在图层面板中双击图层的名称，在出现的文本框中直接输入新的名称即可，如图8-17所示。

图8-17 更改图层名称

8.2.7 更改图层的颜色

如果要更改图层的颜色，可以选择该图层并单击右键，在弹出的快捷菜中选择相应的颜色，如图8-18所示。

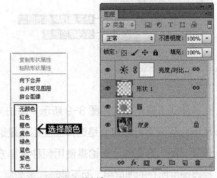

图8-18 更改图层的颜色

8.2.8 显示与隐藏图层

单击图层前的 ◉ 图标，该图层即由可见状态转换为隐藏状态，同时眼睛图标也显示为 ▢ 形状，如图8-19所示。当图层处于隐藏状态时，单击该图层的 ▢ 图标，该图层即由不可见状态转换为可见状态，眼睛图标也显示为 ◉ 形状。

图8-19 隐藏图层

8.2.9 锁定图层

Photoshop 提供了图层锁定功能，以限制图层编辑的内容和范围，避免误操作。分别按下图层面板中的 4 个锁定按钮即可实现相应的图层锁定功能，如图 8-20 所示。

图8-20 图层锁定

❶ 锁定透明像素▨：在图层面板中选择图层或图层组，然后按下▨按钮，则图层或图层组中的透明像素被锁定。当使用绘图工具绘图时，将只能编辑图层非透明区域（即有图像像素的部分）。

❷ 锁定图像像素✎：按下此按钮，则任何绘图、编辑工具和命令都不能在该图层上进行编辑，绘图工具在图像窗口中操作时将显示禁止光标◯。

❸ 锁定位置✚：按下此按钮，不能对图层进行移动、旋转和自由变换等操作，但可以正常使用绘图和编辑工具进行图像编辑。

❹ 锁定全部🔒：按下此按钮，图层被全部锁定，不能移动位置，不能执行任何图像编辑操作，也不能更改图层的不透明度和混合模式。"背景"图层即默认为全部锁定。

如果多个图层需要同时被锁定，首先选择这些图层，执行"图层"|"锁定图层"命令，在随即弹出的如图 8-21 所示的对话框中设置锁定的内容即可。

图8-21 "锁定图层"对话框

8.2.10 删除图层

对于多余的图层，应及时将其从图像中删除，以减小图像文件的体积。在实际工作中，可以根据具体情况

选择最快捷的删除图层的方法。

· 如果需要删除的图层为当前图层，可以单击图层面板底端的"删除图层"按钮🗑，或选择"图层"|"删除"|"图层"命令，在弹出的如图 8-22 所示的信息提示框中单击"是"按钮即可。

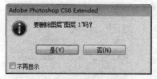

图8-22 确认删除图层提示框

· 如果需要删除的图层不是当前图层，可以移动光标至该图层上，然后将其拖动至🗑按钮上，当该按钮呈按下状态时释放鼠标左键即可。

· 如果需要同时删除多个图层，则可以首先选择这些图层，然后单击🗑按钮删除。

· 如果需要删除所有处于隐藏状态的图层，可选择"图层"|"删除"|"隐藏图层"命令。

· 如果当前选择的工具是移动工具▶，则可以通过直接按Delete键删除当前图层（一个或多个）。

8.2.11 栅格化图层内容

如果要在文字图层、形状图层、矢量蒙版图层或智能对象图层等包含矢量数据的图层，以及填充图层上使用绘画工具或滤镜，应先将图层栅格化，使图层中的内容转换为光栅图像，然后才能够进行编辑。执行"图层"|"栅格化"子菜单中的命令可以栅格化图层中的内容。

· 文字：栅格化文字图层，被栅格化的文字将变成光栅图像，不能再修改文字的内容。图 8-23 所示为原文字图层，图 8-24 所示为栅格化后的文字图层。

图8-23 原文字图层　　　　图8-24 栅格化后的文字图层

· 形状 / 填充内容 / 矢量蒙版：执行"形状"命令，可栅格化形状图层；执行"填充内容"命令，可栅格化形状图层的填充内容，但保留矢量蒙版；执行"矢量蒙版"命令，可栅格化形状图层的矢量蒙版，同时将其转换为图层蒙版，如图 8-25 所示。

原图层面板

执行"形状"命令

执行"填充内容"命令

执行"矢量蒙版"命令
图8-25 栅格化图层

· 智能对象：可栅格化智能对象图层，如图 8-26 所示。

图8-26 栅格化智能对象图层

· 视频：可栅格化视频图层，选定的图层将被拼合到"动画"面板中选定的当前帧的复合中。
· 3D：栅格化 3D 图层。
· 图层样式：栅格化图层样式，将其应用到图层内容中。
· 图层 / 所有图层：执行"图层"命令，可以栅格化当前选择的图层，执行"所有图层"命令，可格式化包含矢量数据、智能对象和生成数据的所有图层。

8.2.12 清除图像的杂边

当移动或粘贴选区时，选区边框周围的一些像素也会包含在选区内，因此，粘贴的选区的边框周围会产生边缘或晕圈。执行"图层"|"修边"子菜单中的命令可以去除这些多余的像素，如图 8-27 所示。

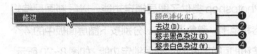

图8-27 "图层"|"修边"子菜单

❶颜色净化：去除彩色杂边。
❷去边：用包含纯色的邻近像素的颜色替换任何边缘像素的颜色。
❸移去黑色杂边：如果将在黑色背景上创建的消除了锯齿的选区粘贴到其他颜色的背景上，可执行该命令来消除黑色杂边。
❹移去白色杂边：如果将在白色背景上创建的消除了锯齿的选区粘贴到其他颜色的背景上，可执行该命令来消除白色杂边。

8.3 排列与分布图层

图层面板中的图层是按照从上到下的顺序堆叠排列的，上面图层中的不透明部分会遮盖下面图层中的图像，因此，如果改变面板中图层的堆叠顺序，图像的效果也会发生改变。

8.3.1 改变图层的顺序

在图层面板中，将一个图层的名称拖至另外一个图层的上面或者下面，当突出显示的线条出现在要放置图层的位置时，放开鼠标左键即可调整图层的堆叠顺序，如图 8-28 所示。

图8-28 改变图层的顺序

图8-28 改变图层的顺序（续）

执行"图层"|"排列"子菜单中的命令，也可以调整图层的排列顺序，如图 8-29 所示。

图8-29 "图层"|"排列"子菜单

8.3.2 对齐和分布图层

Photoshop 的对齐和分布功能用于准确定位图层的位置。在进行对齐和分布操作之前，需要首先选择这些图层，或者将这些图层设置为链接图层，然后使用"图层"|"对齐"和"图层"|"分布"命令，或者直接单击移动工具栏中的相应按钮，如图 8-30 所示，进行对齐和分布操作。

图8-30 移动工具选项栏

1. 对齐图层

对齐图层有以下 3 种情况。

· 如果当前图像中存在选区，系统自动移动当前选择图层，与选区对齐。

· 如果当前选择图层与其他图层存在链接关系，则当前选择图层保持不动，其他链接图层与当前选择图层对齐。

· 如果当前选择了多个图层，则根据对齐的方式决定移动的图层。

2. 分布图层

"分布"命令用于将当前选择的多个图层或链接图层等距排列。

· 按顶分布 ：平均分布各图层，使各图层的顶边间隔相同的距离。

· 垂直居中分布 ：平均分布各图层，使各图层的竖直中心间隔相同的距离。

· 按底分布 ：平均分布各图层，使各图层的底边间隔相同的距离。

· 按左分布 ：平均分布各图层，使各图层的左边间隔相同的距离。

· 水平居中分布 ：平均分布各图层，使各图层的水平中心间隔相同的距离。

· 按右分布 ：平均分布各图层，使各图层的右边间隔相同的距离。

提示

使用"对齐"命令，要求是2个或2个以上的图层；使用"分布"命令，要求是3个或3个以上的图层。

练习 8-1 对齐图形

源文件路径	素材和效果\第8章练习8-1对齐图形
视频路径	视频第8章练习8-1对齐图形.mp4
难易程度	★★

01 执行"文件"|"打开"命令，打开本书素材"第8章\练习 8-1 对齐图形 .psd"文件，选中除背景图层外的所有图层，如图 8-31 所示。

图8-31 打开示例图像

02 按 Ctrl+A 键，全选画布，单击选项栏中的"水平居中对齐"按钮 ，对齐结果如图 8-32 所示。

03 按 Ctrl+Z 键，取消对齐。单击选项栏中的"垂直居中对齐"按钮 ，对齐结果如图 8-33 所示。

04 链接背景图层外的所有图层，如图 8-34 所示。

图8-32 水平居中对齐

图8-33 竖直居中对齐　　　　图8-34 链接图层

05 单击选项栏中的不同的对齐方式按钮，对齐效果如图8-35所示。

右对齐　　　　　　底对齐　　　　　　顶对齐
图8-35 链接图层对齐效果

06 单击选项栏中的"垂直居中分布"按钮，如图8-36所示。

分布排列前　　　　　分布排列后
图8-36 使用分布功能排列图层

8.4 合并与盖印图层

尽管Photoshop CS6对图层的数量已经没有限制，用户可以新建任意数量的图层，但一幅图像的图层越多，打开和处理时所占用的内存和保存时所占用的磁盘空间也就越大。因此，及时合并一些不需要修改的图层，减少图层数量，就显得非常必要。

8.4.1 合并图层

下面是合并图层的4种方法。

· 合并图层：选择此命令，可将当前选择图层与图层面板中的下一图层合并，合并时下一图层必须为可见的，否则该命令无效，快捷键为 Ctrl + E。

· 合并可见图层：选择此命令，可将图像中所有可见图层全部合并。

· 拼合图像：合并图像中的所有图层。如果合并时图像有隐藏图层，系统将弹出一个提示对话框，单击其中的"确定"按钮，隐藏图层将被删除，单击"取消"按钮则取消合并操作。

· 如果需要合并多个图层，可以先选择这些图层，然后执行"图层" | "合并图层"命令。

8.4.2 盖印图层

使用 Photoshop 的盖印功能，可以将多个图层的内容合并到一个新的图层中，同时使源图层保持完好。Photoshop 没有提供盖印图层的相关命令，只能通过快捷键进行操作。

选择需要盖印的多个图层，然后按 Ctrl + Alt + E 快捷键，即可得到包含当前所有选择图层内容的新图层。

提示

按Ctrl + Shif + Alt + E快捷键，可自动盖印所有图层。

8.5 使用图层组管理图层

当图像的图层数量达到几十、几百之后，图层面板就会显得非常杂乱。为此，Photoshop 提供了图层组的功能，以方便管理图层。图层与图层组的关系类似于

Windows 系统中的文件与文件夹的关系。图层组可以展开或折叠，也可以像图层一样设置透明度、混合模式，添加图层蒙版，进行整体选择、复制或移动等操作。

8.5.1 创建图层组

在图层面板中单击"创建新组"按钮，或执行"图层"|"新建"|"组"命令，即可在当前选择图层的上方创建一个图层组，如图 8-37 所示。双击图层组名称，在出现的文本框中可以输入新的图层组名称。

图8-37 新建组

通过这种方式创建的图层组不包含任何图层，需要通过拖动的方法将图层移动至图层组中。在需要移动的图层上按下鼠标左键，然后拖动至图层组名称或 按钮上释放鼠标即可（如图8-38所示），结果如图8-39所示。

图8-38 创建组并拖动图层　　图8-39 移动图层结果

若要将图层移出图层组，则可将该图层拖动至图层组的上方或下方，然后释放鼠标左键，或者直接将图层拖出图层组区域。

组也可以直接从当前选择图层创建得到，这样新建的图层组将包含当前选择的所有图层，按住 Shift 或 Ctrl 键，选择需要添加到同一图层组中的所有图层，执行"图层"|"新建"|"从图层建立组"命令，或按 Ctrl + G 快捷键即可。

8.5.2 使用图层组

当图层组中的图层比较多时，可以折叠图层组以节省图层面板空间。折叠时只需单击图层组三角形图标 即可，如图 8-40 所示。当需要查看图层组中的图层时，再次单击该三角形图标又可展开图层组各图层。

图层组也可以像图层一样设置属性、移动位置、更改透明度、复制或删除，操作方法与图层完全相同。

右键单击图层组空白区域，可设置图层组的颜色，如图 8-41 所示。

单击图层组左侧的眼睛图标 ，可隐藏图层组中的所有图层，再次单击又可重新显示。

图8-40 折叠图层组　　图8-41 "组属性"菜单

拖动图层组至图层面板底端的 按钮上可复制当前图层组。选择图层组后单击 按钮，弹出如图 8-42 所示的对话框，单击"组和内容"按钮，将删除图层组和图层组中的所有图层；若单击"仅组"按钮，将只删除图层组，图层组中的图层将被移出图层组。

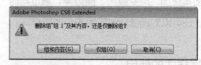

图8-42 信息提示框

8.6 图层样式

所谓图层样式，实际上就是由投影、内阴影、外发光、内发光、斜面和浮雕、光泽、颜色叠加、图案叠加、渐变叠加、描边等图层效果组成的集合，它能够在顷刻间将平面图形转化为具有材质和光影效果的立体物体。

8.6.1 添加图层样式

如果要为图层添加样式，可以选择这一图层，然后采用下面任意一种方式打开"图层样式"对话框。

·执行"图层"|"图层样式"子菜单中的样式命令，可打开"图层样式"对话框，并进入相应的样式设置面板，如图8-43所示。

·在图层面板中单击"添加图层样式"按钮 *fx.*，在打开的快捷菜单中选择一个样式命令，如图8-44所示，也可以打开"图层样式"对话框，并进入相应的样式设置面板。

·双击需要添加样式的图层，可打开"图层样式"对话框，在对话框左侧可以选择不同的图层样式选项。

图8-43 "图层样式"子菜单

图8-44 快捷菜单

8.6.2 图层样式的不同效果

在"图层样式"对话框中可设置不同的图像效果，其中包括投影、内阴影、外发光、内发光、斜面和浮雕、光泽、颜色叠加、图案叠加、渐变叠加、描边等，通过同时选中不同的选项，还可以对图像同时应用多个图层样式。

练习 8-2 图层样式的使用

源文件路径	素材和效果\第8章练习8-2图层样式的使用
视频 路径	视频\第8章练习8-2图层样式的使用.mp4
难 易 程 度	★★

01 执行"文件"|"打开"命令，打开本书素材"第8章\练习8-2图层样式的使用\花.psd"文件，打开图形。

02 选中图层面板中的花图层，单击面板下面的"添加图层样式"按钮 *fx.*，在弹出的对话框中选择不同的样式，效果分别如图8-45所示。

原图

投影

内阴影

外发光

内发光

斜面和浮雕

等高线

纹理

光泽

图8-45 图层样式效果

颜色叠加

图案叠加

渐变叠加

描边

图8-45 图层样式效果（续）

8.6.3 "图层样式"对话框

执行"图层"|"图层样式"|"混合选项"命令，弹出"图层样式"对话框，如图 8-46 所示。

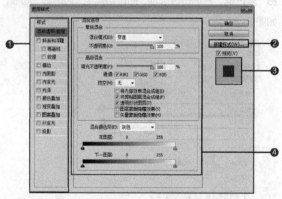

图8-46 "图层样式"对话框

❶ **样式列表**：提供样式、混合选项和各种图层样式选项的设置。选中样式复选框可应用该样式，单击样式名称可切换到相应的选项面板。

❷ **新建样式**：将自定义效果保存为新的样式文件。

❸ **预览**：通过预览形态显示当前设置的样式效果。

❹ **相应选项面板**：在该区域显示当前选择的选项对应的参数设置。

8.6.4 "样式"面板

单击"图层样式"对话框左侧样式列表中的"样式"选项，即可切换至"样式"面板，在"样式"面板中会显示当前可应用的图层样式，如图 8-47 所示，单击样式图标即可应用该样式。

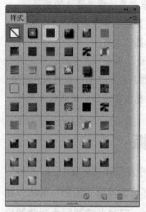

图8-47 "样式"面板

8.6.5 "混合选项"面板

默认情况下，在打开"图层样式"对话框后，都将切换到"混合选项"面板，如图 8-48 所示，此面板主要对一些相对常见的选项，例如混合模式、不透明度、混合颜色等参数进行设置。

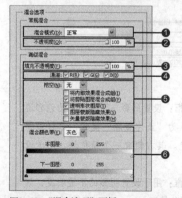

图8-48 "混合选项"面板

❶ **"混合模式"文本框**：单击右侧的下拉按钮，可打开下拉列表，在列表中选择任意一个选项，即可使当前图层按照选择的混合模式与下层图层叠加在一起。

❷ "不透明度"文本框：通过拖曳滑块或直接在文本框中输入数值，设置当前图层的不透明度。

❸ "填充不透明度"文本框：通过拖曳滑块或直接在文本框中输入数值，设置当前图层的填充不透明度。填充不透明度影响在图层中绘制的像素或在图层中绘制的形状，但不影响已经应用图层的任何效果的不透明度。

❹ "通道"选项组：可选择当前显示哪些通道的效果。

❺ "挖空"选项组：可以指定图层中哪些图层是"穿透"的，从而使其他图层中的内容显示出来。

❻ "混合颜色带"选项组：通过单击"混合颜色带"右侧的下拉按钮，在打开的下拉列表中选择不同的颜色选项，然后拖曳下方的滑块，调整当前图层对象的相应颜色。

8.6.6 "投影"面板

选中"图层样式"对话框左侧样式列表中的"投影"复选框，并单击该选项，即可切换至"投影"面板，如图 8-49 所示，在该面板中，可对当前图层中对象的投影效果进行设置。

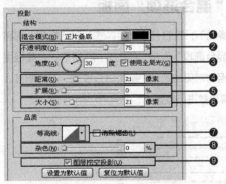

图8-49 投影效果参数

❶ "混合模式"文本框：设置阴影与下方图层的色彩混合模式，系统默认为"正片叠底"模式，这样可得到较暗的阴影颜色。其右侧有一个颜色块，用于设置阴影的颜色。

❷ "不透明度"文本框：用于设置阴影的不透明度，该数值越大，阴影颜色越深。

❸ "角度"文本框：用于设置光源的照射角度，光源角度不同，阴影的位置自然就不同。选中"使用全局光"选项，可使图像中所有图层的效果保持相同的光线照射角度。

❹ "距离"文本框：设置阴影与图层间的距离，取值范围为 0 ~ 30 000 像素。

❺ "扩展"文本框：Photoshop 预设的阴影大小与图层相当，增大扩展值可加粗阴影。

❻ "大小"文本框：设置阴影边缘软化程度。

❼ "等高线"面板：用于产生光环形状的阴影效果。

❽ "杂色"文本框：通过拖曳滑块或直接在文本框中输入数值，设置当前图层对象中的杂色数量。数值越大，杂色越多；数值越小，杂色越小。

❾ "图层挖空投影"复选框：控制半透明图层中投影的可见或不可见效果。

提示

添加"投影"效果时，移动光标至图像窗口中，当光标显示为✛形状时按住鼠标左键拖动，可手动调整阴影的方向和距离。

8.6.7 "内阴影"面板

与"投影"效果从图层背后产生阴影不同，"内阴影"效果在图层前面内部边缘位置产生柔化的阴影效果，常用于立体图形的制作。

选中"图层样式"对话框左侧样式列表中的"内阴影"复选框，并单击该选项，即可切换至"内阴影"面板，如图 8-50 所示。

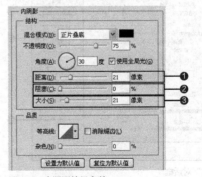

图8-50 内阴影效果参数

❶ "距离"文本框：通过拖曳滑块或直接在文本框中输入数值，设置内阴影与当前图层边缘的距离。

❷ "阻塞"文本框：通过拖曳滑块或直接在文本框中输入数值，模糊之前收缩"内阴影"的杂边边界。

❸ "大小"文本框：通过拖曳滑块或直接在文本框中输入数值，设置内阴影的大小。

8.6.8 "外发光"面板

"外发光"效果可以在图像边缘产生光晕，从而将对象从背景中分离出来，以达到使对象醒目、突出主题的作用，如图 8-51 所示。

图8-51 外发光效果

选中"图层样式"对话框左侧样式列表中的"外发光"复选框，并单击该选项，即可切换至"外发光"面板，如图 8-52 所示，在该面板中，可对当前图层中对象的外发光效果进行设置。

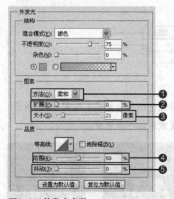

图8-52 外发光参数

❶ "方法"列表：单击右侧的下拉按钮，可打开下拉列表，在列表中包含"柔和"和"精确"两个选项。选择"柔和"，可以对发光应用模糊，得到柔和的边缘；而选择"精确"，则会得到精确的边缘。

❷ "扩展"文本框：通过拖曳滑块或直接在文本框中输入数值，用来设置发光范围的大小。

❸ "大小"文本框：通过拖曳滑块或直接在文本框中输入数值，用来设置光晕范围的大小。

❹ "范围"文本框：通过拖曳滑块或直接在文本框中输入数值，用来设置等高线对光芒的作用范围，也就是说对等高线进行"缩放"，截取其中的一部分作用于发光上。

❺ "抖动"文本框：通过拖曳滑块或直接在文本框中输入数值。此参数只针对渐变模式的发光，如果发光为纯色，那调节抖动是没有效果的。

8.6.9 "内发光"面板

"内发光"效果会在文本或图像的内部产生光晕的效果。选中"图层样式"对话框左侧样式列表中的"内发光"复选框，并单击该选项，即可切换至"内发光"面板，如图 8-53 所示，在该面板中，可对当前图层中对象的内发光效果进行设置，其参数选项与外发光基本相同，其中外发光"图素"选项组中的"扩展"选项变成了内发光中的"阻塞"选项，这是 2 个相反的参数。

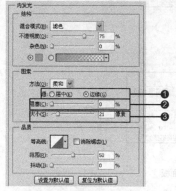

图8-53 内发光效果参数

❶ "源"选项组：该选项组中包含 2 个选项，分别是"居中"和"边缘"。选中"居中"单选按钮，可使内发光效果从图层对象中间部分开始，使整个对象内部变亮；选中"边缘"单选按钮，可使内发光效果从图层对象边缘部分开始，使对象边缘变亮。

❷ "阻塞"文本框：通过拖曳滑块或直接在文本框中输入数值，模糊之前收缩"内发光"的杂边界界。

❸ "大小"文本框：通过拖曳滑块或直接在文本框中输入数值，设置内发光的大小。

8.6.10 "斜面和浮雕"面板

"斜面和浮雕"是一种非常实用的图层效果,可用于制作各种凹陷或凸出的浮雕图像或文字。选中"图层样式"对话框左侧样式列表中的"斜面和浮雕"复选框,并单击该选项,即可切换至"斜面和浮雕"面板,在面板中为图层添加结构与阴影的各种组合,如图8-54所示。

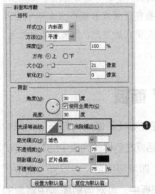

"斜面和浮雕"面板

"等高线"面板

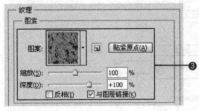

"纹理"面板

图8-54 "斜面和浮雕"面板

❶ "光泽等高线"面板:单击右侧的下拉按钮,打开下拉面板,该面板中会显示出所有软件自带的光泽等高线效果,通过单击该面板中的选项,可自动设置其光泽等高线效果。

❷ 等高线"图素"选项组:在该选项组中,可对当前图层对象中所应用的等高线效果进行设置。其中包括等高线类型、等高线范围等。

❸ 纹理"图案"选项组:在该选项组中,可对当前图层对象中所应用的图案效果进行设置,其中包括图案的类型、图案的大小和深度等效果。

8.6.11 "光泽"面板

"光泽"效果可以用来模拟物体的内反射或者类似于绸缎的表面。选中"图层样式"对话框左侧样式列表中的"光泽"复选框,并单击该选项,即可切换至"光泽"面板,如图8-55所示。

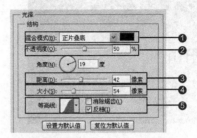

图8-55 光泽参数

❶ 混合模式:用于选择颜色的混合样式。
❷ 不透明度:用于设置效果的不透明度。
❸ 距离:设置光照的距离。
❹ 大小:设置光泽边缘效果范围。
❺ 等高线:用于产生光环形状的光泽效果。

8.6.12 "颜色叠加"面板

"颜色叠加"选项用于使图像产生一种颜色叠加效果。选中"图层样式"对话框左侧样式列表中的"颜色叠加"复选框,并单击该选项,即可切换至"颜色叠加"面板,如图8-56所示。

图8-56 颜色叠加参数

❶ 混合模式:用于选择颜色的混合样式,如图8-57所示。
❷ 不透明度:用于设置效果的不透明度。

原图　　　　　　颜色减淡　　　　　　颜色

图8-57 不同的混合模式

8.6.13 "渐变叠加"面板

"渐变叠加"选项用于使图像产生一种渐变叠加效果。选中"图层样式"对话框左侧样式列表中的"渐变叠加"复选框,并单击该选项,即可切换至"渐变叠加"面板,如图8-58所示。

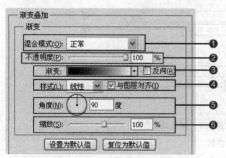

图8-58 渐变叠加参数

❶ 混合模式:用于选择混合样式。
❷ 不透明度:用于设置效果的不透明度。
❸ 渐变:用于设置渐变的颜色。其中"反向"复选框用于设置渐变的方向。
❹ 样式:用于设置渐变的形式。
❺ 角度:用于设置光照的角度。
❻ 缩放:用于设置效果影响的范围。

练习8-3 为图片添加柔光效果

源文件路径	素材和效果\第8章\练习8-3为图片添加柔光效果
视频路径	视频第8章练习8-3为图片添加柔光效果.mp4
难易程度	★★

01 执行"文件"|"打开"命令,打开本书素材"第8章\练习8-3为图片添加柔光效果\彩图.jpg"文件,打开如图8-59所示的图形。

图8-59 原图

02 按Ctrl+J快捷键,复制一层,单击图层面板下面的"添加图层样式"按钮 _fx._,在弹出的快捷菜单中选择"渐变叠加",设置渐变色为"橙,黄,橙渐变",混合模式为"柔光",效果如图8-60所示。

图8-60 橙,黄,橙渐变

03 设置渐变色为"色谱",混合模式为"柔光",效果如图8-61所示。

图8-61 色谱渐变

8.6.14 "图案叠加"面板

"图案叠加"选项用于在图像上添加图案效果。选中"图层样式"对话框左侧样式列表中的"图案叠加"复选框,并单击该选项,即可切换至"图案叠加"面板,如图8-62所示。

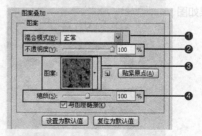

图8-62 图案叠加参数

233

① 混合模式：用于选择混合模式。

② 不透明度：用于设置效果的不透明度。

③ 图案：用于设置图案效果。

④ 缩放：用于设置效果影响的范围。

练习 8-4 图案叠加样式的使用

源文件路径	素材和效果\第8章\练习8-4 图案叠加样式的使用
视 频 路 径	视频第8章\练习8-4 图案叠加样式的使用.mp4
难易程度	★★

01 执行"文件"|"打开"命令，打开本书素材"第8章\练习8-4 图案叠加样式的使用\文字.jpg"文件，打开如图8-63所示的图形。

图8-63 原图

02 单击面板下面的"添加图层样式"按钮 *fx*，在弹出的快捷菜单中选择"图案叠加"，单击"图案"下拉按钮，在下拉面板中选择相应的图案（若默认预设内没有相应的图案，可以单击下拉面板右上角的 ❀ 图标，追加相应的图案），设置混合模式为"色相"，效果如图8-64所示。

图8-64 色相

03 设置混合模式为"变亮"，效果如图8-65所示。

图8-65 变亮

8.6.15 "描边"面板

"描边"效果用于在图层边缘产生描边效果，选中"图层样式"对话框左侧样式列表中的"描边"复选框，并单击该选项，即可切换至"描边"面板，如图8-66所示。

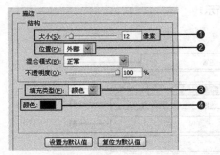

图8-66 描边参数

① "大小"文本框：通过拖曳滑块或直接在文本框中输入数值，设置描边的大小。

② "位置"列表：单击右侧的下拉按钮，打开下拉列表，在该下拉列表中有3个选项，分别是"外部""内部"和"居中"，分别表现出描边效果的不同位置。

③ "填充类型"列表：单击右侧的下拉按钮，打开下拉列表，在该下拉列表中有3个选项，分别是"颜色""渐变"和"图案"，通过选择不同的选项确定描边效果以何种方式显示。

④ "颜色"色块：单击该色块，可对描边的颜色进行设置。

提示

选择不同的填充类型时，"填充类型"选项组会发生相应的变化。

8.6.16 隐藏与删除样式

通过隐藏或删除图层样式，可以去除为图层添加的图层样式效果，方法如下。

· 删除图层样式：添加图层样式的图层右侧会显示 *fx* 图标，单击该图标可以展开所有添加的图层效果，拖动该图标或"效果"项至面板底端删除按钮 🗑 上，可以删除图层样式，如图8-67所示。

图8-67 删除图层样式

- 删除图层效果：拖动效果列表中的图层效果至删除按钮 🗑 上，可以删除该图层效果，如图8-68所示。
- 隐藏图层效果：单击图层效果左侧的眼睛图标 👁，可以隐藏该图层效果。

图8-68 删除图层效果

8.6.17 复制与粘贴样式

快速复制图层样式有鼠标拖动和执行菜单命令2种方法可供选用。

1. 鼠标拖动

展开图层面板图层效果列表，拖动"效果"项或 fx 图标至另一图层上，即可移动图层样式至另一个图层中，此时光标显示为 形状，同时在光标下方显示 fx 标记，如图8-69所示。

而如果在拖动时按住 Alt 键，则可以复制该图层样式至另一图层中，此时光标显示为 形状，如图8-70所示。

图8-69 移动图层样式

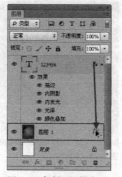

图8-70 复制图层样式

2. 执行菜单命令

在具有图层样式的图层上单击右键，在弹出的菜单中选择"拷贝图层样式"命令，然后在需要粘贴样式的图层上单击右键，在弹出的菜单中选择"粘贴图层样式"命令即可。

8.6.18 缩放样式效果

执行"图层"|"图层样式"|"缩放效果"命令，可打开"缩放图层效果"对话框，如图8-71所示。

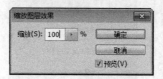

图8-71 "缩放图层效果"对话框

在对话框中的"缩放"下拉面板中可使用滑块设置缩放比例，也可直接输入缩放的数值，图8-72所示为分别设置"缩放"为50%和200%的效果。"缩放效果"命令只缩放图层样式中的效果，而不会缩放应用了该样式的图层。

图8-72 缩放图层样式

8.6.19 将图层样式创建为图层

选择添加了样式的图层，执行"图层"|"图层样式"|"创建图层"命令，系统会弹出一个提示对话框，如图8-73所示。

单击"确定"按钮，样式便会从原图层中剥离出来成为单独的图层，如图8-74所示。在这些图层中，有的会被创建为剪贴蒙版，有的则被设置了混合样式，以确保转换前后的图像效果不会发生变化。

图8-73 提示对话框

图8-74 将图层样式转换为图层

8.7 图层的不透明度

在图层面板中有两个控制图层的不透明度的选项，即"不透明度"和"填充"，如图 8-75 所示。

图8-75 图层面板

"不透明度"选项控制着当前图层、图层组中绘制的像素和形状的不透明度，如果对图层应用了图层样式，则图层样式的不透明度也会受到该值的影响。"填充"选项只影响到图层中绘制的像素和形状的不透明度，不会影响图层样式的不透明度。

练习 8-5 调整图形的透明度

源文件路径	素材和效果\第8章\练习8-5调整图形的透明度
视频路径	视频\第8章\练习8-5调整图形的透明度.mp4
难易程度	★★

01 执行"文件"|"打开"命令，打开本书配套资源中的"素材和效果\第8章\练习8-5调整图形的透明度\图.jpg"文件，打开如图 8-76 所示的图形。

02 在图层面板中设置图层的不透明度为 50%，效果如图 8-77 所示。

图8-76 原图

图8-77 不透明度为50%

03 在图层面板中设置图层的填充为 50%，此时图层样式没有发生透明变化，效果如图 8-78 所示。

图8-78 填充为50%

8.8 图层的混合模式

一幅图像中的各个图层由上到下叠加在一起，并不仅仅是简单的图像堆积，通过设置各个图层的不透明度和混合模式，可控制各个图层图像之间的相互影响和作用，从而将图像完美融合在一起。

混合模式控制图层之间像素颜色的相互作用。

Photoshop可使用的图层混合模式有正常、溶解、叠加、正片叠底等二十几种，不同的混合模式会得到不同的效果。

练习 8-6 混合模式的使用

源文件路径	素材和效果\第8章\练习8-6混合模式的使用
视 频 路 径	视频\第8章\练习8-6混合模式的使用.mp4
难 易 程 度	★★

01 打开本书配套资源中的"素材和效果\第8章\练习8-6混合模式的使用"文件夹中的所有文件，如图8-79所示。

图8-79 打开文件

02 将"2.jpg"拖入"1.jpg"窗口中，在图层面板中设置"混合模式"为"变暗"，效果如图8-80所示。

图8-80 "变暗"混合模式效果

8.9 填充图层

填充图层是向图层填充纯色、渐变和图案创建的特殊图层。在Photoshop中，可以创建3种类型的填充图层，即纯色填充图层、渐变填充图层和图案填充图层，如图8-81所示。创建了填充图层后，可以通过设置混合模式，或者调整图层的不透明度来创建特殊的图像效果。填充图层可以随时修改或者删除，不同类型的填充图层之间还可以互相转换，也可以将填充图层转换为调整图层。

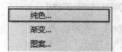

图8-81 填充图层选项

8.9.1 纯色填充图层

纯色填充图层是用一种颜色进行填充的可调整图层。

练习 8-7 为图形添加纯色色调

源文件路径	素材和效果\第8章\练习8-7为图形添加纯色色调
视 频 路 径	视频\第8章\练习8-7为图形添加纯色色调.mp4
难 易 程 度	★★

01 执行"文件"|"打开"命令，打开本书配套资源中的"素材和效果\第8章\练习8-7为图形添加纯色色调\女孩.jpg"文件。

02 执行"图层"|"新建填充图层"|"纯色"命令，或单击图层面板中的"创建新的填充或调整图层"按钮 ，在打开的快捷菜单中选择"纯色"命令，打开拾色器，设置颜色为黄色（R222，G163，B37），如图8-82所示。

图8-82 颜色值设置

03 单击"确定"按钮关闭对话框，设置新建的填充图层的混合模式为"颜色"，效果如图8-83所示。

图8-83 纯色填充前后效果对比

8.9.2 渐变填充图层

渐变填充图层所填充的颜色为渐变色，其填充的效果和渐变填充工具填充的效果相似，不同的是渐变填充图层可以反复修改。

练习 8-8 打造橘黄渐变效果

源文件路径	素材和效果\第8章\练习8-8打造橘黄渐变效果
视频路径	视频\第8章\练习8-8打造橘黄渐变效果.mp4
难易程度	★★

01 执行"文件"|"打开"命令，打开本书配套资源中的"素材和效果\第8章\练习8-8打造橘黄渐变效果\唯美.jpg"文件，如图8-84所示。

02 执行"图层"|"新建填充图层"|"渐变"命令，或单击图层面板中的"创建新的填充或调整图层"按钮 ⊘，在打开的快捷菜单中选择"渐变"命令，打开"渐变填充"对话框，单击渐变条，在弹出的"渐变编辑器"对话框中选择"橙，黄，橙渐变"预设，如图8-85所示。

03 单击"确定"按钮关闭对话框，设置新建的填充图层的混合模式为"颜色加深"，效果如图8-86所示。

图8-84
打开文件

图8-85
渐变填充参数

图8-86
渐变填充图层

8.9.3 图案填充图层

图案填充图层是运用图案填充的图层，在Photoshop中，有许多预设图案。若预设图案不理想，也可以自定义图案进行填充。

练习 8-9 使用填充为衣服添加花纹

源文件路径	素材和效果\第8章\练习8-9使用填充为衣服添加花纹
视频路径	视频\第8章\练习8-9使用填充为衣服添加花纹.mp4
难易程度	★★

01 打开本书配套资源中的"素材和效果\第8章\练习8-9使用填充为衣服添加花纹\人物.jpg"文件，执行"图层"|"新建填充图层"|"图案"命令，将弹出"图案填充"对话框，从"图案"列表框中选择填充的图案，如图8-87所示。

图8-87 "图案填充"对话框

02 单击"确定"按钮，即得到图案填充图层，选中蒙版层，填充黑色，设置前景色为白色，运用画笔工具 ✎ 在衣服上涂抹，还原衣服上的图案，设置图层的"混合模式"为"颜色加深"，效果如图 8-88 所示。

图8-88 填充图案效果

8.10 智能对象

智能对象是 Photoshop 提供的一种较先进的功能，我们可以把它看作一种容器，可以在其中嵌入位图或矢量图像数据，例如 Photoshop 的图层或 Adobe Illustrator 图形。

智能对象的好处是它能够保持相对的独立性，能够灵活地在 Photoshop 中以非破坏性方式缩放、旋转图层、变形，或者添加滤镜效果。

在 Photoshop 中，智能对象表现为一个图层，类似于文字图层、调整图层或填充图层，并在图层缩览图右下方显示智能对象标记 ▣。

8.10.1 了解智能对象的优势

众所周知，如果在 Photoshop 中频繁地缩放图像，会导致图像细节丢失而变得越来越模糊，但如果将该对象转换为智能对象，就不会有这种情况。不管对智能对象进行怎样的变换，它的源数据始终保持不变，如图 8-89 所示。

普通图层 →

← 智能对象

图8-89 再次缩放

总的来说，使用智能对象具有如下优点。

· 可进行非破坏性变换。可以根据需要按任意比例缩放图层，而不会丢失原始图像数据。

· 保留 Photoshop 不会以本地方式处理的数据，如 Illustrator 中的复杂矢量图片。 Photoshop 会自动将文件转换为它可识别的内容。

· 编辑一个图层即可更新智能对象的多个实例。

8.10.2 创建智能对象

创建智能对象，可以使用下面的方法。

· 对于使用"置入"命令置入的矢量图形或位图，Photoshop 自动将其转化为智能对象。

· 选择一个或多个图层后，选择"图层" | "智能对象" | "转换为智能对象"命令，这些图层即被打包到一个智能对象图层中。

· 复制现有的智能对象，以便创建引用相同源内容的 2 个版本。

· 将选定的 PDF 或 Adobe Illustrator 图层或对象拖入 Photoshop 文档中。

· 将图片从 Adobe Illustrator 中拷贝并粘贴到 Photoshop 文档中。

8.10.3 编辑智能对象内容

1. 编辑智能对象外观

智能对象是一类特殊的对象，由于其源数据受到保护，因此只能进行有限的编辑操作。

· 可以进行缩放、旋转、斜切，但不能进行扭曲、透视、变形等操作。

· 可以更改智能对象图层的混合模式、不透明度，并且可以添加图层样式。

· 不能直接对智能对象使用颜色调整命令，只能使用调整图层进行调整。

2. 编辑智能对象内容

如果需要更改智能对象的内容，需要进行下述操作。

· 从"图层"面板中选择智能对象，选择"图层" | "智能对象" | "编辑内容"命令，或者双击"图层"面板中的智能对象缩览图。

· 如果智能对象是矢量数据，将打开 Illustrator 进行编辑，如果是位图数据，则在 Photoshop 中打开一个新的图像窗口进行编辑。

· 智能对象内容编辑完成后，选择"文件"|"存储"命令
以提交更改。

· 返回到包含智能对象的 Photoshop 文档中，智能对象的
所有实例均已更新。

8.10.4 替换智能对象内容

Photoshop 中的智能对象具有相当大的灵活性，创建了
智能对象后，可以用一个新建的内容替换在智能对象中嵌入
的内容。

练习 8-10 替换图形内容

源文件路径	素材和效果\第8章\练习8-10替换图形内容
视 频 路 径	视频\第8章\练习8-10替换图形内容.mp4
难易程度	★★

01 打开本书配套资源中的"素材和效果\第8章\练习
8-10替换图形内容\气球"文件，选中"矢量智能对象"
图层，如图8-90所示。

02 执行"图层"|"智能对象"|"替换内容"命令，打
开"置入"对话框，选择一个名为"球"的 AI 文件，单
击"置入"按钮，可将其转入 Photoshop，替换当前选
择的智能对象，如图8-91所示。

图8-90 选择智能对象图层

图8-91 替换智能对象图层

8.10.5 将智能对象转换为普通图层

选择需要转换为普通图层的智能对象，选择"图层"|"智
能对象"|"栅格化"命令，或在智能对象图层上单击鼠标右
键，在弹出的快捷菜单中选择"栅格化图层"命令，可将智
能对象转换为普通图层，转换为普通图层后，原图层缩览图
上的智能对象标志也会消失。

8.10.6 导出智能对象内容

执行"图层"|"智能对象"|"导出内容"命令，
Photoshop 将以智能对象的原始置入格式（JPEG、AI、
TIF、PDF 或其他格式）导出智能对象。如果智能对象是利
用图层创建的，则以 PSB 格式将其导出。

8.11 综合训练——玉玲珑

本实例主要通过添加图层样式和应用图层混合模式
等操作，制作玉玲珑广告纸。

源文件路径	素材和效果\第8章\8.11综合训练——玉玲珑
视 频 路 径	视频\第8章\8.11综合训练——玉玲珑.mp4
难易程度	★★★★

01 启动 Photoshop 后，执行"文件"|"打开"命令，
弹出"打开"
对话框，在对
话框中找到本
实例的背景素
材，如图8-92
所示，单击"确
定"按钮。

图8-92 打开素材文件

02 选择横排
文字工具 T，
在工具选项栏
中设置参数，
输入文字，效
果如图 8-93
所示。

图8-93 填充颜色

03 双击文字图层缩览图，弹出"图层样式"对话框，给文字添加斜面和浮雕、内阴影、光泽、外发光、投影效果，如图 8-94 所示，图像效果如图 8-95 所示。

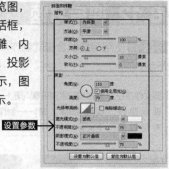

图8-94 添加图层样式

图8-95 图层样式效果

04 执行"打开"命令，弹出"打开"对话框，在对话框中找到玉器素材，放置至合适的位置，效果如图 8-96 所示。

图8-96 打开素材

05 运用同样的操作方法输入并编辑文字，调整文字的大小，复制"王"图层样式至图层中，不透明度设为 86%，如图 8-97 所示。

06 选择横排文字工具 T，在工具选项栏中设置字体为 "华文行楷"，字体大小为 81.89 点，颜色为白色，在图像中输入并编辑"翡"字，效果如图 8-98 所示。

图8-97 编辑文字

图8-98 编辑文字

07 新建一个图层，命名为"云彩"，将前景色设置为深绿色（#238700），背景色设为白色，执行"滤镜"｜"渲染"｜"云彩"命令，效果如图 8-99 所示。

08 按 Ctrl+T 快捷键，进入自由变换状态，将"云彩"图层大小调整与"翡"字一致，使纹理看起来更细腻，按住 Ctrl 键，单击文字图层得到文字图层选区，按 Ctrl+Shift+I 键反选，按 Delete 删除，如图 8-100 所示。

图8-99 编辑云彩　　　　图8-100 删除多余的云彩

09 为云彩图层添加图层样式，参数值如图 8-101 所示。

10 在图层面板中单击"创建新组"按钮，将文字图层与云彩图层放置在新组中并更名字为"字体-翡"，如图 8-102 所示。最终效果如图 8-103 所示。

图8-101 图层样式参数

图8-102 创建新组　　　　图8-103 最终效果

8.12 课后习题

习题1: 使用明度混合模式制作书籍封面，如图 8-104 所示。

源文件路径	素材和效果\第8章\习题1——制作书籍封面
视频路径	视频\第8章\习题1——制作书籍封面.mp4
难易程度	★★★

图8-104 习题1——制作书籍封面

习题2: 利用调色命令为照片调色，为色彩鲜艳的照片调出复古色调，如图 8-105 所示。

源文件路径	素材和效果\第8章\习题2——创意复古照片
视频路径	视频\第8章\习题2——创意复古照片.mp4
难易程度	★★★

图8-105 习题2——创意复古照片

习题3: 创建、复制图层，通过创建图层组对图层进行有效的管理和调整，创建如图 8-106 所示的公益广告。

源文件路径	素材和效果\第8章\习题3——全球气候变暖公益广告
视频路径	视频\第8章\习题3——全球气候变暖公益广告.mp4
难易程度	★★★★

图8-106
习题3——全球气候变暖公益广告

第 9 章

通道与图层蒙版

通道的主要功能是保存颜色数据，同时通道也可以用来保存和编辑选区。图层蒙版可以轻松控制图层区域的显示或隐藏，是进行图像合成最常用的工具。

本章主要讲解通道和图层蒙版的相关知识，包括 Alpha 通道、专色通道、通道操作与运算以及图层蒙版等内容。学习并切实掌握这部分知识对于更深层次理解并掌握 Photoshop 的精髓有很大的益处。

本章学习目标
■ 了解 Alpha 通道；
■ 了解专色通道；
■ 掌握通道的操作方法；
■ 掌握图层蒙版的使用方法。

本章重点内容
■ 通道的操作方法；
■ 图层蒙版的使用方法。

扫 码 看 课 件

9.1 关于通道

通道有两大功能，即存储图像颜色信息和存储选区。在 Photoshop 中，通道的数目取决于图像的颜色模式。例如，CMYK 模式的图像有 5 个通道，即青色通道、洋红通道、黄色通道、黑色通道，以及由 4 个通道合成的通道，如图 9-1 所示。而 RGB 模式图像则有 4 个通道，即红通道、绿通道、蓝通道和 1 个合成通道，如图 9-2 所示。

图 9-1 CMYK模式的图像

图 9-2 RGB模式的图像

这些不同的通道保存了图像的不同颜色信息，例如在 RGB 模式图像中，"红"通道保存了图像中红色像素的分布信息，"蓝"通道保存了图像中蓝色像素的分布信息，正是由于这些原色通道的存在，所有的原色通道合成在一起时，才会得到具有丰富色彩效果的图像。

9.2 Alpha通道

在 Photoshop 中新建的通道被自动命名为 Alpha 通道，Alpha 通道用来存储选区。

9.2.1 通过操作认识 Alpha 通道

Alpha 通道与选区存在着密不可分的关系，通道可以转换成选区，而选区也可以保存为通道。图 9-3 所示为一个图像中的 Alpha 通道，在其被转换成选区后，可以得到如图 9-4 所示的选区。

图 9-3 图像中的通道

图 9-4 转换后得到的选区

图 9-5 所示为使用魔棒工具得到的选区，在将其保存为 Alpha 通道后，得到如图 9-6 所示的 Alpha 通道。

图 9-5 使用魔棒工具得到的选区

图 9-6 保存选区后得到的通道

通过这两个示例可以看出，Alpha 通道中的黑色区域对应非选区，而白色区域对应选择区域，由于在 Alpha 通道中可以创建从黑到白共 256 级灰度色，因此能够创建并通过编辑得到非常精细的选择区域。

练习 9-1 通过操作认识 Alpha 通道

源文件路径	素材和效果\第9章\练习9-1 通过操作认识Alpha通道
视频路径	视频\第9章\练习9-1 通过操作认识Alpha通道.mp4
难易程度	★★

01 启动 Photoshop，执行"文件"|"新建"命令，在"新建"对话框中设置参数，如图 9-7 所示，单击"确定"按钮，新建一个空白文档。

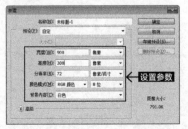

图 9-7 "新建"对话框

02 在工具箱中选择自定形状工具 ，在选项栏中选择"路径"，单击"形状"下拉按钮，从列表中选择"百合花饰"形状，如图 9-8 所示。

图 9-8 选择"百合花饰"形状

03 在图像窗口中按住鼠标左键拖动鼠标绘制一个"百合花饰"形的路径，按 Ctrl+Enter 快捷键将路径转换为选区，如图 9-9 所示。

图 9-9 创建选区

04 执行"选择"|"存储选区"命令，在弹出的对话框中设置名称，如图 9-10 所示。

图 9-10 "存储选区"对话框

05 按照相同的方法创建常春藤的选区，如图 9-11 所示。

图 9-11 创建选区

06 再次执行"选择"|"存储选区"命令，在弹出的对话框中设置名称，如图 9-12 所示。

图 9-12 "存储选区"对话框

07 按照相同的方法创建一个爪印的选区，按 Shift+F6 快捷键调出"羽化选区"对话框，在弹出的对话框中设

置"羽化半径"为 20 像素，如图 9-13 所示。

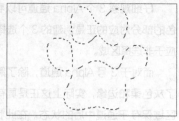

图 9-13 创建选区

08 再次执行"选择"|"存储选区"命令，在弹出的对话框中设置名称，如图 9-14 所示。

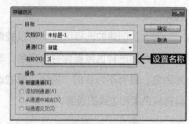

图 9-14 "存储选区"对话框

09 切换至"通道"面板，可以发现"通道"面板中多了 3 个 Alpha 通道，如图 9-15 所示。

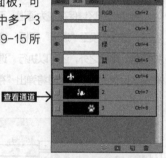

图 9-15 "通道"面板

10 分别切换至 3 个 Alpha 通道，图像显示效果如图 9-16 所示。

1号Alpha通道效果

2号Alpha通道效果
图 9-16 3个Alpha通道

3号Alpha通道效果

仔细观察 3 个 Alpha 通道可以看出，3 个通道中白色的部分对应的正是创建的 3 个选择区域，而黑色则对应于非选择区域。

而对于 3 号 Alpha 通道，除了黑色与白色外，出现了灰色柔和边缘，实际上这正是具有"羽化"值的选择区域保存于通道中后的状态。在此状态下，Alpha 通道中的灰色区域代表部分选择，换言之，即具有羽化值的选择区域。

因此，创建的选择区域都可以被保存在"通道"面板中，而且选择区域被保存为白色，非选择区域被保存为黑色，具有不为 0 的"羽化"值的选择区域被保存为具有灰色柔和边缘的通道。

9.2.2 将选区保存为通道

要将选择区域保存成通道，可以在选择区域存在的情况下，直接切换至"通道"面板，单击"将选区存储为通道"按钮 ◙。除此之外，还可以执行"选择"|"存储选区"命令将选区保存为通道，这时将弹出"存储选区"对话框，如图 9-17 所示。

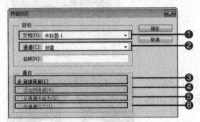

图 9-17 "存储选区"对话框

"存储选区"对话框中各选项含义如下。

❶ 文档：该下拉列表中显示了所有已打开的尺寸大小与当前操作的图像文件相同的文件的名称，选择这些文件名称可以将选择区域保存在该图像文件中。如果在下拉菜单中选择"新建"选项，则可以将选择区域保存在一个新文件中。

❷ 通道：在该下拉菜单中列有当前文件中已存在的 Alpha 通道名称及"新建"选项。如果选择已有的 Alpha 通道，可以替换该 Alpha 通道所保存的选择区域。如果选择"新建"选项，可以创建一个新 Alpha 通道。

❸ 新建通道：选中该选项，可以添一个新通道。如果在"通道"下拉菜单中选择了一个已存在的 Alpha 通道，"新

建通道"选项将转换为"替换通道"，选中此选项可以用当前选择区域生成的新通道替换所选的通道。

❹ 添加到通道：在"通道"下拉列表中选择一个已存在的 Alpha 通道时，此选项可被激活。选中该选项，可以在原通道的基础上添加当前选择区域所定义的通道。

❺ 从通道中减去：在"通道"下拉列表中选择一个已存在的 Alpha 通道时，此选项可被激活。选中该选项，可以在原通道的基础上减去当前选择区域所创建的通道，即在原通道中以黑色填充当前选择区域。

❻ 与通道交叉：在"通道"下拉列表中选择一个已存在的 Alpha 通道时，此选项可被激活。选中该选项，可以得到原通道与当前选择区域所创建的通道的重合区域。

练习 9-2 将选区保存为通道

源文件路径	素材和效果\第9章\练习9-2 将选区保存为通道
视频路径	视频\第9章\练习9-2 将选区保存为通道.mp4
难易程度	★★

01 打开"人物 .psd"素材文件，查看已经存在的 Alpha 通道及通道面板，如图 9-18 所示。

图 9-18 已存在的Alpha通道及通道面板

02 选择椭圆选框工具，在图像中创建圆形选区，如图 9-19 所示。

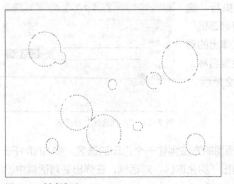

图 9-19 创建选区

03 执行"选择"|"存储选区"命令，在弹出的对话框中设置选项，如图 9-20 所示，得到的通道如图 9-21 所示。

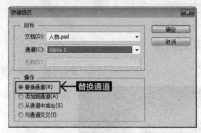

图 9-20 选择"替换通道"

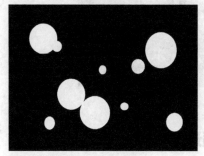

图 9-21 选择"替换通道"效果

04 执行"选择"|"存储选区"命令，在弹出的对话框中设置选项，如图 9-22 所示，得到的通道如图 9-23 所示。

图 9-22 选择"添加到通道"

图 9-23 选择"添加到通道"效果

05 执行"选择"|"存储选区"命令，在弹出的对话框中设置选项，如图 9-24 所示，得到的通道如图 9-25 所示。

06 执行"选择"|"存储选区"命令，在弹出的对话框中设置选项，如图 9-26 所示，得到的通道如图 9-27 所示。

图 9-24 选择"从通道中减去"

图 9-25 选择"从通道中减去"效果

图 9-26 选择"与通道交叉"

图 9-27 选择"与通道交叉"效果

9.2.3 编辑 Alpha 通道

Alpha 通道不仅仅能够用于保存选区，更重要的是通过编辑 Alpha 通道，可以得到灵活多样的选择区域。

练习 9-3 创建七夕节广告海报

源文件路径	素材和效果\第9章\练习9-3创建七夕节广告海报
视频路径	视频第9章\练习9-3创建七夕节广告海报.mp4
难易程度	★★

01 打开"七夕 .psd"文件，切换至"通道"面板，选择"Alpha 1"通道，进入编辑状态。

02 执行"滤镜"|"其他"|"最大值"命令，在弹出的对话框中设置"半径"数值为 15，得到如图 9-28 所示的效果。

03 执行"滤镜"|"模糊"|"高斯模糊"命令，在弹出的对话框中设置"半径"数值为 30，得到如图 9-29 所示的效果。

图 9-28 应用"最大值"后的效果　　图 9-29 模糊效果

04 按 Ctrl+I 快捷键应用"反相"命令，得到如图 9-30 所示的效果。

图 9-30 应用"反相"后的效果

05 执行"滤镜"|"像素化"|"彩色半调"命令，在弹出的对话框中设置参数，如图 9-31 所示，得到如图 9-32 所示的效果。按 Ctrl+I 快捷键应用"反相"命令。

06 按住 Ctrl 键单击"Alpha 1"通道缩略图以载入其选区，切换至"图层"面板，

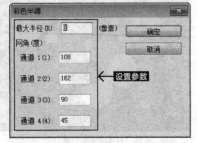

图 9-31 "彩色半调"对话框

选择"背景"图层，新建"图层1"，设置前景色为白色，按 Alt+Delete 快捷键填充前景色，按 Ctrl+D 快捷键取消选区，得到如图 9-33 所示的效果。

图 9-32 应用"彩色半调"后的效果

图 9-33 填充效果

9.2.4 将通道作为选区载入

任意一个 Alpha 通道都可以作为选区调出。要调用 Alpha 通道所保存的选区，可以采用两种方法。第一种是在"通道"面板中选择该 Alpha 通道，单击面板中"将通道作为选区载入"按钮，即可调出此 Alpha 通道所保存的选区。第二种方法是执行"选择"|"载入选区"命令，在图像中存在选区的情况下，将弹出如图 9-34 所示的"载入选区"对话框。

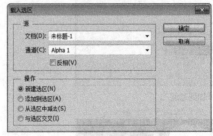

图 9-34 "载入选区"对话框

由于此对话框中的选项与"存储选区"对话框中的选项的意义基本相同，故在此不再赘述。

练习 9-4 载入通道的选区

源文件路径	素材和效果\第9章\练习9-4 载入通道的选区
视频路径	视频\第9章\练习9-4 载入通道的选区.mp4
难易程度	★★

01 打开"圣诞.psd"文件，切换至"通道"面板，如图 9-35 所示。

图 9-35 打开文件

02 在"通道"面板中选择"Alpha 1"通道，单击面板中的"将通道作为选区载入"按钮，将其载入选区，如图 9-36 所示。

图 9-36 载入 Alpha 通道内容

03 按 Ctrl+J 快捷键，复制选区内容，选择"图层 1"，执行"滤镜"|"滤镜库"命令，弹出"滤镜库"对话框，在"艺术效果"组中选择"海报边缘"，在右侧设置参数，如图 9-37 所示。

图 9-37 海报边缘

04 设置完毕后，单击"确定"按钮，得到如图 9-38 所示的效果。

图 9-38 最终效果

提示

按住 Ctrl 键单击通道，可以直接调用此通道所保存的选区区域。如果按住 Ctrl+Shift 键单击通道，可在当前选择区域中增加单击的通道所保存的选择区域。如果按住 Alt+Ctrl 键单击通道，可以在当前选择区域中减去当前单击的通道所保存的选择区域。如果按住 Alt+Ctrl+Shift 键单击通道，可以得到当前选择区域与该通道所保存的选择区域重叠的选择区域。

9.2.5 课堂范例——利用 Alpha 通道打造梦幻彩色效果

源文件路径	素材和效果\第9章\9.2.5 课堂范例——利用 Alpha 通道打造梦幻彩色效果
视 频 路 径	视频\第9章\9.2.5 课堂范例——利用 Alpha 通道打造梦幻彩色效果.mp4
难 易 程 度	★★★

01 启动 Photoshop，执行"文件"|"新建"命令，在"新建"对话框中设置参数，如图 9-39 所示，单击"确定"按钮，新建一个空白文档。

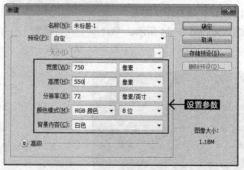

图 9-39 新建文档

02 设置前景色为（R230，G212，B167），按 Alt+Delete 快捷键填充前景色。

03 按 Ctrl+N 快捷键打开"新建"对话框，设置参数，如图 9-40 所示，单击"确定"按钮，新建一个 3×3 的文档。

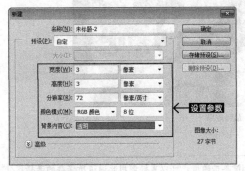

图 9-40 新建文档

04 将图像窗口放大至最大，设置前景色为黑色，选择铅笔工具 ✐，设置画笔大小为 1 像素，绘制如图 9-41 所示的图案。

图 9-41 绘制图案

05 使用椭圆选框工具 ⬭ 框选选区，执行"编辑"|"定义图案"命令，弹出"图案名称"对话框，设置图案名称，如图 9-42 所示，单击"确定"按钮。

图 9-42 定义图案

06 关闭 3×3 的文档，新建"图层 1"，选择油漆桶工具 ▱，在工具选项栏中设置选项，如图 9-43 所示，填充定义的图案，图像效果如图 9-44 所示。

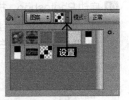

图 9-43 填充图案

图 9-44 图像效果

07 新建"图层 2"，选择渐变工具 ▨，在工具选项栏中单击渐变条 ▭▾，打开"渐变编辑器"对话框，选择"透明彩虹渐变"，如图 9-45 所示。

图 9-45 "渐变编辑器"对话框

08 单击"确定"按钮，关闭"渐变编辑器"对话框。按下工具选项栏中的"线性渐变"按钮 ▨，在图像中按住鼠标左键并由左上角至右下角拖动鼠标，图像效果如图 9-46 所示。

图 9-46 渐变效果

09 执行"滤镜"|"模糊"|"高斯模糊"命令，打开"高斯模糊"对话框，设置半径为 250 像素，如图 9-47 所示，图像效果如图 9-48 所示。

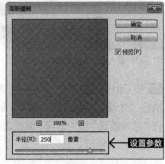

图 9-47 "高斯模糊"对话框

图 9-48 图像效果

10 单击"图层"面板底部的"添加图层蒙版"按钮▣，选择画笔工具✏，使中间部分显示出来，如图9-49所示。

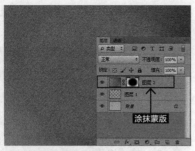

图9-49 涂抹蒙版

11 按Ctrl+O快捷键，打开"人物.jpg"素材文件，如图9-50所示。

图9-50 素材文件

12 使用移动工具将其移动到"背景"图层上方，并隐藏其他图层。在"通道"面板中选择绿通道，按住Ctrl键单击通道，将其载入选区，如图9-51所示。

图9-51 载入选区

13 单击"通道"面板底部的"创建新通道"按钮▣，新建"Alpha 1"通道，得到的效果如图9-52所示。

图9-52 创建Alpha通道

14 设置前景色为白色，按Alt+Delete快捷键填充前景色，得到的效果如图9-53所示。

图9-53 填充前景色

15 按Ctrl+D快捷键取消选区，选择画笔工具✏，将人物的背景涂抹掉，如图9-54所示。

图9-54 涂抹背景

16 按住"Ctrl键单击"Alpha 1"的缩略图，将其载入选区，按Ctrl+Shift+I快捷键反选选区，切换至图层面板，新建"图层4"，设置前景色为（R127，G127，B127），按Alt+Delete快捷键填充前景色，显示除人物外的所有图层，得到的效果如图9-55所示。

251

图 9-55 图像效果

17 双击"图层 4"的缩略图,打开"图层样式"对话框,设置渐变叠加参数,如图 9-56 所示,图像效果如图 9-57 所示。

图 9-56 设置渐变叠加参数

图 9-57 图像效果

18 新建"图层 5",将其放置在"图层 2"的上方,使用画笔工具 绘制几条大小不同的白色直线,按 Ctrl+T 快捷键,将其旋转 30°,如图 9-58 所示。

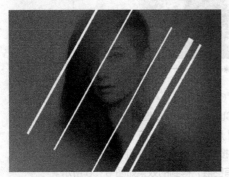

图 9-58 绘制直线

19 选择橡皮擦工具 ,在直线上擦出渐隐的效果,如图 9-59 所示。

图 9-59 擦除部分直线

20 选择横排文字工具 T ,添加文字,最终效果如图 9-60 所示。

图 9-60 图像效果

9.3 专色通道

专色是指在印刷时使用的一种预制的油墨,使用专色的好处在于可以获得通过使用 CMYK 4 色油墨无法合成的颜色效果,例如金色与银色,另外还可以降低印刷成本。

使用专色通道,可以在分色时输出第 5 块或第 6 块甚至更多的色片,用于定义需要使用专色印刷或处理的图像局部。

9.3.1 什么是专色和专色印刷

专色是指在印刷时,不通过印刷 C、M、Y、K 4 色合成的一种特殊颜色,这种颜色是由印刷厂预先混合好的或油墨厂生产的专色油墨来印刷的。使用专色可使颜色更准确，并且还能够起到节省印刷成本的作用。

9.3.2 在 Photoshop 中制作专色通道

要得到专色通道可以采用以下 3 种方法。

1. 直接创建一个空的专色通道

需要创建专色通道时，可以在"通道"面板快捷菜单中执行"新建专色通道"命令，打开"新建专色通道"对话框，如图 9-61 所示。

图 9-61 "新建专色通道"对话框

2. 根据当前选区创建专色通道

如果当前已经存在一个选择区域，可以在"通道"面板快捷菜单中执行"新建专色通道"命令，直接依据当前选区创建专色通道。

3. 直接将 Alpha 通道转换成专色通道

如果希望将一个 Alpha 通道转换成为专色通道，可以在"通道"面板快捷菜单中执行"通道选项"命令，在弹出的对话框中选中"专色"选项，如图 9-62 所示。

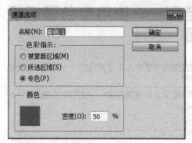

图 9-62 "通道选项"对话框

单击"确定"按钮即可将一个 Alpha 通道转换成为一个专色通道。

9.3.3 指定专色选项

使用上面的方法创建专色通道时，需要设置对话框中"颜色"的色样与"密度"数值。

单击"颜色"下方的颜色图标可打开"拾色器（专色）"对话框，如图 9-63 所示。

图 9-63 "拾色器（专色）"对话框

密度用来在屏幕上模拟印刷后专色的密度。它的设置范围为 0%~100%，当该值为 100% 时模拟完全覆盖下层油墨；当该值为 0% 时可模拟完全显示下层油墨的透明油墨。

练习 9-5　创建专色通道

源文件路径	素材和效果\第9章\练习9-5 创建专色通道
视 频 路 径	视频\第9章\练习9-5 创建专色通道.mp4
难 易 程 度	★★

01 打开"气球 .jpg"文件，如图 9-64 所示。

图 9-64 打开文件

02 选择磁性套索工具，选择图像中的气球部分，如图 9-65 所示。

03 在"通道"面板快捷菜单中执行"新建专色通道"命令，打开"新建专色通道"对话框，设置油墨颜色为橙色（R241，G99，B36），密度为 65%，如图 9-66 所示。

图 9-65 创建选区

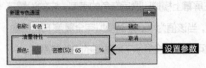

图 9-66 "新建专色通道"对话框

04 单击"确定"按钮,在"通道"面板中查看新建的专色通道,得到如图 9-67 所示的专色效果。

专色通道

图 9-67 专色效果

9.3.4 专色图像文件保存格式

　　为了使含有专色通道的图像能够正确输出,或在其他排版软件中应用,必须将文件保存为 DCS 2.0 EPS 格式,即执行"文件"|"存储"或"存储为"命令后,在弹出的对话框的"格式"下拉列表中选择"Photoshop DCS 2.0"选项,如图 9-68 所示。

　　在对话框中单击"保存"按钮后,在弹出的"DCS 2.0格式"对话框中设置选项,如图 9-69 所示。

选择

图 9-68 选择正确的文件格式

图 9-69 "DCS 2.0格式"对话框

9.3.5 课堂范例——使用专色通道设计封面

源文件路径	素材和效果\第9章\9.3.5 课堂范例——使用专色通道设计封面
视频路径	视频\第9章\9.3.5 课堂范例——使用专色通道设计封面.mp4
难易程度	★★★★

　　本实例主要介绍如何使用专色通道设计宣传册封面。

01 打开"传承 .jpg"和"诚信 .jpg"素材文件,如图 9-70 和图 9-71 所示。

02 在"诚信 .jpg"素材中观察各个颜色通道,发现绿和蓝通道基本相同,而在红通道对应红色图章的区域中看不见图章。选择蓝通道,如图 9-72 所示,按 Ctrl+A 快捷键、Ctrl+C 快捷键复制该通道。

图 9-70 打开文件

图 9-71 打开文件

图 9-72 蓝通道效果

03 切换至"传承 .jpg"素材文件,按 Ctrl+V 快捷键将"诚信 .jpg"素材中的蓝通道复制至"传承 .jpg"素材内,然后使用移动工具将其调整至合适位置,如图 9-73 所示。

图 9-73 粘贴通道至"传承"素材

04 在"通道"面板中弹出菜单,执行"新建专色通道"命令,打开"新建专色通道"对话框,设置油墨颜色为"灰

色"(R88、G88、B88),密度为"60%",如图 9-74 所示。

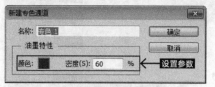

图 9-74 "新建专色通道"对话框

05 选择专色通道,在"通道"面板快捷菜单中执行"合并专色通道"命令,将专色通道合并到颜色通道中,如图 9-75 所示。

图 9-75 合并专色通道

06 选择"蓝"通道,拖动该通道至"通道"面板下方的"创建新通道"按钮 上,得到复制的通道,如图 9-76 所示。

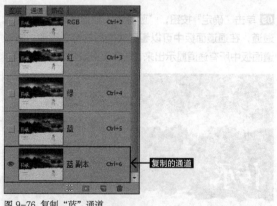

图 9-76 复制"蓝"通道

07 选择复制的"蓝 副本"通道,按 Ctrl+I 快捷键使该通道反相,如图 9-77 所示。

图 9-77 使通道反相

08 双击"蓝 副本"通道，打开"通道选项"对话框，选中"专色"单选按钮，并将名称设置为"专色"，将颜色设置为浅黄色（R255，G236，B194），将"密度"设置为 20%，如图 9-78 所示。

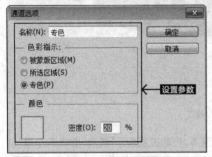

图 9-78 "通道选项"对话框

09 单击"确定"按钮，"蓝 副本"通道就转换成了专色通道，在通道面板中可以看到转换后的专色通道。将通道面板中所有通道显示出来，图像效果如图 9-79 所示。

图 9-79 转换后的效果

10 选择专色通道，在"通道"面板快捷菜单中执行"合并专色通道"命令，将专色通道合并到颜色通道中，如图 9-80 所示，完成本例效果的制作。

图 9-80 合并专色通道

9.4 复制与删除通道

要在一幅图像内复制通道，可直接将需要复制的通道拖至"通道"面板下方的"创建新通道"按钮 🔲 上，或选择要复制的通道，在"通道"面板快捷菜单中选择"复制通道"命令，打开如图 9-81 所示的对话框。

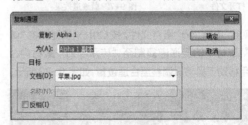

图 9-81 "复制通道"对话框

练习 9-6 复制通道

源文件路径	素材和效果\第9章\练习9-6 复制通道
视 频 路 径	视频\第9章\练习9-6 复制通道.mp4
难 易 程 度	★★

01 打开"人物 .jpg"文件，切换至"通道"面板，如图 9-82 所示。

02 选择"蓝"通道，拖动该通道至"通道"面板下方的"创建新通道"按钮 🔲 上，如图 9-83 所示，即可得到复制的通道。

图 9-82 打开文件

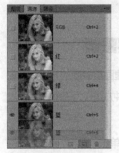

图 9-83 复制通道

03 显示所有的通道，得到如图 9-84 所示的效果。

图 9-84 复制通道效果

要删除无用的通道，可以在"通道"面板中选择要删除的通道，并将其拖至面板下方的"删除当前通道"按钮 🗑 上，或选中通道，在"通道"面板快捷菜单中选择"删除通道"命令。

提示

除 Alpha 通道及专色通道外，图像的颜色通道，如"红"通道、"绿"通道、"蓝"通道等也可以被删除。但这些通道被删除后，当前图像的颜色模式自动转换为多通道模式。

练习 9-7 删除通道

源文件路径	素材和效果\第9章\练习9-7 删除通道
视 频 路 径	视频\第9章\练习9-7 删除通道.mp4
难易程度	★★

01 打开"花田.jpg"文件，切换至"通道"面板，如图 9-85 所示。

图 9-85 打开文件

02 选择"洋红"通道，并将其拖至面板下方的"删除当前通道"按钮 🗑 上，如图 9-86 所示，删除"洋红"通道。

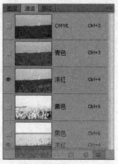

图 9-86 删除通道

03 图像转换成了多通道模式，图像的颜色也发生了变化，如图 9-87 所示。

图 9-87 删除通道效果

9.5 图层蒙版

图层蒙版是另一种通道的表现形式，图层蒙版可用于为图层增加屏蔽效果，其优点在于可以通过改变图层蒙版不同区域的黑白程度，控制图像对应区域的显示或隐藏状态，从而为图层添加特殊效果。

图 9-88 所示为应用图层蒙版后的图像效果及对应的"图层"面板。

图 9-88 图层蒙版效果示例

对比"图层"面板与使用蒙版后的实际效果可以看出，图层蒙版中黑色区域部分所对应的区域被隐藏，从而显示出底层图像；图层蒙版中的白色区域显示对应的图像区域；灰色部分使图像对应的区域半隐半显。

9.5.1 "属性"面板

"属性"面板能够提供用于图层蒙版及矢量蒙版的多种控制选项，轻松更改其浓度、边缘柔化程度，可以方便地增加或删除蒙版、使蒙版反相或调整蒙版边缘。

执行"窗口"|"属性"命令后，显示如图 9-89 所示的"属性"面板。

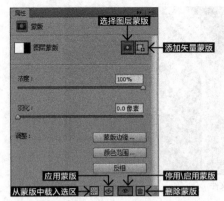

图 9-89 "属性"面板

9.5.2 创建或删除图层蒙版

在 Photoshop 中有很多种创建图层蒙版的方法，我们可以根据不同的情况来决定使用哪种方法最为简单、合适。

1. 直接添加蒙版

选择要添加图层蒙版的图层，单击"图层"面板底部的"添加图层蒙版"按钮，或执行"图层"|"图层蒙版"|"显示全部"命令，可为图层添加图层蒙版。

执行"图层"|"图层蒙版"|"显示全部"命令创建的蒙版，默认全部填充白色，因而图层中的图像仍全部显示在图像窗口中。

如果执行的是"图层"|"图层蒙版"|"隐藏全部"命令，或按住 Alt 键单击 按钮，则得到的是一个黑色的蒙版，当前图层中的图像会被全部隐藏。

练习 9-8 创建图层蒙版

源文件路径	素材和效果\第9章\练习9-8 创建图层蒙版
视频路径	视频\第9章\练习9-8 创建图层蒙版.mp4
难易程度	★★

01 打开"墙壁.jpg"素材文件，如图 9-90 所示。

图 9-90 打开文件

02 按Ctrl+O快捷键，打开"水墨画.jpg"图片素材，利用移动工具▶将图片素材添加至背景素材中，按Ctrl + T快捷键，调整图片的大小和位置，如图9-91所示。

图 9-91 添加素材

03 单击图层面板上的"添加图层蒙版"按钮▣，为"图层1"添加图层蒙版，图层面板如图9-92所示。

04 设置前景色为黑色，选择画笔工具✐，设置"不透明度"为49%，"流量"为53%，按 [或] 键调整画笔至合适的大小，在图层周围涂抹。按住 Alt 键单击图层蒙版缩略图，图像窗口中会显示出蒙版图像，如图9-93所示，从图中可以看出，位于蒙版黑色区域的图像被隐藏。

图 9-92 添加图层蒙版

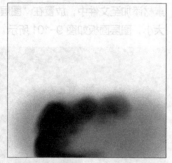

图 9-93 蒙版图像

05 如果要恢复图像显示状态，再次按住 Alt 键单击蒙版缩略图即可，此时图层面板如图 9-94 所示，图像效果如图 9-95 所示。

图 9-94 图层面板

图 9-95 图层蒙版效果

提示

添加图层蒙版后，图层的右侧会显示出蒙版缩略图，同时在图层缩略图和蒙版缩略图之间显示链接标记▫，表示当前图层蒙版和图层处于链接状态，如果移动或缩放其中一个，另一个也会发生相应的改变，如同链接图层一样。

　　按住Ctrl键单击▫按钮，可在当前图层上添加矢量蒙版。

　　图层蒙版常被用来将多个图像合成为一个场景，制作丰富多彩的图像，如图9-96所示。

图 9-96 蒙版在合成中的作用

2. 利用选区添加图层蒙版

　　如果当前图像中存在选区，可以利用该选区添加图层蒙版，并决定添加图层蒙版后是显示还是隐藏选区内部的图像。

　　建立选区后，在"图层"面板中单击"添加图层蒙版"按钮▣，或执行"图层"|"图层蒙版"|"显示选区"命令，即可依据当前选区的范围为图像添加蒙版。

　　执行"图层"|"图层蒙版"|"显示选区"命令，可得到选区外图像被隐藏的效果；若执行"图层"|"图层蒙版"|"隐

259

藏选区"命令，则会得到相反的结果，选区内的图像会被隐藏，与按住 Alt 键再单击 ■ 按钮效果相同。

此外，在创建选区后，选择"编辑"|"选择性粘贴"|"贴入"命令，在新建图层的同时会添加相应的蒙版，默认为选区外的图像被隐藏。

练习 9-9 从选区中生成图层蒙版

源文件路径	素材和效果\第9章\练习9-9 从选区中生成图层蒙版
视 频 路 径	视频\第9章\练习9-9 从选区中生成图层蒙版.mp4
难 易 程 度	★★

01 打开"窗户.jpg"素材文件，双击图层面板中的背景图层，将背景图层转换为普通图层，如图 9-97 所示。

图 9-97 转换背景图层

02 选择磁性套索工具 ，选中窗户的内部位置，如图 9-98 所示。

图 9-98 创建选区

03 单击图层面板上的"添加图层蒙版"按钮 ■，可以从选区中自动生成蒙版，选区内的图像是显示的，而选区外的图像则被蒙版隐藏，按 Ctrl+I 快捷键反相，如图 9-99 所示。

图 9-99 添加图层蒙版

04 打开"人物.jpg"素材图像，如图 9-100 所示，将素材添加至文件中，放置在"图层 0"的下方，并调整好大小，图层面板如图 9-101 所示。

图 9-100 打开人物素材

图 9-101 添加人物素材

05 图像效果如图 9-102 所示。

图 9-102 图像效果

提示

选区与蒙版之间可以相互转换。按住Ctrl键单击图层蒙版，可载入图层蒙版作为选区，蒙版的白色区域为选择区域，蒙版中的黑色区域为非选择区域。

9.5.3 编辑图层蒙版

添加图层蒙版只是完成了应用图层蒙版的第一步，要使用图层蒙版还必须对图层的蒙版进行编辑，这样才能取得所需的效果。

要编辑图层蒙版，可以参考以下操作步骤。

01 单击"图层"面板中的图层蒙版缩略图以将其激活。

02 选择任何一种编辑或绘画工具，按照下述准则进行编辑。

· 因为蒙版是灰度图像，因而可使用画笔工具、铅笔工具或渐变填充等绘图工具进行编辑，也可以使用色调调整命令和滤镜。

· 使用黑色在蒙版中绘图，将隐藏图层图像，使用白色绘图将显示图层图像。

· 使用介于黑色与白色之间的灰色绘图，将得到若隐若现的效果。

03 如果要编辑图层而不是编辑图层蒙版，单击"图层"面板中该图层的缩略图以将其激活。

9.5.4 更改图层蒙版的浓度

"属性"面板中的"浓度"滑块可以调整选定的图层蒙版或矢量蒙版的不透明度，其使用步骤如下所述。

01 在"图层"面板中，选择包含要编辑的蒙版的图层。

02 单击"属性"面板中的"选择图层蒙版"按钮 ■ 或"选择矢量蒙版"按钮 ■ 以将其激活。

03 拖动"浓度"滑块，当其数值为 100% 时，蒙版将变得完全不透明并遮挡图层下面的所有区域，此数值越低，蒙版下的可见区域越多。

图 9-103 所示为原图像，图 9-104 所示为在"属性"面板中将"浓度"设置为 50% 时的效果，可以看出蒙版中黑色变成为灰色，被隐藏的图层中的图像也开始显现出来。

图 9-103 原图像效果

图 9-104 浓度为50%的效果

9.5.5 羽化蒙版边缘

可以使用"属性"面板中的"羽化"滑块直接控制蒙版边缘的柔化程度，无需再使用"模糊"滤镜对其操作，其使用步骤如下所述。

01 在"图层"面板中，选择包含要编辑的蒙版的图层。

02 单击"属性"面板中的"选择图层蒙版"按钮 ■ 或"选择矢量蒙版"按钮 ■ 以将其激活。

03 在"属性"面板中，拖动"羽化"滑块将羽化效果应用至蒙版的边缘上，使蒙版边缘在蒙住和未蒙住区域之间创建较柔和的过渡。

图 9-105 所示为原图像，图 9-106 所示为在"属性"面板中将"羽化"设置为 50 像素时的效果。

图 9-105 原图像效果

图 9-106 羽化为50像素的效果

9.5.6 调整蒙版边缘及色彩范围

单击"蒙版边缘"按钮，将弹出"调整蒙版"对话框，如图 9-107 所示，在此对话框中可以对蒙版进行平滑化、羽化等操作。

单击"颜色范围"按钮，将弹出"色彩范围"对话框，

如图 9-108 所示，可以在对话框中更好地对蒙版进行选择操作，调整得到的选区并直接应用于当前的蒙版中。

图 9-107 "调整蒙版"对话框

图 9-108 "色彩范围"对话框

9.5.7 图层蒙版与通道的关系

在蒙版被选中的情况下，可以使用任何一种编辑或绘画工具对蒙版进行编辑，由于图层蒙版实际上是一个灰度 Alpha 通道，切换至"通道"面板后可以看到，此时"通道"面板中增加了一个名称为"图层蒙版"的通道。

图 9-109 "图层"面板

图 9-109 所示为具有蒙版的"图层"面板，图 9-110所示为切换至"通道"面板时，名称为"图层 1 蒙版"的 Alpha 通道的显示状态。

图 9-110
"通道"面板中的 Alpha 通道

9.5.8 删除与应用图层蒙版

应用图层蒙版可以将图层蒙版中黑色对应的图像删除，将白色对应的图像保留，将灰色过渡区域所对应的图像部分像素删除以得到一定的透明效果，从而保证图像效果在应用图层蒙版前后不会发生变化。

要应用图层蒙版可以执行以下操作之一。

·在"属性"面板中单击"应用蒙版"按钮 ◇。

·执行"图层"|"图层蒙版"|"应用"命令。

·在图层蒙版缩览图上单击右键，在弹出的菜单中执行"应用图层蒙版"命令。

练习 9-10　应用图层蒙版

源文件路径	素材和效果\第9章\练习9-10 应用图层蒙版
视 频 路 径	视频\第9章\练习9-10 应用图层蒙版.mp4
难 易 程 度	★★

01 打开"背景.jpg"素材文件，如图 9-111 所示。

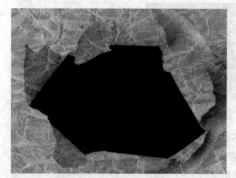

图 9-111　打开文件

02 双击图层面板中的背景图层，将背景图层转换为普通图层，使用魔棒工具 ▨ 选择黑色区域，按 Ctrl+Shift+I 快捷键反选区域，单击图层面板上的"添加图层蒙版"按钮 ▨，基于当前选区为"图层 0"添加一个图层蒙版，图层面板如图 9-112 所示，图像效果如图 9-113 所示。

图 9-112　"图层"面板

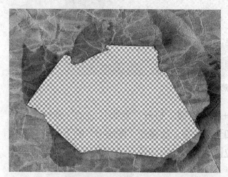

图 9-113　添加图层蒙版

03 选择"图层 0"的蒙版，执行"图层"|"图层蒙版"|"应用"命令，将蒙版效果应用到图层中，如图 9-114 所示。

图 9-114　应用图层蒙版

04 双击"图层0"的缩略图，打开"图层样式"对话框，按照如图9-115所示的参数设置投影样式，效果如图9-116所示。

图9-115 投影参数

图9-116 投影效果

05 按Ctrl+O快捷键，打开"老照片.jpg"素材文件，将素材添加至文件中，放置在"图层0"的下方，并调整好大小和位置，最终效果如图9-117所示。

图9-117 最终效果

如果想不对图像进行任何修改而直接删除图层蒙版，可以执行以下操作之一。

· 单击"属性"面板中的"删除蒙版"按钮 ⬚。

· 执行"图层"|"图层蒙版"|"删除"命令。

· 在图层蒙版缩览图上单击鼠标右键，在弹出的菜单中选择"删除图层蒙版"命令。

9.5.9 显示与屏蔽图层蒙版

要屏蔽图层蒙版，可以按住Shift键单击图层蒙版缩略图，此时蒙版上显示一个红色叉，如图9-118所示，再次按住Shift键单击蒙版缩略图即可重新显示蒙版效果。

图9-118 被屏蔽的图层蒙版

除上述方法外，执行"图层"|"图层蒙版"|"停用"或"启用"命令也可以暂时屏蔽、显示图层蒙版效果。

9.5.10 课堂范例——使用蒙版制作趣味效果

源文件路径	素材和效果\第9章\9.5.10 课堂范例——使用蒙版制作趣味效果
视频路径	视频\第9章\9.5.10 课堂范例——使用蒙版制作趣味效果.mp4
难易程度	★★

01 打开"脚.jpg""鞋子.jpg"素材文件，如图9-119、图9-120所示。

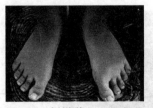

图9-119 素材文件　　　　　　图9-120 素材文件

02 运用移动工具 ⊕，将鞋子素材添加至脚素材中，适当调整图像大小和位置，如图9-121所示。

03 单击图层面板上的"添加图层蒙版"按钮 ⬚，为"图层1"图层添加图层蒙版，图层面板如图9-122所示。

图 9-121 添加素材

图 9-122 图层面板

04 选中图层蒙版,选择钢笔工具,沿着鞋面绘制图形,选择蒙版层,按 Ctrl+Enter 快捷键,将路径转换为选区,如图 9-123 所示。

图 9-123 载入选区

05 设置前景色为黑色,按 Alt+Delete 快捷键填充黑色,按 Ctrl+I 快捷键反相,使图形只显示鞋面,如图 9-124 所示。图层面板如图 9-125 所示。

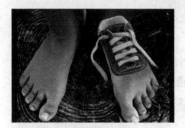

图 9-124 图层蒙版效果

图 9-125 图层面板

06 打开鞋绳素材,运用磁性套索工具 ,套出鞋绳头部,拖入画面中,调整好位置和大小,如图 9-126 所示。

07 添加图层蒙版,选择画笔工具 ,调整画笔至合适的大小,在图像上涂抹不需要保留的部分。按住 Alt 键单击图层蒙版缩览图,图像窗口中会显示出蒙版图像,如图 9-127 所示。

图 9-126 添加素材

图 9-127 图层蒙版效果

08 如果要恢复图像显示状态,再次按住 Alt 键单击蒙版缩览图即可,图像效果如图 9-128 所示。

09 按 Ctrl+J 快捷键复制一层,调整至另一个鞋绳头处,调整好位置,如图 9-129 所示。

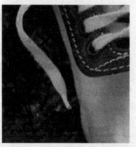

图 9-128 添加蒙版效果

图 9-129 复制图形

10 选中背景以外的所有图层,单击图层面板下面的"链接图层"按钮 ,将所有鞋面链接起来,图层面板如图 9-130 所示。

图 9-130 图层面板

11 按住 Alt 键,拖动鞋面至左边,给另一只脚也套上鞋面,按 Ctrl+T 快捷键,进入自由变换状态,单击右键,在弹出的快捷菜单中选择"水平翻转",调整好位置和角度,如图 9-131 所示。

图 9-131 复制图形

12 选择背景图层，运用套索工具 ，套出脚与脚之间的黑色区域，按 Ctrl+J 快捷键，复制两层，调整大小，如图 9-132 所示。

13 放于背景图层上，添加图层蒙版，设置前景色为黑色，运用画笔工具涂抹不需要显示的部分，效果如图 9-133 所示。

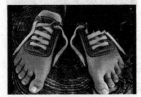

图 9-132 复制黑色背景区

图 9-133 隐藏左脚踝

14 按照相同的方法，将另一只脚的脚踝隐藏，得到的最终效果如图 9-134 所示。

图 9-134 最终效果

9.6 综合训练——创意合成

本实例制作一幅创意合成图像，主要练习在本章所学的图层蒙版功能。

源文件路径	素材和效果\第9章\9.6 综合训练——创意合成
视频路径	视频\第9章\9.6 综合训练——创意合成.mp4
难易程度	★★

01 启动 Photoshop CS6，执行"文件"|"打开"命令，打开如图 9-135 所示的人物照片素材。将"背景"图层拖至图层面板下面的"创建新图层"按钮上，复制一份，得到"背景 副本"图层。

图 9-135 素材文件

02 执行"图像"|"计算"命令，弹出"计算"对话框，在对话框中设置参数，如图 9-136 所示。

图 9-136 "计算"对话框

03 单击"确定"按钮，关闭"计算"对话框，在通道面板中生成"Alpha 1"通道，如图 9-137 所示。

图 9-137 通道面板

04 执行"图像"|"计算"命令，在弹出的"计算"对话框中设置参数，如图 9-138 所示。

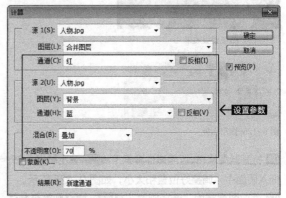

图 9-138 "计算"对话框

05 单击"确定"按钮，在通道面板中生成"Alpha 2"通道，如图 9-139 所示。

图 9-139 通道面板

06 选择 "Alpha 1" 通道，按 Ctrl+A 快捷键选择画布，如图 9-140 所示。

图 9-140 全选画布

07 按 Ctrl+C 快捷键复制，选择 "红" 通道，按 Ctrl+V 快捷键粘贴，图像效果如图 9-141 所示，按 Ctrl+D 快捷键取消选择。

图 9-141 粘贴图形

08 选择 "Alpha 2" 通道，按 Ctrl+A 快捷键选择画布，按 Ctrl+C 快捷键复制，选择 "绿" 通道，按 Ctrl+V 快捷键粘贴，按 Ctrl+D 快捷键取消选择。选择 "RGB" 通道，返回图层面板，图像效果如图 9-142 所示。

图 9-142 图像效果

09 单击图层面板上的 "添加图层蒙版" 按钮▣，为 "背景 副本" 图层添加图层蒙版。编辑图层蒙版，设置前景色为黑色，选择画笔工具▨，调整画笔至合适的大小，在人物上涂抹，恢复原来的颜色，完成后效果如图 9-143 所示，图层面板如图 9-144 所示。

10 单击 "创建新的填充或调整图层" 按钮◢，在弹出的快捷菜单中选择 "曲线"，在属性面板中的通道下拉列表中选择 "RGB" 通道，设置参数，如图 9-145 所示。

图 9-143 添加蒙版效果

图 9-144 图层面板

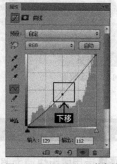

图 9-145 "RGB" 通道参数

11 继续选择 "红" "绿" "蓝" 通道，设置参数，如图 9-146 所示。

图 9-146
通道参数

图9-148 习题1——更换背景

12 至此，本实例制作完成，调整后图像效果如图 9-147 所示。

图 9-147 图像效果

9.7 课后习题

习题1: 运用蒙版快速为照片中人物更换背景，如图 9-148 所示。

源文件路径	素材和效果\第9章\习题1——更换背景
视 频 路 径	视频\第9章\习题1——更换背景.mp4
难 易 程 度	★★

习题2: 创建剪贴蒙版，为人物的衣服添加印花，如图 9-149 所示。

源文件路径	素材和效果\第9章\习题2——添加印花
视频路径	视频\第9章\习题2——添加印花.mp4
难易程度	★★★

图9-149 习题2——添加印花

习题3: 使用蒙版和剪贴蒙版制作儿童写真模板，效果 如图 9-150 所示。

源文件路径	素材和效果\第9章\习题3——儿童写真模板
视 频 路 径	视频\第9章\习题3——儿童写真模板.mp4
难 易 程 度	★★★★

图9-150 习题3——儿童写真模板

本章视频时长
51 分钟

第 10 章

滤镜的用法

滤镜在 Photoshop 中具有非常神奇的作用，通过应用不同的滤镜可以模拟出各种神奇的艺术效果，如水彩画、插画、油画等，也可以使用滤镜来修饰和美化照片，如修饰人物脸部轮廓等。

Photoshop CS6 提供了将近 100 个内置滤镜，本章将重点讲解那些使用频率较高的重要内置滤镜及特殊滤镜的使用方法，掌握这些滤镜的使用方法有助于制作特殊的文字、纹理、材质效果，并且能够提高处理图像的技巧。此外，本章将重点讲解新版本的滤镜库的使用方法与操作。

本章学习目标

- 认识并熟悉滤镜库；
- 熟悉特殊滤镜的使用方法；
- 掌握 CS6 重要内置滤镜的使用方法；
- 了解智能滤镜。

本章重点内容

- 特殊滤镜的使用方法；
- 重要内置滤镜的使用方法。

扫 码 看 课 件

10.1 滤镜库

　　"滤镜库"是 Photoshop CS 及以后版本中的功能，它可以在同一个对话框中添加并调整一个或多个滤镜，并按照从下至上的顺序应用滤镜效果，"滤镜库"的最大特点就是在应用和修改多个滤镜时效果非常直观，修改非常方便。

10.1.1 认识滤镜库

　　执行"滤镜"|"滤镜库"命令，可以打开"滤镜库"对话框，如图 10-1 所示。对话框左侧是预览区，中间是 6 组可供选择的滤镜，右侧是参数设置区。

图 10-1 "滤镜库"对话框

❶ 预览窗口：用于预览应用滤镜的效果。

❷ 滤镜缩览图列表窗口：以缩览图的形式，列出了风格化、扭曲、画笔描边、素描、纹理、艺术效果等滤镜组的一些常用滤镜。

❸ 缩放区：可缩放预览窗口中的图像。

❹ 显示/隐藏滤镜缩览图按钮：单击 按钮，对话框中的滤镜缩览图列表窗口会立即隐藏，这样图像预览窗口得到扩大，可以更方便地观察应用滤镜效果；单击 按钮，滤镜缩览图列表窗口又会重新显示出来。

❺ 滤镜下拉列表框：该列表框以列表的形式显示了滤镜缩览图列表窗口中的所有滤镜，单击下拉按钮 后可从中选择。

❻ 滤镜参数：当选择不同的滤镜时，该位置会显示出相应的滤镜参数，供用户设置。

❼ 应用到图像上的滤镜列表：该列表按照先后次序，列出了当前所有应用到图像上的滤镜。选择其中的某个滤镜，

用户仍可以对其参数进行修改，或者单击其左侧的眼睛图标，隐藏该滤镜效果。

❽ 已应用但未选择的滤镜：已经应用到当前图像上的滤镜，其左侧显示了眼睛图标。

❾ 隐藏的滤镜：隐藏的滤镜，其左侧未显示眼睛图标。

❿ 删除效果图层：单击 按钮可删除当前选择的滤镜。

⓫ 新建效果图层：单击 按钮可以添加新的滤镜。

练习 10-1 使用滤镜库打造手绘效果

源文件路径	素材和效果\第10章\练习10-1使用滤镜库打造手绘效果
视频路径	视频第10章\练习10-1使用滤镜库打造手绘效果.mp4
难易程度	★★★

01 打开"鸟.jpg"素材文件，如图 10-2 所示。

图 10-2 素材图像

02 执行"滤镜"|"滤镜库"命令，打开"滤镜库"对话框，展开"画笔描边"滤镜组列表，选择"喷色描边"滤镜，如图 10-3 所示。

图 10-3 "滤镜库"对话框

03 单击"新建效果图层"按钮 ，新建一个滤镜效果图层，该图层也会自动添加"喷色描边"滤镜，这里单击更改为"阴影线"滤镜，如图 10-4 所示。

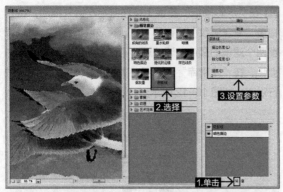

图 10-4 添加"阴影线"滤镜

04 再次单击"新建效果图层"按钮，新建滤镜效果图层，然后选择"喷溅"滤镜，如图 10-5 所示。

图 10-5 添加"喷溅"滤镜

05 单击"确定"按钮，应用滤镜效果如图 10-6 所示。

图 10-6 应用滤镜效果

10.1.2 滤镜库的应用

在滤镜库中选择一种滤镜，滤镜层控制区将显示此滤镜，单击滤镜层控制区下方的"新建效果图层"按钮，将新增一种滤镜。

1. 多次应用同一滤镜

通过在滤镜库中应用多个同样的滤镜，可以增强滤镜对图像的作用，使滤镜效果更加显著，图 10-7 所示为应用 1 次的效果，图 10-8 所示为应用 2 次的效果。

图 10-7 应用1次

图 10-8 应用2次

2. 应用多个不同滤镜

要在滤镜库中应用多个不同滤镜，可以在对话框中单击滤镜的名称，然后单击"新建效果图层"按钮，再单击要应用的新的滤镜的命令名称，则当前选中的滤镜被修改为新的滤镜。

无论是多次应用同一滤镜，还是应用多个不同滤镜，都可以在滤镜效果列表中选中某一个滤镜，然后在滤镜选项区中修改其参数，从而修改应用滤镜的效果。

提示

"滤镜库"对话框中未包含所有Photoshop的滤镜，因此有些滤镜仅能够在"滤镜"菜单下选择使用。

3. 滤镜顺序

滤镜效果列表中的滤镜顺序决定了当前作的图像的最终效果，因此当这些滤镜的应用顺序发生变化时，最终得到的图像效果也会发生变化。

练习 10-2　重新排列滤镜顺序

源文件路径	素材和效果\第10章\练习10-2 重新排列滤镜顺序
视频路径	视频第10章\练习10-2 重新排列滤镜顺序.mp4
难易程度	★★★

01 打开"橙子.jpg"素材文件，如图 10-9 所示。

02 执行"滤镜"|"滤镜库"命令，打开"滤镜库"对话框，展开"扭曲"滤镜组列表，选择"海洋波纹"滤镜，如图 10-10 所示。

图 10-9 打开文件

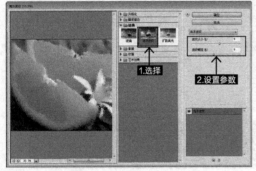

图 10-10 选择"海洋波纹"滤镜

03 单击"新建效果图层"按钮，新建一个滤镜效果图层，展开"素描"滤镜组列表，选择"水彩画纸"滤镜，如图 10-11 所示。

图 10-11 选择"水彩画纸"滤镜

04 在"水彩画纸"滤镜上按住鼠标左键并拖动，将它拖至"海洋波纹"滤镜的下方，释放鼠标左键，可以调整两个滤镜的顺序，滤镜顺序不同，图像效果也会发生变化，在"滤镜库"对话框左侧的预览窗口中对图像进行观察，如图 10-12 所示。

图 10-12 重新排列滤镜顺序

10.2　特殊滤镜

特殊滤镜包括"液化""消失点""镜头校正""自适应广角"和"油画"等 5 个使用方法较为特殊的滤镜命令，下面分别讲解这 5 个特殊滤镜的使用方法。

10.2.1　液化

液化滤镜是修饰图像和创建艺术效果的强大工具，它能够非常灵活地创建推拉、扭曲、旋转、收缩等变形效果。使用"液化"滤镜可非常方便地使图像变形和扭曲图像，就好像这些区域已熔化而像流体一样。在数码照片处理中，常使用"液化"工具修饰脸形或身材，或得到怪异的变形效果。

执行"滤镜"|"液化"命令，打开"液化"对话框，如图 10-13 所示。

图 10-13 "液化"对话框

对话框中各选项含义如下。

❶ 包括执行液化的各种工具，其中"向前变形工具" 🔲 通过在图像上按住鼠标左键拖动，向前推动图像而产生变形，"重建工具" 🔲 通过绘制变形区域，能部分或全部恢复图像的原始状态；"冻结蒙版工具" 🔲 将不需要液化的区域创建为冻结的蒙版；"解冻蒙版工具" 🔲 则可以取消冻结，使图像可被重新编辑。

❷ 重建选项：通过按钮选择重建液化的方式。其中"重建"按钮可以将未冻结的区域逐步恢复为初始状态；"恢复全部"可以一次性恢复全部未冻结的区域。

❸ 蒙版选项：设置蒙版的创建方式。单击"全部蒙住"按钮可冻结整个图像；单击"全部反相"按钮使所有冻结区域反相。

❹ 视图选项：定义当前图像、蒙版以及背景图像的显示方式。

练习 10-3　使用液化滤镜创建特殊文字

源文件路径	素材和效果\第10章\练习10-3 使用液化滤镜创建特殊文字
视频路径	视频\第10章\练习10-3 使用液化滤镜创建特殊文字.mp4
难易程度	★★★★

01 打开"公益海报.psd"素材文件，如图10-14所示。

02 在图层面板中选择文字所在的"图层1"，执行"滤镜"|"液化"命令，打开"液化"对话框，如图10-15所示。

图 10-14 打开文件

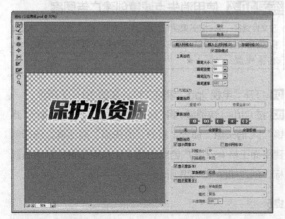

图 10-15 "液化"对话框

03 选中"视图选项"组中的"显示背景"复选框，在"使用"下拉列表中选择"图层0"，使"图层0"作为背景显示，在"模式"下拉列表中选择"背后"选项，并设置不透明度为100%，如图10-16所示。此时预览窗口中的图像效果如图10-17所示。

图 10-16 设置参数

图 10-17 预览效果

04 使用向前变形工具 🔲，在"工具选项"组中设置"画笔大小"为15，如图10-18所示。在文字图像上涂抹，对文字进行变形处理，如图10-19所示。

图 10-18 设置参数　　　　图 10-19 预览效果

提示

"液化"对话框中包含可以进行各种扭曲变形的工具，然而在进行各种变形时，有时会遇到扭曲变形过度或将不需要变形的地方也进行了变形的情况，所以结合"重建工具" 🔲、"冻结蒙版工具" 🔲 和"解冻蒙版工具" 🔲 对图像进行编辑，可使我们在对图像进行扭曲变形时更加轻松。

使用重建工具 🔲 在变化扭曲的图像上涂抹，被涂抹的区域将会恢复为原来的样子，如图10-20所示。

原图　　　　进行变形后的图　　　　恢复部分原图效果
图 10-20 重建工具使用效果

05 选择顺时针旋转扭曲工具 ，在"工具选项"组中设置"画笔大小"为 30，"画笔速率"为 100，如图 10-21 所示。在文字图像上按住鼠标左键不放，旋转扭曲图像，如图 10-22 所示。

图 10-21 设置参数　　　图 10-22 预览效果

提示

在使用顺时针旋转扭曲工具时，按住Alt键，可以在涂抹过程中逆时针旋转扭曲图像。

06 使用膨胀工具 ，在文字图像上按住鼠标左键不放，向周围膨胀挤压图像，如图 10-23 所示。

07 使用褶皱工具 ，在文字图像上单击鼠标左键，使画笔区域下的图像向中心收缩，如图 10-24 所示。

图 10-23 预览效果　　　图 10-24 预览效果

08 结合以上各个工具，对其他文字图像进行变形处理，最终效果如图 10-25 所示。

图 10-25 最终效果

10.2.2 消失点

消失点滤镜可以在图像中创建透视网格，然后使用绘画、仿制、复制粘贴和变换等操作，使图像适应透视的角度和大小。执行"滤镜"|"消失点"命令，可打开"消失点"对话框，如图 10-26 所示。

图 10-26 "消失点"对话框

对话框中各选项含义如下。

❶ 包括创建和编辑网格的各种工具，其中编辑平面工具 可选择、编辑、移动平面和调整平面大小；创建平面工具 可通过在图像中单击添加节点的方式创建透视网格；选框工具 可在创建的网格中创建选区；图章工具 可在创建的透视网格中复制图像；变换工具 可在复制的图像进行缩放、移动和旋转。

❷ 设置网格在平面中的大小及网格角度。

练习 10-4 使用消失点滤镜创建广告图案

源文件路径	素材和效果\第10章\练习10-4使用消失点滤镜创建广告图案
视频路径	视频\第10章\练习10-4使用消失点滤镜创建广告图案.mp4
难易程度	★★★★

01 打开"电视 .jpg"素材文件，如图 10-27 所示。

02 按 Ctrl+J 快捷键，将"背景"图层复制一层。执行"滤镜"|"消失点"命令，打开"消失点"对话框。选择创建平面工具 ，在广告牌上的 4 个角点位置分别单击鼠标，创建如图 10-28 所示的形状的平面。

提示

按Ctrl＋＋快捷键放大图像，移动光标至角点上，当光标显示为 形状时，可精确调整平面角点的位置。

图 10-27 打开文件

图 10-28 创建平面

03 广告牌变形平面创建完成，单击"确定"按钮暂时关闭"消失点"对话框。

04 按 Ctrl + O 快捷键，打开平面广告图像，如图 10-29 所示。按 Ctrl + A 快捷键，全选图像，按 Ctrl + C 快捷键复制图像至剪贴板中。

图 10-29 打开文件

05 切换至广告牌图像窗口，执行"滤镜"|"消失点"命令，打开"消失点"对话框，此时图像上显示了刚刚创建的网格。按 Ctrl + V 快捷键，将图像粘贴至变形窗口中，如图 10-30 所示。

图 10-30 粘贴图像

06 当光标显示为 ▶ 形状时向下拖动至网格内，图像即按照设置的变形网格形状变形，选择变换工具，适当调整图像的大小，效果如图 10-31 所示。

图 10-31 调整大小

07 单击"确定"按钮关闭对话框，得到如图 10-32 所示的效果。

图 10-32 最终效果

10.2.3 镜头校正

镜头校正滤镜可以校正许多普通照相机镜头变形失真的
缺陷,例如桶状畸变或枕形畸变、色差、晕影、透视缺陷等。

练习10-5 校正变形图片

源文件路径	素材和效果\第10章\练习10-5校正变形图片
视 频 路 径	视频\第10章\练习10-5校正变形图片.mp4
难易程度	★★★

01 打开"建筑.jpg"素材文件,如图10-33所示。

图 10-33 打开文件

02 执行"滤镜"|"镜头校正"
命令,弹出"镜头校正"对话框,
在右边参数区中设置相关参数,
如图10-34所示。

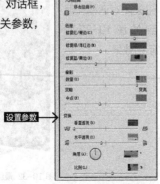

图 10-34 设置参数

03 单击"确定"按钮,此时高建筑产生的倾斜畸变得
到了校正,如图10-35所示。

图 10-35 校正图像

10.2.4 自适应广角

自适应广角滤镜可以校正由于使用广角镜头而造成的镜
头扭曲。该滤镜可以快速拉直在全景图或采用鱼眼镜头和广
角镜头拍摄的照片中看起来弯曲的线条。例如,建筑物在使
用广角镜头拍摄时会看起来向内倾斜。

练习10-6 将广角镜头拍摄的照片修改为平面图片

源文件路径	素材和效果\第10章\练习10-6 将广角镜头拍摄的照片修改为平面图片
视 频 路 径	视频\第10章\练习10-6 将广角镜头拍摄的照片修改为平面图片.mp4
难易程度	★★★

01 打开"建筑.jpg"素材文件,如图10-36所示,由
于镜头的原因,建筑向内发生了倾斜。

02 执行"滤镜"|"自适应广角"命令,打开"自适应
广角"对话框,在对话框右侧设置校正参数,如图
10-37所示。

图 10-36 打开文件

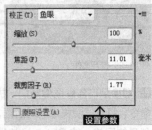

图 10-37 设置参数

03 单击对话框左上角的约束工具 ，在画面中需要拉直的地方绘制约束直线，如图 10-38 所示。

04 松开鼠标左键后，即可将弯曲的图像拉直，如图 10-39 所示。

图 10-38 绘制约束直线   图 10-39 拉直图像

05 按照相同的方法对变形位置进行校正，得到的效果如图 10-40 所示。

06 单击"确定"按钮，选择工具箱中的裁剪工具 ，裁去变形的边缘，得到的最终效果如图 10-41 所示。

图 10-40 校正图像   图 10-41 最终效果

10.2.5 油画

　　油画滤镜是一种新的艺术滤镜，可以让图像产生油画效果。执行"滤镜"|"油画"命令，弹出"油画"对话框，如图 10-42 所示。

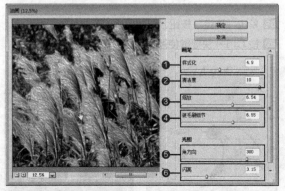

图 10-42 "油画"对话框

对话框中各选项含义如下。

❶ 样式化：用来调整笔触样式。

❷ 清洁度：用来设置纹理的柔化程度。

❸ 缩放：用来对纹理进行缩放。

❹ 硬毛刷细节：用来设置画笔细节的丰富程度，该值越高，毛刷纹理越清晰。

❺ 角方向：用来设置光线的照射角度。

❻ 闪亮：可以提高纹理的清晰度，产生锐化效果。

练习 10-7 将图片改为油画效果

源文件路径	素材和效果\第10章\练习10-7将图片改为油画效果
视 频 路 径	视频\第10章\练习10-7将图片改为油画效果.mp4
难 易 程 度	★★

01 打开"芦苇.jpg"素材文件，如图 10-43 所示。

02 执行"滤镜"|"油画"命令，弹出"油画"对话框，在右边设置相关参数，如图 10-44 所示。

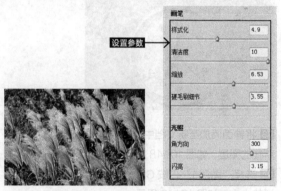

图 10-43 打开文件   图 10-44 设置参数

03 单击"确定"按钮，效果如图 10-45 所示。

图 10-45 最终效果

10.2.6 课堂范例——制作时间流逝图

源文件路径	素材和效果\第10章\10.2.6课堂范例——制作时间流逝图
视 频 路 径	视频\第10章\10.2.6课堂范例——制作时间流逝图.mp4
难 易 程 度	★★★★

本实例主要通过液化滤镜来制作时间流逝图。

01 启动 Photoshop 后，执行"文件"|"新建"命令，弹出"新建"对话框，在对话框中设置参数，如图 10-46 所示，单击"确定"按钮，新建一个空白文档。

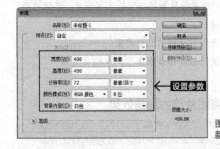

图 10-46 新建文档

02 打开"时针.jpg"素材文件，如图 10-47 所示。选择椭圆选框工具，通过移动和变换选区选取钟面部分。

图 10-47 素材图像

03 将钟面添加至新文档中，按 Ctrl+J 快捷键复制钟面所在的图层，如图 10-48 所示。

04 选择"图层 1"，按 Ctrl+T 快捷键，调整钟面至合适的大小，如图 10-49 所示。

05 使用移动工具，并按 Ctrl+T 快捷键，调整其他钟面的位置和大小，如图 10-50 所示。选择 4 个小钟面所在的图层，按 Ctrl+E 快捷键合并图层，将合并所得的图层重命名为"小钟面"。

图 10-48 图层面板

图 10-49 自由变换

图 10-50 自由变换

06 执行"滤镜"|"液化"命令，打开"液化"对话框，选择"向前变形"工具，设置"画笔大小"为 100，如图 10-51 所示，对小钟面进行扭曲变形，扭曲效果如图 10-52 所示。

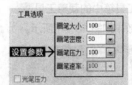

图 10-51 设置参数

图 10-52 液化效果

07 选择大钟面所在的"图层 1"，执行"滤镜"|"扭曲"|"旋转扭曲"命令，打开"旋转扭曲"对话框，设置参数，如图 10-53 所示。

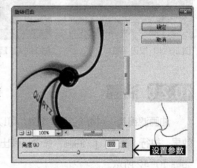

图 10-53 "旋转扭曲"对话框

08 单击"确定"按钮，扭曲效果如图 10-54 所示。

09 按 Ctrl+I 快捷键使图像反相，如图 10-55 所示。

图 10-54 旋转扭曲效果

图 10-55 反相

10 选择"小钟面"图层，将图层混合模式设置为"线性减淡"。双击图层缩略图，打开"图层样式"对话框，设置外发光参数，如图 10-56 所示，所得的效果如图 10-57 所示。

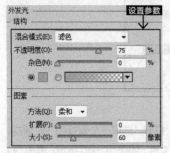

图 10-56 外发光参数

图 10-57 图像效果

11 执行"滤镜"|"模糊"|"径向模糊"命令，打开"径向模糊"对话框，设置参数，如图 10-58 所示。

12 单击"确定"按钮，最终效果如图 10-59 所示。

图 10-58 "径向模糊"对话框

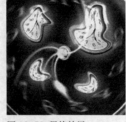

图 10-59 最终效果

10.3 重要内置滤镜讲解

在 Photoshop 中滤镜可以分为 2 类，一类是随 Photoshop 安装而安装的内部滤镜，共 9 大类近 100 个，另一类是外部滤镜，它们由第三方软件商按 Photoshop 标准的开放插件结构编写，需要单独购买，比较著名的有 KPT 系列滤镜和 Eye Candy 系列滤镜。

正是由于这些功能强大、效果绝佳的滤镜，才使得 Photoshop 具有了超强的图像处理功能，并进一步拓展了设计人员的创意空间。

10.3.1 马赛克

"马赛克"滤镜可以使像素结成方块状，模拟像素效果。

练习 10-8 使用"马赛克"滤镜

源文件路径	素材和效果\第10章\练习10-8 使用"马赛克"滤镜
视频路径	视频\第10章\练习10-8 使用"马赛克"滤镜.mp4
难易程度	★★★

01 打开"糖果 .jpg"素材文件，如图 10-60 所示，按 Ctrl+J 快捷键复制图层。

图 10-60
打开文件

02 执行"滤镜"|"像素化"|"马赛克"命令，打开"马赛克"对话框，设置相关参数，如图 10-61 所示。

图 10-61 "马赛克"对话框

03 单击"确定"按钮，设置图层的混合模式为正片叠底，效果如图 10-62 所示。

图 10-62
马赛克效果

10.3.2 置换

"置换"滤镜可以用一张PSD格式的图像作为位移图，使当前操作的图像根据位移图产生弯曲。"置换"对话框如图10-63所示。

图10-63 "置换"对话框

对话框中各选项含义如下。

❶ 在"水平比例""垂直比例"的文本框中，可以设置水平与竖直方向图像发生位移变形的程度。

❷ 选中"伸展以适合"选项，将在位移图小于当前操作图像的情况下拉伸位移图，使其与当前操作图像的大小相同。

❸ 选中"拼贴"选项，将在位移图小于当前操作图像的情况下拼贴多个位移图，以适合当前操作图像的大小。

❹ 选中"折回"选项，将用位移图的另一侧内容填充未定义的图像。

❺ 选中"重复边缘像素"选项，将按指定的方向沿图像边缘扩展像素的颜色。

练习10-9 使用"置换"滤镜修饰图形

源文件路径	素材和效果\第10章练习10-9 使用"置换"滤镜修饰图形
视频路径	视频\第10章练习10-9 使用"置换"滤镜修饰图形.mp4
难易程度	★★

01 打开"向日葵.jpg"素材文件，如图10-64所示。

图10-64 打开文件

02 执行"滤镜"|"扭曲"|"置换"命令，打开"置换"对话框，设置相关参数，如图10-65所示。

图10-65 "置换"对话框

03 单击"确定"按钮，打开"选取一个置换图"对话框，选择"手控.psd"图像文件，如图10-66所示，单击"打开"按钮。

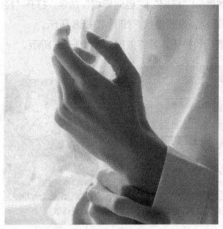

图10-66 置换图

04 返回图像文件窗口，可以看到置换后的效果，如图10-67所示。

图10-67 置换效果

10.3.3 极坐标

"极坐标"滤镜以坐标轴为基准，将图像从平面坐标转换到极坐标，或将极坐标转换为平面坐标。

练习 10-10 使用"极坐标"滤镜

源文件路径	素材和效果\第10章\练习10-10 使用"极坐标"滤镜
视频路径	视频\第10章\练习10-10 使用"极坐标"滤镜.mp4
难易程度	★★★

01 打开"草原.jpg"素材文件，如图 10-68 所示。

图 10-68 打开文件

02 执行"滤镜"|"扭曲"|"极坐标"命令，打开"极坐标"对话框，在对话框中选中"平面坐标到极坐标"单选按钮，如图 10-69 所示，扭曲效果如图 10-70 所示。

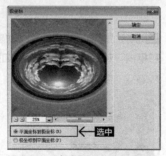

图 10-69 "极坐标"对话框

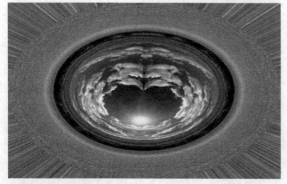

图 10-70 平面坐标到极坐标

03 选中"极坐标到平面坐标"单选按钮，如图 10-71 所示，扭曲效果如图 10-72 所示。

图 10-71 "极坐标"对话框

图 10-72 极坐标到平面坐标

10.3.4 高斯模糊

"高斯模糊"滤镜可以添加低频细节，使图像产生一种朦胧效果。

练习 10-11 使用"高斯模糊"滤镜

源文件路径	素材和效果\第10章\练习10-11 使用"高斯模糊"滤镜
视频路径	视频\第10章\练习10-11 使用"高斯模糊"滤镜.mp4
难易程度	★★★

01 打开"花海.jpg"素材文件，如图 10-73 所示。选择椭圆选框工具，建立一个椭圆选区，并按 Ctrl+Shift+I 快捷键反选选区，如图 10-74 所示。

02 执行"滤镜"|"模糊"|"高斯模糊"命令，打开"高斯模糊"对话框，在对话框中设置半径为 5 像素，如图 10-75 所示。

03 单击"确定"按钮，按 Ctrl+D 快捷键取消选区，得到如图 10-76 所示的效果。

图 10-73 打开文件

图 10-74 建立选区

图 10-75 "高斯模糊"对话框

图 10-76 高斯模糊效果

10.3.5 动感模糊

"动感模糊"滤镜可以根据制作效果的需要沿指定方向模糊图像,产生的效果类似于以固定的曝光时间给一个移动的对象拍照。

练习 10-12 打造冲刺效果

源文件路径	素材和效果\第10章\练习10-12打造冲刺效果
视 频 路 径	视频\第10章\练习10-12打造冲刺效果.mp4
难 易 程 度	★★★

01 打开"骑行 .jpg"素材文件,如图 10-77 所示,按 Ctrl+J 快捷键复制图层。

图 10-77 打开文件

02 执行"滤镜"|"模糊"|"动感模糊"命令,打开"动感模糊"对话框,设置参数,如图 10-78 所示。

图 10-78 "动感模糊"对话框

03 参数设置完毕后,单击"确定"按钮,动感模糊效果如图 10-79 所示。

04 单击图层面板上的"添加图层蒙版"按钮■,添加图层蒙版,设置前景色为黑色,选择画笔工具✐,在人物的位置上涂抹,隐藏人物部分的模糊效果,如图 10-80 所示。

图 10-79 动感模糊效果

图 10-80 最终效果

10.3.6 径向模糊

"径向模糊"滤镜可以模拟缩放或旋转的相机所产生的模糊效果。执行"滤镜"|"模糊"|"径向模糊"命令，打开"径向模糊"对话框，如图 10-81 所示。

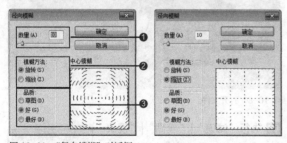

图 10-81 "径向模糊"对话框

提示

> 移动光标至"中心模糊"框中单击，可指定模糊的中心位置。

　　对话框中各选项含义如下。

❶ "数量"数值框：用来设置模糊的强度，数值越大，模糊效果越强烈。

❷ "模糊方法"中包括 2 个选项，选中"旋转"选项，将

沿同心圆环线模糊图像，然后指定旋转的角度。若选中"缩放"选项，则沿径向线模糊，产生放射状的图像效果。

❸ "品质"选项组：控制应用模糊效果后图像的显示品质，分为"草图""好"和"最好"3 种类型："草图"处理速度最快但会产生颗粒状的结果，"好"和"最好"可以产生比较平滑的结果，但除非在较大的图像上，否则看不出区别。

练习 10-13 使用"径向模糊"滤镜

源文件路径	素材和效果\第10章\练习10-13 使用"径向模糊"滤镜
视频 路径	视频\第10章\练习10-13 使用"径向模糊"滤镜.mp4
难易程度	★★★

01 打开"城堡 .jpg"素材文件，如图 10-82 所示。

图 10-82 打开文件

02 执行"滤镜"|"模糊"|"径向模糊"命令，打开"径向模糊"对话框，在"模糊方法"选项组中选中"旋转"选项，单击"确定"按钮，效果如图 10-83 所示。

图 10-83 旋转效果

03 在"模糊方法"选项组中选中"缩放"选项，单击"确定"按钮，效果如图 10-84 所示。

图 10-84 缩放效果

10.3.7 镜头模糊

"镜头模糊"滤镜可以模拟摄影时镜头抖动产生的模糊效果，使图像看起来更加柔和，颜色过渡更加柔滑，从而产生朦胧的效果。

执行"滤镜"|"模糊"|"镜头模糊"命令，打开"镜头模糊"对话框，如图 10-85 所示。

图 10-85 "镜头模糊"对话框

"镜头模糊"对话框中各选项含义如下。

❶ 源：在该下拉列表框中可以选择 Alpha 通道。

❷ 模糊焦距：拖动该滑块可以调节位于焦点内的像素深度。

❸ 反相：选中该选项后，模糊的深度将与"源"（选区或通道）的作用正好相反。

❹ 形状：在该下拉列表框中，可以选择自定义的光圈数量，默认情况下为 6。

❺ 半径：该参数可以控制模糊的程度。

❻ 叶片弯度：该参数用来消除光圈的边缘。

❼ 旋转：拖动该滑块，可以调节光圈的角度。

❽ 亮度：拖动该滑块，可以调节图像高光处的亮度。

❾ 阈值：拖动该滑块可以控制亮度的截止点，使比该值亮的像素都被视为镜面高光。

❿ 数量：控制添加杂色的数量。

⓫ 平均、高斯分布：选中这两个选项中的一个，可以决定杂色分布的形式。

⓬ 单色：选中该选项，将使在添加杂色的同时不影响原图像中的颜色。

练习 10-14 使用"镜头模糊"滤镜

源文件路径	素材和效果\第10章\练习10-14 使用"镜头模糊"滤镜
视频路径	视频第10章\练习10-14 使用"镜头模糊"滤镜.mp4
难易程度	★★

01 打开"折纸 .jpg"素材文件，如图 10-86 所示。

图 10-86 打开文件

02 执行"滤镜"|"模糊"|"镜头模糊"命令，打开"镜头模糊"对话框，设置参数，如图 10-87 所示。

设置参数 →

图 10-87 设置参数

03 单击"确定"按钮，效果如图 10-88 所示。

图 10-88 镜头模糊效果

10.3.8 场景模糊

"场景模糊"滤镜可以对指定的区域进行模糊，通过控制点设置模糊的区域和大小。

练习 10-15 使用"场景模糊"滤镜

源文件路径	素材和效果\第10章\练习10-15 使用"场景模糊"滤镜
视频路径	视频\第10章\练习10-15 使用"场景模糊"滤镜.mp4
难易程度	★★★

01 打开"布娃娃 .jpg"素材文件，如图 10-89 所示。

02 执行"滤镜"|"模糊"|"场景模糊"命令，打开"模糊工具"和"模糊效果"面板，在娃娃的鼻子位置单击添加一个模糊点，在"模糊工具"面板中设置模糊为 0 像素，如图 10-90 所示，即不对该点进行模糊处理，如图 10-91 所示。

03 继续在周围添加模糊点，在"模糊工具"面板中设置模糊值分别为 5 像素、10 像素、15 像素，如图 10-92 所示。

图 10-89 打开文件

图 10-90 添加模糊点

图 10-91 场景模糊参数

图 10-92 添加模糊点

04 单击"确定"按钮，效果如图 10-93 所示。

图 10-93 场景模糊效果

10.3.9 光圈模糊

所谓光圈模糊，其实就是模仿光圈大小所形成的浅景深模糊效果，以突出画面主体。

练习 10-16 使用"光圈模糊"滤镜

源文件路径	素材和效果\第10章\练习10-16 使用"光圈模糊"滤镜
视频路径	视频\第10章\练习10-16 使用"光圈模糊"滤镜.mp4
难易程度	★★★

01 打开"水晶球 .jpg"素材文件，如图 10-94 所示。

图 10-94 打开文件

02 执行"滤镜"|"模糊"|"光圈模糊"命令，打开"模糊工具"和"模糊效果"面板，如图 10-95 所示。在图像上自动生成一个模糊光圈，如图 10-96 所示。

285

图 10-95 "模糊
工具"和"模糊
效果"面板　　图 10-96 效果

03 拖动模糊光圈内的黑色小圆，可以调整光圈范围，
如图 10-97 所示。

04 拖动模糊光圈内的白色小圆，可以调整模糊范围，
如图 10-98 所示。

图 10-97 调整光圈范围　　图 10-98 调整模糊范围

05 拖动模糊光圈线上的小圆可以旋转缩放模糊光圈，
如图 10-99 所示。

06 往外拖动模糊光圈线上的小方形，可以调整模糊光
圈的方度，如图 10-100 所示。

图 10-99 旋转缩放　　图 10-100 调整方度

07 在"模糊效果"面板中设置"光源散景"为 20%，
如图 10-101 所示。

08 在"模糊效果"面板中设置"散景颜色"为 75%，
如图 10-102 所示。

图 10-101 光源散景调整　　图 10-102 散景颜色调整

09 在"模糊效果"面板
中设置"光照范围"参数，
如图 10-103 所示。图像
效果如图 10-104 所示。

10 按 Enter 键或单击选
项栏中的"确定"按钮，
确定模糊效果，如图
10-105 所示。

图 10-103 "光照范围"参数

图 10-104 光照范围效果　　图 10-105 图像效果

10.3.10 倾斜偏移

"倾斜偏移"滤镜通过移动或旋转不同的轴线得到
不同的模糊范围，只能对某个区域进行模糊，不适用于
特定的对象。

练习 **10-17** 使用"倾斜偏移"滤镜

源文件路径	素材和效果\第10章\练习10-17 使用"倾斜偏移"滤镜
视频路径	视频第10章练习10-17 使用"倾斜偏移"滤镜.mp4
难易程度	★★

01 打开"纸盒人 .jpg"素材文件，如图 10-106 所示。

图 10-106 打开文件

02 执行"滤镜"|"模糊"|"倾斜偏移"命令，打开"模糊工具"和"模糊效果"面板，设置参数，如图 10-107 所示。

03 将光标移至画面的小白点处，出现旋转箭头时，可以对模糊效果进行旋转，移至白线处，出现双向箭头时，可以偏移模糊效果，如图 10-108 所示。

图 10-107 设置参数

图 10-108 偏移模糊效果

04 按 Enter 键或单击选项栏中的"确定"按钮，效果如图 10-109 所示。

图 10-109 最终效果

10.3.11 云彩

"云彩"滤镜使用介于前景色与背景色之间的随机值生成柔和的云彩图案。执行"云彩"命令时，现有图层上的图像将被替换，如图 10-110 所示，若在应用"云彩"滤镜时按住 Alt 键，则可以产生色彩更加鲜明的云彩图案，如图 10-111 所示。

图 10-110 云彩滤镜效果

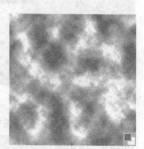

图 10-111 按住Alt键应用"云彩"滤镜的效果

10.3.12 镜头光晕

"镜头光晕"滤镜模拟亮光照射到相机镜头中所产生的折射效果，执行"滤镜"|"渲染"|"镜头光晕"命令，打开"镜头光晕"对话框，如图 10-112 所示。

图 10-112 "镜头光晕"对话框

在该对话框中，通过单击图像缩览图的任一位置或拖移其十字线，可以指定光晕中心的位置；拖动"亮度"滑块可以控制光晕的强度；选择不同的镜头类型，适当运用，可以使图像的整体效果更好。

练习 10-18	使用"镜头光晕"滤镜
源文件路径	素材和效果\第10章\练习10-18 使用"镜头光晕"滤镜
视频路径	视频\第10章\练习10-18 使用"镜头光晕"滤镜.mp4
难易程度	★★★

01 打开"风景.jpg"素材文件，如图 10-113 所示。

图 10-113 打开文件

02 选择"背景"图层，按住鼠标左键并拖动至"创建新图层"按钮上，释放鼠标左键后得到"背景副本"图层。执行"滤镜"|"渲染"|"镜头光晕"命令，在弹出的对话框中设置参数，如图 10-114 所示。

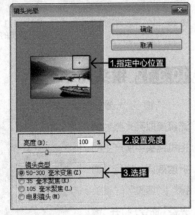

图 10-114 设置参数

03 完成后单击"确定"按钮，效果如图 10-115 所示。

图 10-115 图像效果

04 复制"背景 副本"图层得到"背景 副本 2"图层，再次执行"滤镜"|"渲染"|"镜头光晕"命令，在弹出的对话框中设置参数，如图 10-116 所示。

05 完成后单击"确定"按钮，效果如图 10-117 所示。

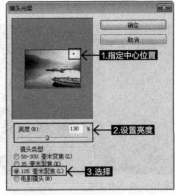

图 10-116 设置参数

图 10-117 图像效果

10.3.13 USM 锐化

"USM 锐化"滤镜可以查找图像颜色发生明显变化的区域，然后将其锐化。

练习 10-19 使用"USM 锐化"滤镜

源文件路径	素材和效果\第10章\练习10-19 使用"USM锐化"滤镜
视频路径	视频第10章\练习10-19 使用"USM锐化"滤镜.mp4
难易程度	★★★

01 打开"樱桃.jpg"素材文件，如图 10-118 所示。

图 10-118 打开文件

02 执行"滤镜"|"锐化"|"USM 锐化"命令，弹出"USM 锐化"对话框,设置参数,如图 10-119 所示。

图 10-119 设置参数

03 单击"确定"按钮,效果如图 10-120 所示。

图 10-120 最终效果

10.3.14 课堂范例——制作绚丽的梦幻光圈

源文件路径	素材和效果\第10章\10.3.14 课堂范例——制作绚丽的梦幻光圈
视频路径	视频第10章\10.3.14课堂范例——制作绚丽的梦幻光圈.mp4
难易程度	★★★★

本实例主要通过"镜头光晕"和"极坐标"滤镜来制作绚丽的梦幻光圈。

01 启动 Photoshop 后,执行"文件"|"新建"命令,弹出"新建"对话框,在对话框中设置参数,如图 10-121 所示,单击"确定"按钮,新建一个空白文档。

02 将背景颜色填充为黑色,执行"滤镜"|"渲染"|"镜头光晕"命令,在弹出的对话框中设置光晕效果在左上角位置,亮度为 110%,镜头类型为"电影镜头",如图 10-122 所示。

03 继续执行"滤镜"|"渲染"|"镜头光晕"命令 2 次,为图像添加光晕。

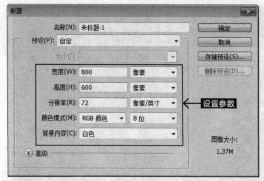

图 10-121 新建文档

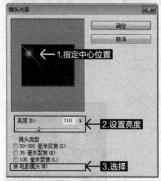

图 10-122 "镜头光晕"对话框

04 再次执行"滤镜"|"渲染"|"镜头光晕"命令,将镜头类型设置为"30 毫米聚焦",如图 10-123 所示,图像效果如图 10-124 所示。

05 执行"滤镜"|"扭曲"|"极坐标"命令,打开"极坐标"对话框,选中"平面坐标到极坐标"单选按钮,如图 10-125 所示。单击"确定"按钮,得到的效果如图 10-126 所示。

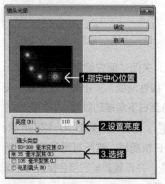

图 10-123 "镜头光晕"对话框

图 10-124 镜头光晕效果

图 10-125 "极坐标"对话框

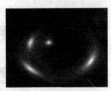

图 10-126 极坐标效果

06 新建"图层1"，选择工具箱中的渐变工具，在工具选项栏中单击渐变条，打开"渐变编辑器"对话框，选择"透明彩虹渐变"，如图 10-127 所示。

图 10-127 "渐变编辑器"对话框

07 单击"确定"按钮，关闭"渐变编辑器"对话框。按下工具选项栏中的"线性渐变"按钮，在图像中按住鼠标左键并由左上角至右下角拖动鼠标，并将图层的混合模式设置为"叠加"，图像效果如图 10-128 所示。

08 按 Ctrl+Alt+Shift+E 快捷键，将所有图层盖印到新图层中，生成"图层2"，并设置图层的混合模式为"滤色"，如图 10-129 所示。

图 10-128 图像效果

图 10-129 设置混合模式

09 按 Ctrl+O 快捷键，打开"龙 .jpg"素材文件，将其添加至图像窗口中，并放置在"图层2"下方，最终效果如图 10-130 所示。

图 10-130 最终效果

10.4 智能滤镜

智能滤镜是 Photoshop CS3 版本中新增的一个强大功能。在使用 CS3 版本之前的 Photoshop 时，如果要对智能对象图层应用滤镜，就必须将智能对象图层栅格化，此时智能对象图层将失去其智能对象的特性。

智能滤镜功能就是为了解决这一难题而产生的，通过为智能对象使用智能滤镜，不仅可以使图像具有应用滤镜命令后的效果，而且还可以对所添加的滤镜进行反复的修改。

10.4.1 添加智能滤镜

智能对象图层主要是由智能蒙版以及智能滤镜列表构成的，其中，智能蒙版主要是用于隐藏智能滤镜对图像的处理效果，而智能滤镜列表则显示了当前智能滤镜图层中所应用的滤镜名称。

练习 10-20 添加智能滤镜

源文件路径	素材和效果\第10章\练习10-20 添加智能滤镜
视频路径	视频第10章\练习10-20 添加智能滤镜.mp4
难易程度	★★

01 打开"草莓
.psd"素材文件,
如图 10-131 所示。

图 10-131 打开文件

02 选择"图层 1",单击
鼠标右键,在弹出的快捷菜
单中选择"转换为智能对
象"命令,将图像转换为智
能对象,如图 10-132 所示。

图 10-132 转换为智能对象

提示

如果选择的是没有参数的滤镜(如查找边缘、云彩等),则可
直接对智能对象图层中的图像进行处理,并创建对应的智能
滤镜。

03 执行"滤镜"|"像
素化"|"马赛克"
命令,弹出"马赛克"
对话框,设置参数,
如图 10-133 所示。

图 10-133 "马赛克"对话框

04 单击"确定"按钮,生成一个对应的智能滤镜图层,
如图 10-134 所示。图像编辑窗口中的图像效果也随之改
变,如图 10-135 所示。

图 10-134 图层面板　　　　图 10-135 智能滤镜效果

10.4.2 编辑智能滤镜蒙版

使用智能滤镜蒙版,可以使滤镜应用到智能对象图层的
局部,其操作原理与图层蒙版的原理相同,即使用黑色来隐
藏图像,使用白色显示图像,而灰色则产生一定的透明效果。

要编辑智能蒙版,可以按照下面的步骤进行操作。

练习 10-21 编辑智能滤镜蒙版

源文件路径	素材和效果\第10章\练习10-21 编辑智能滤镜蒙版
视频路径	视频第10章\练习10-21 编辑智能滤镜蒙版.mp4
难易程度	★★

01 打开"智能滤镜.psd"素材文件,如图 10-136 所示,
选中要编辑的智能蒙版。

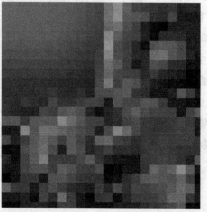

图 10-136 打开文件

02 选择画笔工具 ✏，设置前景色为黑色，在蒙版中涂抹。

03 图 10-137 所示为对应的"图层"面板，图 10-138 所示为在智能滤镜蒙版中绘制蒙版后得到的图像效果。可以看出，由于蒙版黑色的遮盖，导致了该智能滤镜的部分效果被隐藏，即滤镜命令仅被应用于局部图像中。

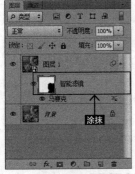

图 10-137 图层面板

图 10-138 蒙版效果

如果要删除智能滤镜蒙版，可以直接在蒙版缩览图中"智能滤镜"的名称上单击右键，在弹出的菜单中执行"删除滤镜蒙版"命令，如图 10-139 所示，或者执行"图层"|"智能滤镜"|"删除滤镜蒙版"命令。

图 10-139 删除滤镜蒙版

在删除智能滤镜蒙版后，如果要重新添加蒙版，则必须在"智能滤镜"这 4 个字上单击右键，在弹出的菜单中执行"添加滤镜蒙版"命令，如图 10-140 所示，或执行"图层"|"智能滤镜"|"添加滤镜蒙版"命令。

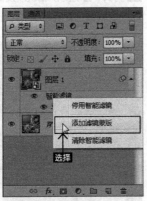

图 10-140 添加滤镜蒙版

10.4.3 编辑智能滤镜

智能滤镜的突出优点之一是允许操作者反复编辑所应用的滤镜的参数，其操作方法非常简单，直接在"图层"面板中双击要修改参数的滤镜名称即可。

练习 10-22 编辑智能滤镜

源文件路径	素材和效果\第10章\练习10-22 编辑智能滤镜
视频路径	视频\第10章\练习10-22 编辑智能滤镜.mp4
难易程度	★★

01 打开"智能滤镜.psd"素材文件，如图 10-141 所示，在"图层"面板中双击"马赛克"滤镜名称。

02 弹出"马赛克"对话框，将单元格大小修改为 80，如图 10-142 所示。

图 10-141 打开文件

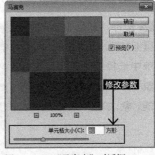

图 10-142 "马赛克"对话框

03 单击"确定"按钮，得到的编辑效果如图 10-143 所示。

需要注意的是在添加多个智能滤镜的情况下，如果编辑了先添加的智能滤镜，将会弹出与图 10-144 所示的图片类似的提示框，此时，需要修改参数才能看到这些滤镜叠加在一起应用的效果。

图 10-143 编辑效果

图 10-144 提示框

10.4.4 编辑智能滤镜混合选项

通过编辑智能滤镜的混合选项，可以让滤镜所生成的效果与原图像混合，将具有更强的操作灵活性。

练习10-23 编辑智能滤镜混合选项

源文件路径	素材和效果\第10章\练习10-23 编辑智能滤镜混合选项
视频路径	视频\第10章\练习10-23 编辑智能滤镜混合选项.mp4
难易程度	★★

01 打开"智能滤镜.psd"素材文件，如图10-145所示。

图10-145 打开文件

02 在"图层"面板中双击智能滤镜名称后面的 ≡ 图标，打开"混合选项"对话框，设置"模式"为"正片叠底"，如图10-146所示。

图10-146 "混合选项"对话框

03 单击"确定"按钮，得到的效果如图10-147所示。

图10-147 混合效果

10.4.5 删除智能滤镜

如果要删除一个智能滤镜，可直接在该滤镜名称上单击右键，在弹出的菜单中执行"删除智能滤镜"命令，如图10-148所示，或者直接将要删除的滤镜拖至"图层"面板底部的"删除图层"按钮 🗑 上。

如果要清除所有的智能滤镜，可在"智能滤镜"（即智能滤镜蒙版的名称）上单击右键，在弹出的菜单中执行"清除智能滤镜"命令，如图10-149所示，或直接执行"图层"|"智能滤镜"|"清除智能滤镜"命令。

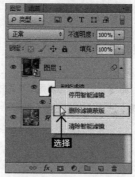
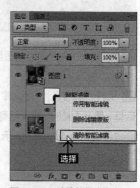

图10-148 删除智能滤镜　　图10-149 清除智能滤镜

10.4.6 课堂范例——制作网点照片

源文件路径	素材和效果\第10章\10.4.6 课堂范例——制作网点照片
视频路径	视频\第10章\10.4.6 课堂范例——制作网点照片.mp4
难易程度	★★★★

本实例主要通过智能滤镜来制作网点照片。

01 打开"寿司.jpg"素材文件，如图10-150所示。

图10-150 打开文件

02 执行"滤镜"|"转换为智能滤镜"命令,将背景图层转换为智能对象,图层面板如图 10-151 所示。

图 10-151
图层面板

03 按 Ctrl+J 快捷键复制图层,将前景色设置为(R243,G140,B249)。

04 执行"滤镜"|"滤镜库"命令,打开"滤镜库"对话框,展开"素描"滤镜组列表,选择"半调图案"滤镜,参数设置如图 10-152 所示。

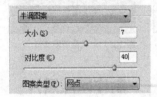

图 10-152
设置参数

05 单击"确定"按钮,对图像应用智能滤镜,其图层面板和图像效果如图 10-153、图 10-154 所示。

06 执行"滤镜"|"锐化"|"USM 锐化"命令,打开"USM锐化"对话框,参数设置如图 10-155 所示,对图像进行锐化,使网点变得清晰。

07 单击"确定"按钮,其图层面板和图像效果如图10-156、图 10-157 所示。

图 10-153
图层面板

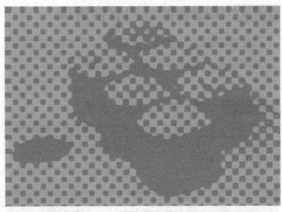

图 10-154 图像效果

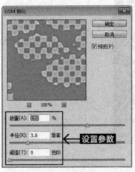

图 10-155 "USM锐化"对话框　　图 10-156 图层面板

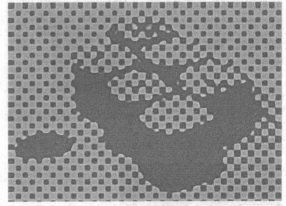

图 10-157 图像效果

08 设置图层的混合模式为"正片叠底",如图 10-158所示。

09 选择"图层 0",将前景色设置为(R0,G255,B255)。执行"滤镜"|"滤镜库"命令,打开"滤镜库"对话框,展开"素描"滤镜组列表,选择"半调图案"滤镜,使用默认的参数,将"图层 0"中的图像处理为

网点效果，如图 10-159 所示。

图 10-158 设置混合模式

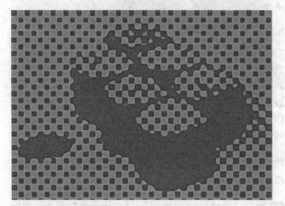

图 10-159 半调图案效果

10 执行"滤镜"|"锐化"|"USM 锐化"命令，锐化网格点，如图 10-160 所示。

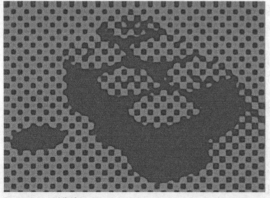

图 10-160 锐化效果

11 使用移动工具 ，按↓和←键微移图层，使上下两个图层中的网点错开，最后使用裁剪工具将照片的边缘裁齐，所得效果如图 10-161 所示。

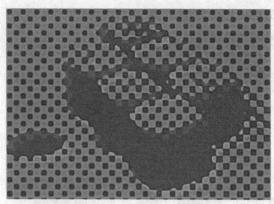

图 10-161 最终效果

10.5 综合训练——制作烟花效果图

本训练综合使用极坐标、高斯模糊、查找边缘等多种滤镜和方法，制作漂亮的焰火。

源文件路径	素材和效果\第10章\10.5 综合训练——制作烟花效果图
视 频 路 径	视频\第10章\10.5综合训练——制作烟花效果图.mp4
难 易 程 度	★★★★★

01 启动 Photoshop 后，执行"文件"|"新建"命令，弹出"新建"对话框，在对话框中设置参数，如图 10-162 所示，单击"确定"按钮，新建一个空白文档。

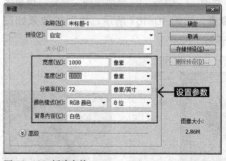

图 10-162 新建文件

02 选择工具箱中的渐变工具 ，在工具选项栏中单击渐变条 ，打开"渐变编辑器"对话框，选择"色谱"渐变，如图 10-163 所示。

03 单击"确定"按钮，关闭"渐变编辑器"对话框。按下工具选项栏中的"线性渐变"按钮 ，在图像中按住鼠标左键并由上至下拖动鼠标,填充渐变效果如图 10-164 所示。

图 10-163 "渐变编辑器"对话框

图 10-164 渐变效果

04 按快捷键 D 把前景色和背景颜色复位为黑色和白色,执行"滤镜"|"扭曲"|"极坐标"命令,打开"极坐标"对话框,选中"平面坐标到极坐标"单选按钮,如图 10-165 所示。单击"确定"按钮,得到的效果如图 10-166 所示。

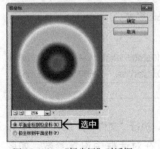

图 10-165 "极坐标"对话框

图 10-166 极坐标效果

05 执行"滤镜"|"模糊"|"高斯模糊"命令,设置半径为 40 像素,如图 10-167 所示。得到的效果如图 10-168 所示。

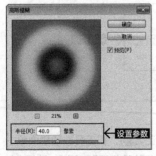

图 10-167 "高斯模糊"对话框

图 10-168 高斯模糊效果

06 执行"滤镜"|"像素化"|"点状化"命令,设置单元格大小为 30,如图 10-169 所示。得到的效果如图 10-170 所示。

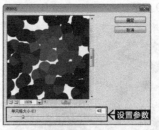

图 10-169 "点状化"对话框

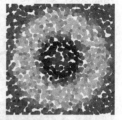

图 10-170 点状化效果

07 执行"图像"|"调整"|"反相"命令,得到的效果如图 10-171 所示。

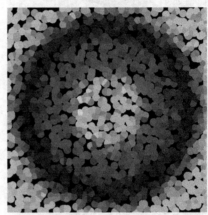

图 10-171 反相效果

08 执行"滤镜"|"风格化"|"查找边缘"命令,得到的效果如图 10-172 所示。

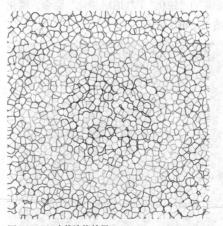

图 10-172 查找边缘效果

09 执行"图像"|"调整"|"反相"命令,得到的效果如图 10-173 所示。

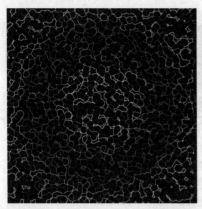

图 10-173 反相效果

10 按快捷键 X 设置前景色为白色，背景色为黑色，执行"滤镜"|"像素化"|"点状化"命令，设置单元格大小为 10，如图 10-174 所示。得到的效果如图 10-175 所示。

图 10-174 "点状化"对话框

图 10-175 点状化效果

11 单击"创建新的填充或调整图层"按钮 ，创建一个纯色调整图层，颜色设置为黑色，如图 10-176 所示。

图 10-176 "拾色器（纯色）"对话框

12 单击"确定"按钮，选择椭圆选框工具 ，按住 Shift 键创建正圆形选区，然后按 Shift + F6 快捷键羽化，羽化半径设置为 80 像素。

13 选择纯色调整图层中的蒙版，按 Alt+Delete 快捷键填充成黑色，按 Ctrl+D 快捷键取消选区，如图 10-177 所示。

图 10-177 填充蒙版

14 新建"图层 1"，按 Ctrl+Alt+Shift+E 快捷键盖印图层，并设置图层的混合模式为"正片叠底"，如图 10-178 所示。

图 10-178 盖印图层

15 按 Ctrl+J 快捷键把当前图层复制一层，新建"图层 2"，按 Ctrl+Alt+Shift+E 快捷键盖印图层，如图 10-179 所示。

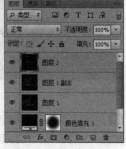

图 10-179 图层面板

16 执行"滤镜"|"扭曲"|"极坐标"命令，选中"极坐标到平面坐标"单选按钮，如图10-180所示。得到的效果如图10-181所示。

图 10-180 "极坐标"对话框

图 10-183 "风"对话框

图 10-181 极坐标效果

17 执行"图像"|"图像旋转"|"90度（顺时针）"命令，得到的效果如图10-182所示。

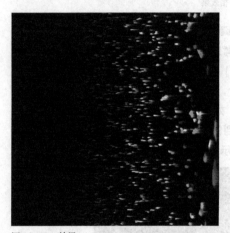

图 10-184 效果

19 按Ctrl+F快捷键2次，加强风的效果，如图10-185所示。

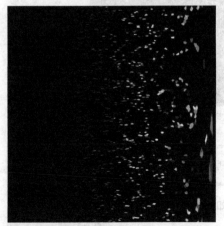

图 10-182 旋转

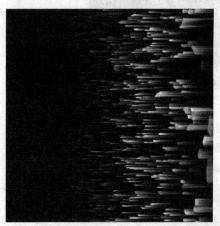

图 10-185 加强效果

18 执行"滤镜"|"风格化"|"风"命令，设置参数，如图10-183所示，效果如图10-184所示。

20 执行"图像"|"图像旋转"|"90度（逆时针）"命令，得到的效果如图10-186所示。

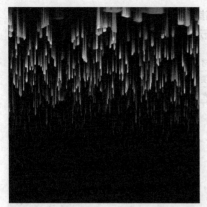

图 10-186 旋转

21 执行"滤镜"|"扭曲"|"极坐标"命令，选中"平面坐标到极坐标"单选按钮，如图 10-187 所示。得到的效果如图 10-188 所示。

图 10-187 "极坐标"对话框

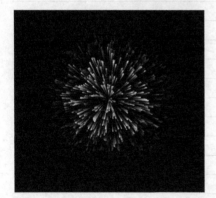

图 10-188 极坐标效果

22 单击"创建新的填充或调整图层"按钮 ，创建色相/饱和度调整图层，设置"全图""黄色""青色"的参数，如图 10-189 所示，效果如图 10-190 所示。

图 10-189 色相/饱和度参数

图 10-189 色相/饱和度参数（续）

图 10-190 最终效果

10.6 课后习题

习题 1: 对图片进行加马赛克处理，如图 10-191 所示。

源文件路径	素材和效果\第10章\习题1——对图片进行加马赛克处理
视频路径	视频\第10章\习题1——对图片进行加马赛克处理.mp4
难易程度	★★★

图10-191 习题1——对图片进行加马赛克处理

299

图10-191 习题1——对图片进行加马赛克处理（续）

习题 2: 对图片进行影印处理，效果如图 10-192 所示。

源文件路径	素材和效果\第10章\习题2——对图片进行影印处理
视频路径	视频第10章\习题2——对图片进行影印处理.mp4
难易程度	★★★

图10-192 习题2——对图片进行影印处理

习题 3: 使用高斯模糊、水彩等滤镜制作一幅山水画，
如图 10-193 所示。

源文件路径	素材和效果\第10章\习题3——制作一幅山水画
视频路径	视频第10章\习题3——制作一幅山水画.mp4
难易程度	★★★★

图10-193 习题3——制作一幅山水画

心得笔记

本章视频时长
32 分钟

第 11 章

动作和自动化的应用

随着 Photoshop 版本的升级和功能增强，其智能化程度也越来越高，其中动作和自动化是其智能功能的集中体现。它们共同的特点是能够根据用户要求迅速完成一个文件或多个文件的成批处理。灵活使用动作和自动化功能，可以减少重复劳动、降低工作强度、提高工作效率。

本章主要讲解 Photoshop 中动作的应用、录制、编辑等操作的方法，及几个常用的自动化命令的使用方法，其中包括批处理、制作全景图像等。

本章学习目标

■ 了解动作面板；

■ 掌握动作的录制方法；

■ 掌握自动命令的使用方法；

■ 了解如何使用图像处理器；

■ 了解如何将图层复合导出为 PDF。

本章重点内容

■ 掌握动作的录制方法；

■ 熟练使用自动命令。

扫 码 看 课 件

11.1 "动作"面板

"动作"面板是建立、编辑和执行动作的主要场所，执行"窗口"|"动作"命令，或直接按快捷键 F9，将显示如图 11-1 所示的动作面板，在动作面板中有 Photoshop 自带的默认动作，可以应用这动作快速制作出一些特殊效果，也可以进行新动作的录制、编辑等操作。

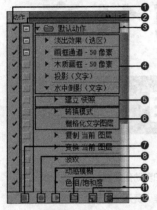

图 11-1 动作面板

动作面板中各选项含义如下。

❶ 屏蔽切换开 / 关 ✔：单击动作中的某一个命令名称最左侧的 ✔，取消显示"√"，可以屏蔽此命令，使其在播放动作时不被执行。如果当前动作中有一部分命令被屏蔽，动作名称最左侧的 ✔ 将显示为红色。

❷ 切换对话开 / 关 ▣：若动作中的命令左侧显示 ▣ 标记，表示在执行该命令时会弹出对话框以供用户设置参数。

❸ 动作组：组是一组动作的集合，其中包含了一系列的相关动作，Photoshop 提供了"默认动作""文字效果""纹理"等多组动作。组就像是一个文件夹，单击其左侧的 ▼ 或 ▶ 按钮可展开或折叠其中的动作。Photoshop 在保存和载入动作时，都是以组为单位的。

❹ 动作：显示动作组中独立动作的名称。

❺ 已记录的命令：显示动作中记录的命令。

❻ 命令参数：显示动作中记录的命令参数。

❼ "停止播放 / 记录"按钮 ▪：单击此按钮，停止录制动作。

❽ "开始记录"按钮 ●：单击此按钮，开始录制动作。

❾ "播放选定的动作"按钮 ▶：单击此按钮，可以应用当前选择的动作。

❿ "创建新组"按钮 ▢：单击此按钮，可以创建一个新动作组。

⓫ "创建新动作"按钮 ▣：单击此按钮，可以创建一个新动作。

⓬ "删除"按钮 🗑：单击此按钮，可以删除当前选择的动作。

单击右上角的扩展按钮 ▤，可打开扩展菜单，进行下一步操作，如图 11-2 所示。

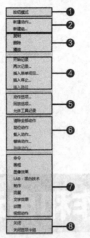

图 11-2 动作面板菜单

❶ "按钮模式"选项：可以使动作面板中的动作以不同的模式显示，如图 11-3 所示。

图 11-3 不同的模式

❷ "新建动作"和"新建组"选项：通过选择这 2 个选项，可新建动作或新建组。

❸ "复制""删除"和"播放"选项：选择"复制"选项，可复制当前动作；选择"删除"选项，可将当前动作删除；选择"播放"选项，可从当前动作开始播放动作。

❹ 记录编辑命令组：在该命令组中，包含 5 个选项，它们分别是"开始记录""再次记录""插入菜单项目""插入停止"和"插入路径"选项。这些选项均用于将操作记录为动作时的一些相关操作。

❺ "动作选项""回放选项"和"允许工作记录"选项："动作选项"会弹出"动作选项"对话框，在该对话框中，可对当前动作的名称、功能键和颜色进行设置，如图 11-4 所示；选择"回放选项"会弹出"回放选项"

对话框,可用以设置播放动作时的速度和切换方式,如图 11-5 所示;而选择"允许工作记录"选项,则不会弹出任何对话框,但选项前缀多了一个勾选标记 ☑,此时所添加的动作可以在历史记录面板中看到。

图 11-4 "动作选项"对话框

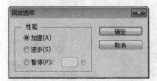

图 11-5 "回放选项"对话框

⑥ 编辑动作命令组:在该命令组中,包含 5 个选项,分别是"清除全部动作""复位动作""载入动作""替换动作"和"存储动作"选项,使用任意选项,可对动作进行基本编辑。

⑦ 选择显示动作命令组:在该命令组中,通过单击某个选项,可直接在动作列表中打开该选项对应的动作组,图 11-6 所示为不同的选项对应的动作组中的动作。

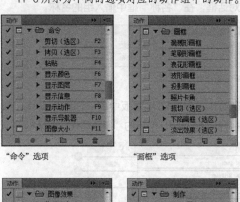

"图像效果"选项　　　　　"制作"选项

图 11-6 不同的选项对应的动作组中的动作

⑧ "关闭"和"关闭选项卡组"选项:选择"关闭"选项,

可将动作面板关闭,而处在同一个标签栏中的其他面板不会被关闭;选择"关闭选项卡组"选项,可将当前处于同一个标签栏中的所有面板都关闭。

练习 11-1　应用动作

源文件路径	素材和效果\第11章\练习11-1 应用动作
视频路径	视频\第11章\练习11-1 应用动作.mp4
难易程度	★★

01 打开"枯木 .jpg"素材图像,如图 11-7 所示。

图 11-7 素材图像

02 单击动作面板中右上角的 ▣ 按钮,在弹出的面板菜单中选择"图像效果"选项,如图 11-8 所示。

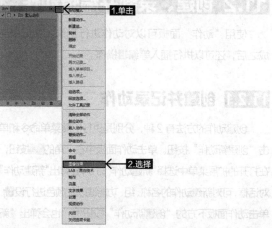

图 11-8 面板菜单

03 将"图像效果"动作组载入到面板中,如图 11-9 所示,选择"暴风雪"动作,如图 11-10 所示。

04 按下"播放选定的动作"按钮 ▶,播放该动作,得到暴风雪效果,如图 11-11 所示。

303

图 11-9 "图像效果"动作组　　图 11-10 "暴风雪"动作

图 11-11 暴风雪效果

11.2 创建、录制并编辑动作

　　使用"动作"面板可以对动作进行记录，在记录完成之后，还可以执行插入等编辑操作。

11.2.1 创建并记录动作

　　创建动作的方法有 2 种，分别是执行扩展菜单命令和单击"创建新动作"按钮。单击动作面板中右上角的 按钮，在打开的扩展菜单中选择"新建动作"命令，会弹出"新建动作"对话框，可对新建动作的名称、组、功能键以及颜色进行设置；单击动作面板下方的"创建新动作"按钮 ，也会弹出"新建动作"对话框，可以对相关参数进行设置，如图 11-12 所示。

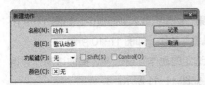

图 11-12 "新建动作"对话框

练习 11-2　创建动作

源文件路径	素材和效果\第11章\练习11-2 创建动作
视 频 路 径	视频第11章\练习11-2 创建动作.mp4
难 易 程 度	★★

01 打开"多肉1.jpg"素材图像，如图 11-13 所示。

图 11-13 素材图像

02 新建动作组。将新建的动作放置至单独的组中，以后可以将该组以独立的文件保存至磁盘中。单击动作面板中的"创建新组"按钮 ，打开如图 11-14 所示的"新建组"对话框，在"名称"框中输入组的名称。

图 11-14 "新建组"对话框

03 新建动作。单击动作面板中的"创建新动作"按钮 ，打开如图 11-15 所示的"新建动作"对话框。

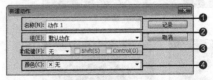

图 11-15 "新建动作"对话框

　　"新建动作"对话框中各选项含义如下。

❶名称：输入新动作的名称。

❷组：在此下拉菜单中列有当前动作面板中所有动作组的名称，在此可以选择一个将要放置新动作的组的名称。

❸功能键：为了更快捷地播放动作，可以在该下拉菜单中选择一个功能键。在播放新动作时，可以直接按功能键播放动作。

④颜色：在该下拉菜单中，可以选择一种颜色作为在按钮显示模式下新动作的颜色。

04 开始记录。设置"新建动作"对话框中各参数后，单击"记录"按钮，即可创建一个新动作。此时面板中的开始记录按钮显示为红色■，表示已进入动作的录制阶段，如图 11-16 所示。

图 11-16 进入记录状态

05 执行操作。选择"图像"|"调整"|"去色"命令，为图像文件去色，如图 11-17 所示。选择"文件"|"存储为"命令，将图像存储为 TIFF 格式。

图 11-17 去色效果

06 停止记录。所有命令操作完毕后，单击"停止播放/记录"按钮■，即可停止录制动作，此时动作面板如图 11-18 所示。

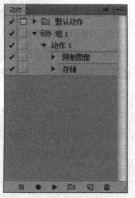

图 11-18 动作面板

07 按 Ctrl + O 快捷键，打开"多肉2.jpg"素材图像，如图 11-19 所示。

图 11-19 素材图像

08 单击"播放选定的动作"按钮▶，系统即按照录制的动作为图像去色，如图 11-20 所示。

图 11-20 播放选定的动作

提示

在录制命令的过程中，仅当用户单击对话框中的"记录"按钮时该命令才被记录，单击"取消"按钮，该命令不被记录。在录制状态中应该尽量避免执行无用操作，例如在执行某个命令后虽然可按Ctrl+Z快捷键回退以取消此命令，但动作面板仍然将记录此命令。另外，并非所有操作都可以被记录在动作中，所有使用工具箱中的工具进行的绘制类操作及改变图像的视图比例、操作界面等操作均不可以被记录在动作中。

11.2.2 改变某命令参数

通过修改动作中的参数，不必重新录制一个动作，就可以完成新的工作任务。

要修改动作中命令的参数，可以在动作面板中双击需要改变参数的命令，打开该命令的选项设置对话框，如图11-21所示，在该对话框中可以修改命令的参数。

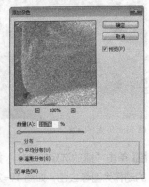

图 11-21 "添加杂色"对话框

11.2.3 插入停止

由于在动作的录制过程中，某些操作无法被录制，因此在某些情况下，需要在动作中插入一个提示对话框，以提示用户在应用动作的过程中执行某种不可记录的操作。

练习 11-3　在动作中插入停止

文件路径	素材和效果\第11章\练习11-3 在动作中插入停止
视频路径	视频\第11章\练习11-3 在动作中插入停止.mp4
难易程度	★★★

打开一张素材图像，如图11-22所示。

图11-22 素材图像

02 双击背景图层，在弹出的"新建图层"对话框中单击"确定"按钮，将"背景"图层转换为"图层0"图层，如图11-23所示。

图11-23 转换图层

03 打开动作面板，选择"末状粉笔"动作中的"查找边缘"命令，如图11-24所示。

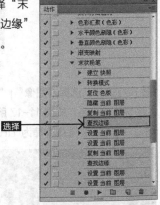

图11-24 选择相应的命令

04 执行面板菜单中的"插入停止"命令，打开"记录停止"对话框，输入提示信息，然后选中"允许继续"复选框，如图11-25所示。

图11-25 输入提示信息

05 单击"确定"按钮关闭对话框，便可以将停止插入到动作中，如图11-26所示。

06 重新选择动作，单击"播放选定的动作"按钮 ▶，播放当播放完"查找边缘"作会停止这一步骤，弹出 如图11-27所示。

图11-26 插入停止

图11-27 信息提示框

07 单击"停止"按钮，可停止播放动作，图像效果如图11-28所示。单击"继续"按钮，可继续播放后面的动作，图像效果如图11-29所示。也可使用绘画工具等对图像进行编辑，编辑完成后，单击面板中的"播放选定的动作"按钮 ▶ ，可继续播放后续命令。

图11-28 停止播放效果

图11-29 播放全部效果

11.2.4 存储和载入动作组

将动作组保存起来可以在以后的工作中重复使用，或共享给他人使用。

1. 存储动作组

要保存动作组，首先在动作面板中选择该动作组名称，然后单击面板右上角的 按钮，在弹出的快捷菜单中选择"存储动作"命令，在弹出的对话框中为该动作组输入名称并选择合适的存储位置。

2. 载入动作组

动作面板默认只显示"默认动作"组，如果需要使用Photoshop预设的或其他用户录制的动作组，可以选择载入动作组文件。

单击面板右上角的 按钮，在弹出的快捷菜单中选择"载入动作"命令，在弹出的对话框中选择以".atn"为扩展名的动作组文件，如图11-30所示，单击"载入"按钮，即可在动作面板中看到载入的动作组。

单击动作面板菜单下面一栏的动作组名称，如图11-31所示，可以快速载入Photoshop的预置动作组。读者可以尝试使用这些动作组中的动作，以观察得到的效果，并从中学习Photoshop一些常用效果的制作方法。

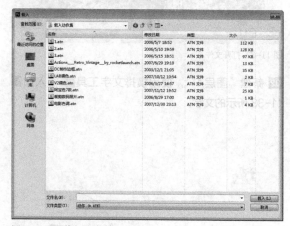

图11-30 "载入"对话框

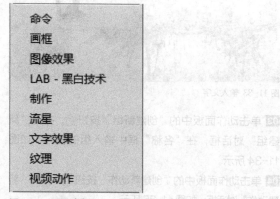

图11-31 预置动作组

307

11.2.5 课堂范例——录制发光动作

源文件路径	素材和效果\第11章\11.2.5 课堂范例——录制发光动作
视频路径	视频第11章\11.2.5 课堂范例——录制发光动作.mp4
难易程度	★★★★★

本实例主要通过录制和播放动作来制作艺术节海报。

01 打开"背景.jpg"素材文件，如图 11-32 所示。

图 11-32 打开文件

02 新建"图层1"，使用横排文字工具 **T** 输入如图 11-33 所示的文字。

图 11-33 输入文字

03 单击动作面板中的"创建新组"按钮 □，打开"新建组"对话框，在"名称"框中输入组的名称，如图 11-34 所示。

04 单击动作面板中的"创建新动作"按钮 □，打开"新建动作"对话框，如图 11-35 所示。

05 单击"记录"按钮，关闭"新建动作"对话框，进入动作记录状态。此时的"开始记录"按钮 ● 呈按下状态并显示为红色，如图 11-36 所示。

06 执行"图层"|"栅格化"|"文字"命令，将文本图层转换为通道图层。

07 执行"滤镜"|"模糊"|"动感模糊"命令，设置动感模糊参数，如图 11-37 所示。

图 11-34 "新建组"对话框

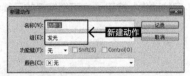

图 11-35 "新建动作"对话框

图 11-36 开始录制　　　图 11-37 动感模糊参数

08 执行"滤镜"|"风格化"|"查找边缘"命令，应用"查找边缘"滤镜后的效果如图 11-38 所示。

图 11-38 图像效果

09 双击"城"图层缩略图，打开"图层样式"对话框，按照图 11-39 设置外发光参数。

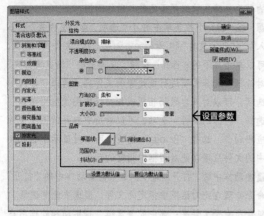

图 11-39 外发光参数

10 单击动作面板中的"停止播放／记录"按钮 ■，完成动作记录，此时动作面板如图 11-40 所示。

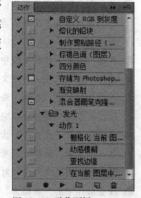

图 11-40 动作面板

11 隐藏"城"图层，并新建"图层 1"，使用横排文字工具 T 输入如图 11-41 所示的文字。

图 11-41 输入文字

12 选择录制的"动作 1"，单击"播放选定的动作"按钮 ▶，播放动作，播放完成后效果如图 11-42 所示。

图 11-42 播放动作

13 选择录制的"发光"动作组，单击面板右上角的 按钮，在弹出的快捷菜单中选择"存储动作"命令，在弹出的对话框中设置动作组的保存路径和名称，如图 11-43 所示，本实例制作完毕。

图 11-43 存储动作

11.3 设置选项

执行动作面板菜单中的"回放选项"命令，可以打开"回放选项"对话框，如图 11-44 所示。在对话框中可以设置动作的回放速度，或者将其暂停，以便对动作进行调整。

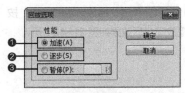

图 11-44 "回放选项"对话框

"回放选项"对话框中的各选项含义如下。

❶ "加速"单选按钮：以正常的速度播放动作，播放速度较快。

❷ "逐步"单选按钮：在播放动作时，显示每个命令产生的效果，然后再进入到下一个命令，播放速度较慢。

❸ "暂停"单选按钮：选中该单选按钮后，可以在它右侧的数值框中设置执行每一个命令之间的间隔时间。

11.4 使用自动命令

Photoshop 中的自动命令就是使任务运用电脑计算自动进行，通过将复杂的任务组合到一个或多个对话框中，简化这些任务，从而避免繁重的重复性工作，提高工作效率。

11.4.1 使用"批处理"成批处理文件

所谓批处理，就是将一个指定的动作应用于某文件夹下的所有图像或当前打开的多个图像中，从而大大节省操作时间。使用批处理时，要求所处理的图像必须保存于同一个文件夹中或者全部打开，执行的动作也需先载入动作面板。

执行"文件"|"自动"|"批处理"命令，打开"批处理"对话框，如图 11-45 所示。

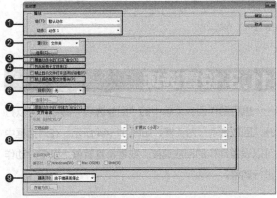

图 11-45 "批处理"对话框

"批处理"对话框中各选项含义如下。

❶ 播放：指定应用于批处理的组和动作。如果未显示需要的动作，确认该组是否已载入动作面板。

❷ 源：在"源"下拉菜单中有 4 个选项，即"文件夹""导入""打开的文件"和"Bridge"。如果选择"文件夹"选项，可以单击其下的"选择"按钮，在弹出的"浏览文件夹"对话框中选择需要进行批处理的文件夹。选择"导入"选项，可以对来自数码相机或扫描仪的图像应用动作。选择"打开的文件"选项，可以对所有打开的图像文件应用动作。选择"Bridge"选项，可以对显示于 Bridge 中的文件应用在此对话框中指定的动作。

❸ 覆盖动作中的"打开"命令：如果需要动作中的"打开"命令处理在此对话框中指定的文件，应选中此复选框。

❹ 包含所有子文件夹：选中此复选框，指定动作处理用户指定的文件夹中的所有子文件夹及其中的所有文件。

❺ 禁止颜色配置文件警告：选中此复选框，可以关闭当打开图像的颜色方案与当前使用的颜色方案不一致时弹出的提示信息。

❻ 目标：在此下列表框中可以选择处理后文件的去向，选择"无"选项，可使文件保持打开而不存储更改（除非动作中包括"存储"命令）；选择"存储并关闭"选项，可以将文件存储在它们的当前位置，并覆盖原来的文件；选择"文件夹"选项，可以将处理的文件存储到另一个位置，选择此选项后应该单击"选择"按钮，在弹出的"浏览文件夹"对话框中指定文件保存的位置。

❼ 覆盖动作中的"存储为"命令：选中此复选框，则被处理的文件仅能够通过动作中的"存储为"命令保存在指定的文件夹中，如果没有"存储""存储为"命令，则执行动作后，不会保存任何文件。

❽ 文件命名：如果需要为执行批处理后生成的图像命名，可以在 6 个下列表框中选择合适的命名方式。

❾ 错误：在此下列表框中可以选择处理错误的选项。选择"由于错误而停止"选项，可以挂起处理，直至用户确认错误信息为止。选择"将错误记录到文件"选项，可以将每个错误记录至一个文本文件中并继续处理，因此必须单击"存储为"按钮，为文本文件指定要存储的文件夹位置，并为该文件命名。

提示

执行批处理命令进行批处理时，若要中止它，可以按下 Esc键。

11.4.2 使用"批处理"命令修改图像模式

下面以一个实例讲解使用"批处理"命令的操作步骤。本例的目标任务是将某文件夹中所有图像转换成为 CMYK 颜色模式，然后以组号＋扩展名的形式命名并保存为 TIF 格式文件。

练习 11-4 批量修改图像模式

源文件路径	素材和效果\第11章\练习11-4 批量修改图像模式
视频路径	视频\第11章\练习11-4 批量修改图像模式.mp4
难易程度	★★★★

01 打开"1.jpg"素材文件，如图 11-46 所示。

图 11-46 素材文件

02 单击动作面板中的"创建新组"按钮，新建一个名为"批处理动作"的组，如图 11-47 所示。

图 11-47 新建组

03 单击动作面板中的"创建新动作"按钮，并设置"新建动作"对话框中的选项，如图 11-48 所示，单击"新建动作"对话框中的"记录"按钮，开始记录动作。

04 选择"图像"|"模式"|"CMYK 颜色"命令，将图像改变为 CMYK 颜色模式。

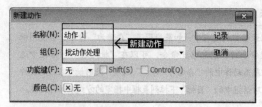

图 11-48 "新建动作"对话框

05 执行"文件"|"存储为"命令，在弹出的对话框的"格式"下拉菜单中选择"TIFF"，单击"保存"按钮，设置随后弹出的"TIFF 选项"对话框中的选项，单击"确定"按钮，退出对话框。

06 在动作面板中单击"停止播放／记录"按钮，此时动作面板如图 11-49 所示。

图 11-49 动作面板

07 执行"文件"|"自动"|"批处理"命令，设置其对话框中的选项，如图 11-50 所示。

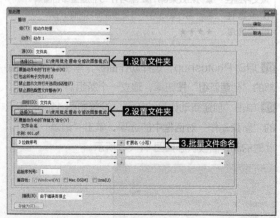

图 11-50 "批处理"对话框

在记录动作的过程中，如果应用了"存储为"命令，在使用批处理命令时，想忽略此命令，可以在"批处理"对话框中选择"覆盖动作中的'存储为'命令"选项，此时批处理过的文件将以对话框中的"目标"下拉列表框中指定的方式来保存文件。

08 执行"批处理"命令后，可以看出，使用此命令得到的图像存放在"批处理"对话框中指定的文件夹中，而且按对话框所指定的命名方式命名，如图 11-51 所示。

图 11-51 重命名的文件

11.4.3 使用"批处理"命令重命名图像

下面练习利用"批处理"命令为文件夹里面的文件重命名。

练习 11-5 批量重命名图像

源文件路径	素材和效果\第11章\练习11-5 批量重命名图像
视频路径	视频第11章练习11-5 批量重命名图像.mp4
难易程度	★★★★

01 启动 Photoshop，选择动作面板，单击动作面板底部的"创建新组"按钮 ，建立一个新组。

02 单击"创建新动作"按钮 ，设置如图 11-52 所示的"新建动作"对话框中的选项，单击"记录"按钮，此时的动作面板状态如图 11-53 所示。

图 11-52 "新建动作"对话框

图 11-53 动作面板

03 执行"文件"|"打开"命令，打开"1.jpg"素材图像，如图 11-54 所示。

图 11-54 素材图像

04 执行"文件"|"存储为"命令，在弹出的对话框中选择存储位置，同时设置其存储的格式，如图 11-55 所示，设置完毕后单击"保存"按钮，并在弹出的对话框中单击"确定"按钮。

图 11-55 "存储为"对话框

05 关闭打开的素材文件，选择动作面板，单击"停止播放/记录"按钮 ■，结束动作的录制，得到如图 11-56 所示的动作面板。

图 11-56 动作面板

06 执行"文件"|"自动"|"批处理"命令，设置其对话框中的选项，如图 11-57 所示。

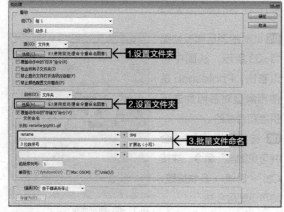

图 11-57 "批处理"对话框

提示

"动作"下拉列表框中的"动作1"为上面步骤中所录制的动作；在"源"下拉列表框中选取"文件夹"选项并单击"源"下边的"选择"按钮，选择源文件的位置，在"目标"下拉列表框中选取"文件夹"选项并单击"目标"下边的"选择"按钮，选择重命名后的素材和效果的存放位置。

07 设置完成后单击"确定"按钮，Photoshop 将按上面录制的动作对选取的源文件夹中的文件进行重命名，并将其存储到素材和效果的存放位置，重命名后的效果如图 11-58 所示。

图 11-58 对文件进行重命名后的效果

11.4.4 制作全景图像

所谓全景图，指的是在某个视点，用照相机旋转 360 度拍摄所得到的照片。由于视野很宽，全景照片能够使人有亲临其境的效果。

要得到全景照片，一般有 2 种方法：一是使用专用的全景相机，在快门开启的同时，相机会左右或上下转动，记录在底片上的就是全景照片；二是后期制作，在暗房中将几幅照片拼接起来。

全景相机的价格较为昂贵，为此 Photoshop 提供了"Photomerge"命令，以快速、轻松地制作全景照片效果。

练习 11-6 将多张照片合成为全景图

源文件路径	素材和效果\第11章练习11-6 将多张照片合成为全景图
视 频 路 径	视频\第11章练习11-6 将多张照片合成为全景图.mp4
难 易 程 度	★★★

01 执行"文件"|"自动"|"Photomerge"命令，弹出如图 11-59 所示的对话框。

02 单击"浏览"按钮，在打开的对话框中选择如图 11-60 所示的 3 张照片。

03 导入的照片显示在源文件列表中，如图 11-61 所示，在"版面"选项组中选择"自动"选项。

04 单击"确定"按钮，程序即对各照片进行分析并自动进行拼接和调整，生成如图 11-62 所示的全景图像。

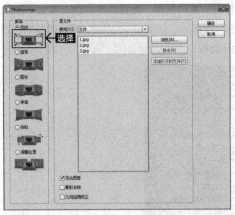

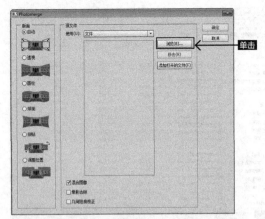

图 11-59 "Photomerge" 对话框

图 11-61 导入拍摄的照片

图 11-62 合并得到的图像效果

05 此时的图层面板如图 11-63 所示，从图中可以看出，Photoshop 是使用蒙版对各照片进行拼接和合成的。

06 选择"图层"|"合并可见图层"命令，或按 Ctrl + Shift + E 快捷键，将可见图层合并。

图 11-63 图层面板

07 选择裁剪工具 ⬚，在图像中绘制一个裁剪框，如图 11-64 所示，消除合并后出现的空白区域。

图 11-64 裁剪图像

图 11-60 连续拍摄的照片

08 通过调整照片的颜色，使全景照片更加完善，效果如图 11-65 所示。

图 11-65 调整颜色

11.4.5 合并到 HDR Pro

执行"合并到 HDR Pro"命令，可以从一组曝光度不同的照片中选择2个或2个以上的文件，以合并和创建高动态范围图像。执行"文件"|"自动"|"合并到 HDR Pro"命令，打开"合并到 HDR Pro"对话框，如图 11-66 所示。

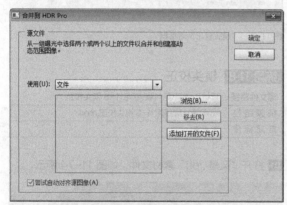

图 11-66 "合并到HDR Pro"对话框

练习 11-7 合并到 HDR Pro

源文件路径	素材和效果\第11章\练习11-7 合并到HDR Pro
视 频 路 径	视频第11章练习11-7 合并到HDR Pro.mp4
难 易 程 度	★★★

01 打开"风景 1.jpg""风景 2.jpg"素材文件，如图 11-67、图 11-68 所示。

02 执行"文件"|"自动"|"合并到 HDR Pro"命令，打开"合并到 HDR Pro"对话框，单击"添加打开的文件"按钮，添加素材图片，如图 11-69 所示，并单击"确定"按钮。

图 11-67 素材文件1

图 11-68 素材文件2

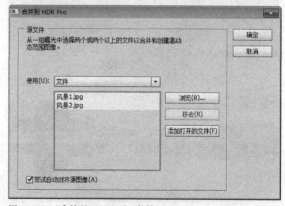

图 11-69 "合并到HDR Pro"对话框

03 打开"手动设置曝光值"对话框，设置参数，如图 11-70 所示。

图 11-70 设置参数

04 单击"确定"按钮，打开"合并到 HDR Pro"对话框，参数保持默认，如图 11-71 所示。

图 11-71 "合并到 HDR Pro"对话框

05 单击"确定"按钮，执行"合并到 HDR Pro"命令后，最终效果如图 11-72 所示。

图 11-72 最终效果

提示

在"手动设置曝光值"对话框中，可根据不同的要求设置曝光值。

11.4.6 镜头校正

执行"文件"|"自动"|"镜头校正"命令，可以对批量照片的镜头的畸变、色差以及暗角等属性进行校正，其对话框如图 11-73 所示。

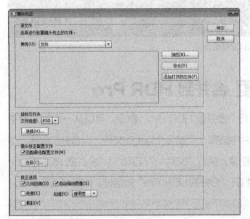

图 11-73 "镜头校正"对话框

练习 11-8 镜头校正

源文件路径	素材和效果\第11章\练习11-8 镜头校正
视 频 路 径	视频\第11章\练习11-8 镜头校正.mp4
难 易 程 度	★★★

01 打开"风景 .jpg"素材文件，如图 11-74 所示。

图 11-74 素材文件

02 执行"文件"|"自动"|"镜头校正"命令，打开"镜头校正"对话框，添加图片至对话框中，如图 11-75 所示。

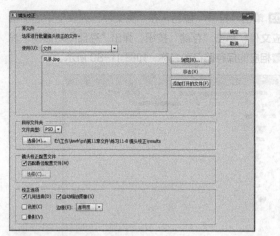

图 11-75 "镜头校正"对话框

03 单击"确定"按钮,执行"镜头校正"命令后,图像效果如图 11-76 所示。

图 11-76 最终效果

提示

执行"镜头校正"命令后,自动生成一个PSD格式的文件,最后可把它保存到新建的源文件夹中。

11.4.7 PDF 演示文稿

使用"PDF 演示文稿"命令,可以将图像转换为一个 PDF 文件,并可以通过设置参数,使生成的 PDF 具有演示文稿的特性,如设置页面之间的过渡效果、过渡时间等特性。

选择"文件"|"自动"|"PDF 演示文稿"命令,将弹出如图 11-77 所示的对话框。

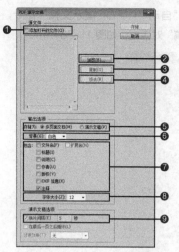

图 11-77 "PDF演示文稿"对话框

"PDF 演示文稿"对话框中各选项含义如下。

❶ 添加打开的文件:选中此选项,可以将当前已打开的照片添加至转为 PDF 的范围中。

❷ 浏览:单击此按钮,在弹出的对话框中可以打开要转为 PDF 的图像。

❸ 复制:在"源文件"下面的列表框中,选择一个或多个图像文件,单击此按钮,可以创建选中图像文件的副本。

❹ 移去:单击此按钮,可以将图像文件从"源文件"下面的列表框中移除。

❺ 存储为:在此选择"多页面文档"选项,则仅将图像转换为多页的 PDF 文件;选择"演示文稿"选项,则底部的"演示文稿选项"区域中的参数被激活,并可在其中设置演示文稿的相关参数。

❻ 背景:在此下拉列表中可以选择 PDF 文件的背景颜色。

❼ 包含:在此可以选择转换成的 PDF 中包含哪些内容,如"文件名""标题"等。

❽ 字体大小:在此下拉列表中选择数值,可以设置"包含"所选的内容中文字的大小。

❾ 换片间隔:在此文本框中输入数值,可以设置演示文稿切换时的间隔时间。

练习 11-9 创建 PDF 演示文稿

源文件路径	素材和效果\第11章\练习11-9 创建PDF演示文稿
视 频 路 径	视频第11章练习11-9 创建PDF演示文稿.mp4
难 易 程 度	★★★

01 执行"文件"|"自动"|"PDF 演示文稿"命令，弹出"PDF 演示文稿"对话框，如图 11-78 所示。

图 11-78 "PDF演示文稿"对话框

02 单击"浏览"按钮，在打开的对话框中选择如图 11-79 所示的 3 张图片。

图 11-79 选择素材文件

03 单击"打开"按钮，在"源文件"列表框中添加相应文件，单击"存储"按钮，弹出"存储"对话框，设置相应的保存路径和名称，如图 11-80 所示。

图 11-80 设置保存路径和文件名

04 单击"保存"按钮，弹出"存储 Adobe PDF"对话框，单击"存储 PDF"按钮，即可将文件存储为 PDF 格式，在相应的软件中可以查看该 PDF 文件。

11.4.8 课堂范例——扫描图批处理

源文件路径	素材和效果\第11章\11.4.8 课堂范例——扫描图批处理
视 频 路 径	视频第11章\11.4.8 课堂范例——扫描图批处理.mp4
难 易 程 度	★★★★

本实例主要录制一个扫描图处理动作，并进行批处理。

01 打开"1.jpg"素材文件，如图 11-81 所示。

图 11-81 素材文件

02 单击动作面板中的"创建新组"按钮，打开"新建组"对话框，在"名称"框中输入组的名称，如图11-82所示。

图11-82 "新建组"对话框

03 单击动作面板中的"创建新动作"按钮，打开"新建动作"对话框，如图11-83所示。

图11-83 "新建动作"对话框

04 单击"记录"按钮，关闭"新建动作"对话框，进入动作记录状态。此时的"开始记录"按钮呈按下状态并显示为红色，如图11-84所示。

图11-84 动作面板

05 使用裁剪工具拖出裁剪框，对图像进行裁剪，如图11-85所示。

图11-85 裁剪图像

06 执行"图像"|"调整"|"色阶"命令，在"色阶"对话框中单击"自动"按钮，如图11-86所示。单击"确定"按钮，图像效果如图11-87所示。

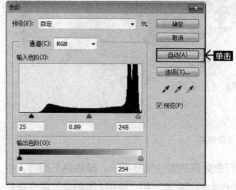

图11-86 "色阶"对话框

图11-87 图像效果

07 执行"图像"|"调整"|"色相/饱和度"命令，设置饱和度为-75，如图11-88所示。单击"确定"按钮，图像效果如图11-89所示。

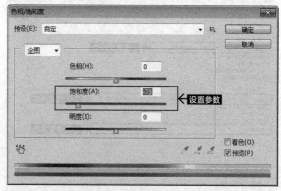

图11-88 "色相/饱和度"对话框

319

图 11-89 图像效果

08 要进行批处理的图片尺寸不一，颜色也不相同，所以录制动作中的"裁剪"和"色相/饱和度"命令在批处理时不能自动执行。单击"裁剪"命令和"色相/饱和度"命令左侧的"切换对话开/关"按钮，然后单击"停止播放/记录"按钮，完成动作记录，此时动作面板如图 11-90 所示。

图 11-90 动作面板

09 新建一个文件夹用于保存批处理后的图像，执行"文件"|"自动"|"批处理"命令，打开"批处理"对话框，设置对话框中的选项，如图 11-91 所示。

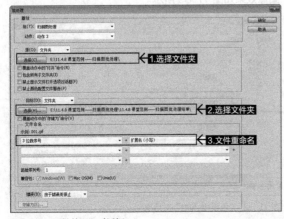

图 11-91 "批处理"对话框

10 单击"确定"按钮，每张图片执行到"裁剪"和"色相/饱和度"命令，时，就会暂停，需要手动裁剪和设置参数，手动操作后，继续自动处理，图 11-92 所示为处理后的结果。

图 11-92 批处理结果

11.5 图像处理器

图像处理器是脚本命令，此命令的强大之处就在于它不仅提供重命名图像文件的功能，还允许用户将其转换为 JPEG、PSD 或 TIFF 格式之一，或者将文件同时转换为以上 3 种格式，也可以使用相同选项来处理一组相机原始数据文件，以及调整图像大小，使其适应指定的大小。

练习 11-10 使用图像处理器

源文件路径	素材和效果\第11章\练习11-10 使用图像处理器
视 频 路 径	视频第11章练习11-10 使用图像处理器.mp4
难 易 程 度	★★★

01 执行"文件"|"脚本"|"图像处理器"命令，弹出如图 11-93 所示的对话框。

02 单击"选择文件夹"按钮，在弹出的对话框中选择处理一个文件夹中的文件，如图 11-94 所示。

03 通过勾选"在相同位置存储"复选框，在相同的文件夹中保存处理后的图像文件。

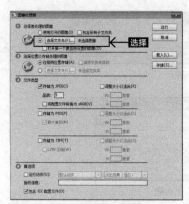

图 11-93　"图像处理器"对话框

图 11-94　选择文件夹

提示

如果多次处理相同文件并将其存储到同一目标文件夹中，每个文件都将以其自己的文件名存储，而不会覆盖或被覆盖。

04 选择要存储的文件类型和选项，在此区域可以选择将处理的图像文件保存为 JPEG、PSD、TIFF 中的一种或几种，在这里选择"TIFF"，如图 11-95 所示。

图 11-95　"图像处理器"对话框

提示

技巧一：如果选中"调整大小以适合"复选框，则可以分别在"W"和"H"中输入尺寸，使处理后的图像符合此尺寸。

技巧二：如果还需要对处理的图像执行动作中定义的命令，选中"运行动作"复选框，并在其右侧选择要执行的动作。选中"包含ICC配置文件"可以在存储的文件中嵌入颜色配置文件。

05 设置完所有选项后，单击"运行"按钮，Photoshop 将依次打开并处理文件夹中的图片，并将其保存为 TIFF 格式，如图 11-96 所示。

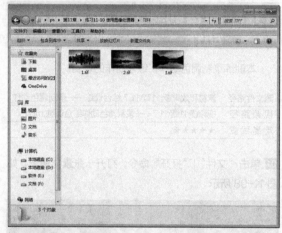

图 11-96　图像处理结果

11.6　将图层复合导出到PDF

使用"将图层复合导出到 PDF"命令，可以将当前文件中的图层复合导出为 PDF 文件，以便于浏览，尤其在制作了多个设计方案时，常常使用此方法将不同的方案导出，然后展示给客户审阅。

选择"文件"|"脚本"|"将图层复合导出到PDF"命令，将弹出如图 11-97 所示的对话框。

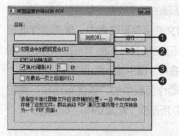

图 11-97　"将图层复合导出到PDF"对话框

对话框中各选项含义如下。

❶ 浏览：单击此按钮，在弹出的对话框中选择要保存 PDF 的位置。

❷ 仅限选中的图层复合：选中此选项后，将仅将在"图层复合"面板中选中的图层复合导出为 PDF。

❸ 换片间隔：在此区域中输入数值，可以设置演示文稿切换时的间隔时间。

❹ 在最后一页之后循环：选中此选项将可以在演示文稿播放至最后一页后，自动从第一页开始重新播放。

11.7 综合训练——录制调色动作

本训练录制调色动作，练习动作的录制。

源文件路径	素材和效果\第11章\11.7 综合训练——录制调色动作
视频路径	视频第11章\11.7——录制调色动作综合训练.mp4
难易程度	★★★★★

01 单击"文件"|"打开"命令，打开一张素材图像，如图 11-98 所示。

图11-98 素材图像

02 新建动作组。将新建的动作放置至单独的组中，以后可以将该组以独立的文件保存至磁盘中。单击动作面板中的"创建新组"按钮 ▢，打开如图 11-99 所示的"新建组"对话框，在"名称"框中输入组的名称。

03 新建动作。单击动作面板中的"创建新动作"按钮 ▣，打开如图 11-100 所示的"新建动作"对话框。

图11-99 "新建组"对话框

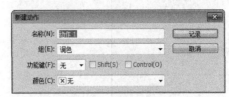

图11-100 "新建动作"对话框

04 开始记录。设置好各项参数后，单击"记录"按钮关闭"新建动作"对话框，进入动作记录状态，此时的"开始记录"按钮 ⬤ 呈按下状态并显示为红色，如图 11-101 所示。

图11-101 进入记录状态

05 单击"创建新的填充或调整图层"按钮 ◐，在弹出的快捷菜单中选择"色阶"，分别选择"RGB""红""绿""蓝"，设置参数，如图 11-102 所示。

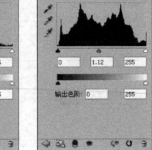

图11-102 参数设置

322

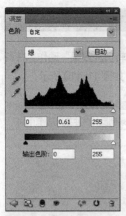

图11-102 参数设置（续）

06 单击"创建新的填充或调整图层"按钮 ⊘，在弹出的快捷菜单中选择"色阶"，分别选择"RGB""红""绿""蓝"，设置参数，如图11-103所示，效果如图11-104所示。

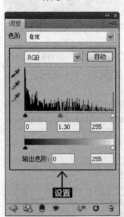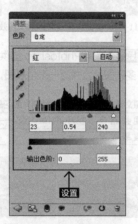

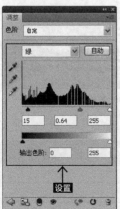

图11-103 参数设置

图11-104 效果

提示

选择需要调整的颜色通道，系统默认为复合颜色通道。在调整复合通道时，各颜色通道中的相应像素会按比例自动调整以避免改变图像色彩平衡。

07 按快捷键Ctrl+Shift+Alt+E盖印图层，执行"滤镜"|"渲染"|"光照效果"命令，在弹出的对话框中设置参数，如图11-105所示，效果如图11-106所示。

图11-105 "光照效果"参数设置

图11-106 光照效果

323

08 执行"滤镜"|"锐化"|"锐化"命令，对图像进行锐化处理，效果如图 11-107 所示。

图11-107 最终效果

09 停止记录。单击动作面板中的"停止播放／记录"按钮■，完成动作记录，此时动作面板如图 11-108 所示。

图11-108 动作面板

10 将录制的动作应用于其他的图像中，效果如图 11-109 所示。

图11-109 其他图像应用调色动作后的效果

11.8 课后习题

习题 1: 在动作面板中录制"反转负冲效果"动作，并将录制的动作应用到其他图像中，如图 11-110 所示。

源文件路径	素材和效果\第11章\习题1——录制反转负冲效果动作
视 频 路 径	视频第11章习题1——录制反转负冲效果动作.mp4
难 易 程 度	★★★

图11-110 习题1——录制反转负冲效果动作

习题 2: 运用 Photoshop 提供的"Photomerge"命令，将多张图片合并为一张全景图，如图 11-111 所示。

源文件路径	素材和效果\第11章\习题2——将多张照片合成为全景图
视 频 路 径	视频第11章习题2——将多张照片合成为全景图.mp4
难 易 程 度	★★

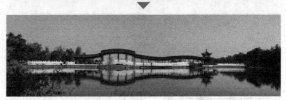

图11-111 习题2——将多张照片合成为全景图

第 12 章

图形的打印和输出

在运用 Photoshop 处理完图像后，最终要将图像输出为需要的格式，并进行打印。然而输出图像包括多种方式，并且每一种方式所针对的图像颜色模式也会有所不同。

本章主要介绍打印前的颜色调节及图像的输出设置，以便打印出来的图像不出现颜色损失。

本章学习目标

- 学会打印前的颜色校正；
- 掌握 PS 打印的方法；
- 了解如何将图像用网络输出。

本章重点内容

- PS 打印方法。

12.1 印前颜色调节

因为颜色在转换时会存在一定的损失，印前校色就成为了印刷前很重要的一个环节，它保证了印刷后的颜色效果与最初设想的保持一致。本节就通过介绍这些特殊的颜色模式和色彩管理，讲解打印前的颜色校正。

12.1.1 特殊颜色模式

除了常见的颜色模式——RGB 与 CMYK 以外，在日常工作中还会遇见一些特殊的颜色模式，如灰度、位图等颜色模式，了解这些颜色模式，可以帮助用户正确地设置扫描、打印及输出图像。

1. 灰度模式

灰度模式在图像中使用不同的灰度级。在 8 位图像中，最多有 256 级灰度。灰度图像中的每个像素都有一个 0（黑色）到 255（白色）之间的亮度值。在 16 和 32 位图像中，图像中的灰度级数比 8 位图像要大得多。灰度值也可以用黑色油墨覆盖的百分比来度量（0% 等于白色，100% 等于黑色）。

使用黑白或灰度扫描仪
生成的图像通常以灰度
模式显示，如图 12-1 所
示。要转换为灰度模式，
可执行"图像"|"模式"|"灰
度"命令，将图像转换
为灰度模式。

图 12-1 灰度图像

2. 位图模式

位图实际上是由一个个黑色和白色的点组成的，也就是说它只能用黑白来表示图像的像素。它需要通过黑点的大小与疏密在视觉上形成灰
度，如图 12-2 所示。要
转换为位图模式，首先要
将图像转换为灰度模式，
然后再执行"图像"|"模
式"|"位图"命令，将
图像转换为位图模式。

图 12-2 位图

3. 双色调模式

双色调是用 2 种油墨打印的灰度图像：黑色油墨用于暗调部分，灰色油墨用于中间调和高光部分。在实际工作中，更多地使用彩色油墨打印图像的高光颜色部分，因为双色调使用不同的彩色油墨重现不同的灰阶，其深浅由颜色的浓淡来实现。要将其他模式的图像转换为双色调模式，同位图模
式相同，首先要将图像
转换为灰度模式，然后
才能执行"双色调"命
令。双色调模式支持多
个图层，但它只有一个
通道，所以所有的图层
都将以一种色调显示，
如图 12-3 所示。

图 12-3 双色调图像

4. 索引颜色模式

索引颜色模式是多媒体和网页制作中常用的一种颜色模式。它的图像文件比 RGB 颜色模式小很多，通常只有 RGB 颜色模式图像大小的 1/3。将图像转换为索引颜色模式后，会激活"图像"|"模式"|"颜色表"命令，使用"颜色表"对话框可以对图像的色调进行调整。

索引颜色模式并不能完美地展示色彩丰富的图像，因为它只能表现 256 种颜色。在将图像转换为索引颜色模式时，程序只选出 256 种使用得最多的颜色放在颜色表中，而对于颜色表以外的颜色，程序会选取已有颜色中最相近的颜色或
使用已有颜色模拟该种
颜色。如图 12-4 所示，
由于调色板很有限，索
引颜色模式可以在保持
多媒体演示文稿、Web
页面等的视觉品质的同
时减小文件大小。

图 12-4 索引颜色图像

5. 多通道模式

在多通道模式下，每个通道都使用 256 级灰度。进行特殊打印时，多通道图像十分有用。多通道模式图像可以存储为 PSD、PDD、EPS、RAW、PSB 格式。在使用多通道模式以后，在"图层"面板中不再支持多个图层，在"通道"

面板中会出现"青色""洋红"和"黄色"3个通道,如图12-5所示。

图 12-5 多通道图像

12.1.2 颜色模式转换

在众多图像颜色模式中,有些是可以直接转换的,如RGB 颜色模式转换为 CMYK 颜色模式;而有些则需要经过其他颜色模式才可以转换,如 RGB 颜色模式转换为双色调模式。

1. RGB 颜色模式转换为 CMYK 颜色模式

在通常情况下,Photoshop 处理图像的颜色模式为RGB 颜色。如果是用于印刷的图形,则必须是 CMYK 颜色,这时必须将图像转换成 CMYK 颜色模式来分色。在制作过程中,将作品转换成 CMYK 颜色模式可以通过如下几个不同的方法来实现。

首先可以在建立一个新的 Photoshop 图像文件时就选择CMYK 四色印刷模式("CMYK 颜色"),如图12-6所示。

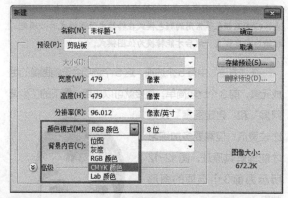

图 12-6 新建图像时选择CMYK颜色模式

提示

在新建图像文件时就选择 CMYK 颜色模式,可以防止最后的颜色失真。因为在整个作品的制作过程中,所制作的图像都在可印刷的色域中。

也可以在制作过程中,随时从 Photoshop 的"图像"|"模式"菜单中选择CMYK 四色印刷模式("CMYK 颜色"),如图12-7 所示。

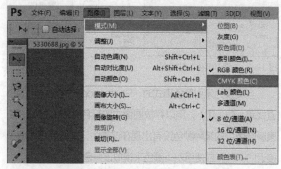

图 12-7 菜单中的CMYK颜色模式选项

提示

在图像转换为CMYK颜色模式后,就无法再从"模式"菜单中选择RGB三原色模式("RGB颜色")变回原来的RGB色彩了。因为在RGB颜色模式转换成 CMYK 颜色模式时,色域外的颜色会变暗,这样才会使整个色彩成为可以印刷的文件。因此,在将 RGB 颜色模式转换成 CMYK 颜色模式之前,一定要先存储一个 RGB 颜色模式的备份,这样,如果不满意转换后的结果,还可以重新打开RGB 颜色模式文件。

最后一种方法是让输出中心应用分色公用程序,将RGB 颜色模式的作品较完善地转换成 CMYK 颜色模式。这样省去很多的时间,但是有时也可能出现问题,如果用户没有看到输出中心的样张,或发片人员未注意样稿,可能造成作品印刷后和样稿相去较远。也就是说,某些时候自己做转换是控制颜色的唯一方法。转换时,更要注意屏幕选项、分色选项和印刷油墨选项,因为这些都会影响作品的最后效果。

2. 转换为索引颜色模式

索引颜色模式是一种特殊的颜色模式,这种颜色模式的图像在网页上应用得比较多,如 GIF 格式的图像其实就是一种索引颜色模式的图像。当一幅图像从某一种颜色模式(只有 RGB 颜色和灰度模式才能转换为索引颜色模式)转换为索引颜色模式时,会删除图像中的部分颜色,而仅保留 256种颜色,如图12-8 所示。

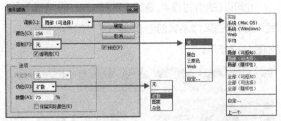

图 12-8 "索引颜色"对话框

　　当转换为索引颜色模式时，Photoshop 将构建一个颜色查找表（CLUT），用以存放图像中的颜色并作为索引。如果原图像中的某种颜色没有出现在该表中，则程序将选取最接近的一种，或使用现有颜色来模拟该颜色。

3. 转换为 Lab 颜色模式

　　Lab 颜色模式所定义的色彩最多，且与光线及设备无关，并且处理速度与 RGB 颜色模式同样快。因此，可以放心大胆地在图像编辑中使用 Lab 颜色模式。打开一张灰度模式的图片，执行"图像"|"模式"|"Lab 颜色"命令，转换为 Lab 颜色模式。然后在 a 和 b 通道中作竖直黑色渐变填充，效果如图 12-9 所示。

图 12-9 灰度模式转换为 Lab 颜色模式效果

提示

Lab 颜色模式在转换成 CMYK 颜色模式时色彩不会丢失或被替换。因此，避免色彩损失的方法是应用 Lab 颜色模式编辑图像，再转换为 CMYK 颜色模式打印输出。

4. 其他颜色模式转换

　　在颜色模式转换中，有些是无法逆向转换的，而有些需要经过第三种颜色模式才能转换。比如，灰度模式图像是由具有 256 级灰度的黑白颜色构成的，一幅灰度模式图像在转变成 CMYK 颜色模式后可以增加色彩；如果将 CMYK 颜色模式的彩色图像转变为灰度模式，则颜色不能恢复，如图 12-10 所示。

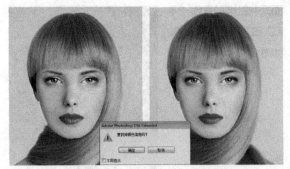

图 12-10 CMYK 颜色模式转换为灰度模式时会损失颜色信息

　　在转换为位图模式的时候，会弹出一个"位图"对话框，用户可以通过该对话框对"分辨率"和"方法"进行设置。"分辨率"数值的大小会影响转换后图像的大小，如图 12-11 所示。

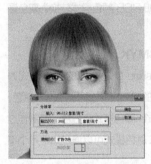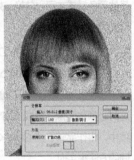

图 12-11 不同分辨率的位图效果

提示

只有灰度模式的图像能直接转换为位图模式，其他如 RGB 颜色、CMYK 颜色等常用的颜色模式在转换成位图模式时必须先转换为灰度模式，然后才能转换为位图模式。

　　在"方法"中有 5 个选项，这 5 个选项会影响图像的组成元素，前 3 个比较简单，直接就可以应用，剩下的"半调网屏"和"自定图案"效果比较灵活，但需要多加练习才能理解其原理，图 12-12 所示为前 3 个选项的图形效果。

图 12-12 不同方法的图像效果

图 12-12 不同方法的图像效果（续）

双色调模式也只有灰度模式能够直接转换。当它用双色、三色、四色来混合形成图像时，其表现原理就像"套印"。在 Photoshop 中对灰度图像执行"图像"|"模式"|"双色调"命令，打开"双色调选项"对话框，如图 12-13 所示。

在"类型"选项中，可以设置所要混合的颜色数目，包括单色、双色、三色和四色；在中间的颜色方框中，可以任意指定用何种颜色来混合；单击其左边的曲线框，可以在弹出的"双色调曲线"对话框中调节每种颜色的明暗，如图 12-14 所示。

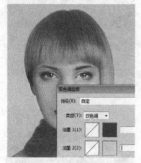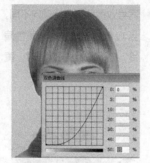

图 12-13 "双色调选项"对话框　　图 12-14 改变颜色明暗

12.1.3 色彩管理

当打印前的所有工作都完成后，打印的效果却不一样，原稿的色彩要比打印出来的效果亮丽得多，即使是在显示屏上预检时所看到的一切也比印出来的好得多，这是由颜色转换、设备差异等问题造成的，这时就需要色彩管理。色彩管理在现代化数字印前制版系统和数字印刷领域中的作用是不可忽视的。

色彩管理是个很宽泛的知识，简单地讲，色彩管理就是包括控制色彩准确、稳定地一致再现，而且是可以预测其结果的，目的是使最后的成品尽可能贴近原稿。

对于具体的图像设备而言，其色域就是这个图像设备所能表现的色彩的总和。要表述这些色彩，就要按一定的规律把这些色彩组织起来，人们建立了多种类型的色彩模型，以一维、二维、三维甚至四维空间坐标来规范表示这些色彩，系统化的色域就是某种坐标系统所能定义的色彩范围。

在数码影楼中经常用到的色域类型有 RGB、CMYK、Lab 等。它们各自又可以细分出很多类型的色域标准，比如 RGB 色域又可以分为 Adobe RGB、Apple RGB、sRGB 等几种，这些色域都是基于某些硬件设备的用途而专门设置的，多用于各自的显示设备、输入设备（数码相机、扫描仪）等。

1. RGB 色域的几种类型

sRGB 即标准 RGB 色域。它由微软公司与惠普公司于 1997 年联合确立，后来被许多的软、硬件厂商所采用，逐步成为许多扫描仪、低档打印机和软件的默认色域。同样采用 sRGB 色域的设备可以实现色彩相互模拟，但它又是通过牺牲色彩范围来实现各种设备之间色彩的一致性的，因此是所有 RGB 色域中最狭窄的一种。

Apple RGB 是美国苹果公司早期为苹果显示器制定的色域，其色彩范围并不比 sRGB 大多少。因为这种显示器已经很少使用了，所以这一标准已逐步淘汰。Adobe RGB（1998）由 Adobe 公司制定，其雏形最早用在 Photoshop 5 中，被称为 SMPTE-240M。它具备非常大的色彩范围，其绝大部分色彩又是设备可呈现的，这一色域包含了 CMYK 的全部色彩范围，为印刷输出提供了便利，可以更好地还原原稿的色彩，在出版印刷领域得到了广泛应用。

ColorMatch RGB 是由 Radius 公司定义的色域，与该公司的 Pressview 显示器的色域相符合。Wide Gamut RGB 是用纯光谱原色定义的很宽色彩范围的 RGB 色域。这种色域包括几乎所有的可见色，比典型的显示器能准确显示的色域还要宽。但是，由于这一色彩范围中的很多色彩不能在 RGB 显示器或印刷中准确重现，所以这一色域并没有太大实用价值。

2. CMYK 色域

CMYK 色域是专门针对印刷制版和打印输出制定的。它描述的实际就是不同颜色墨水的配比，与具体的设备、耗材密切相关。即便配比相同，不同的墨水在不同的纸张上所呈现的色彩也会有所不同。在 CMYK 色域模式中，C 表示青色，M 表示洋红色，Y 表示黄色，K 表示黑色。

3. CIE Lab 色域

CIE Lab 简称 Lab，它描述的是正常可视范围内的所有颜色。在所有的色域标准中，它的色域最广，是一种常用的色彩模式。其中，L 代表亮度，a 代表从绿色到红色的范围，b 代表从蓝色到黄色的范围。要让不同设备在表现色彩时能够相互匹配，需要制定出一种与设备无关的色彩体系，抽象出一种"理论化"的色彩，以使不同设备的色彩能够相互比较、相互模拟。现在被广泛采用的"理论化"色域就是国际照明委员会所制定的 1931 CIE-XYZ 系统及以它为基础而建立的 CIE Lab 系统。1931 CIE-XYZ 系统是在 RGB 系统的基础上，用数学方法选用 3 个理想的原色来代替实际的三原色，构成理想的、与设备无关的色彩体系，其制定的过程是一个非常复杂的色彩学、数学、心理学综合工程，从而让用户能够在这种色域模式之下，很好地把需要的色彩还原出来。

不同色域的颜色在相互转换时会因为色域的不同而出现颜色外观的改变。不但 RGB 转换成 CMYK 会出现颜色变化，就是不同的显示器、打印机也有各自不同的 RGB、CMYK 色域，这就是图片在不同状况下会出现变色的原因。可以说图片在改变显示状态时颜色出现变化是必然的，但这也正是色彩管理需要解决的问题。

色彩管理的核心是颜色配置文件，即 ICC 描述文件。ICC 描述文件就是某一数字设备的色彩描述性文件，它表示这一特定设备的色彩表达方式与 CIE Lab 标准色域的对应关系。在摄影行业中，ICC 描述文件主要为输入（扫描仪、数码相机）、显示（各种显示器）、输出（打印机或各种彩色输出设备）等 3 个方面的设备提供描述文件，并要求在它们之间有一个科学合理的匹配，以达到最终正确的图像色彩还原。预定色彩管理设置指定与 RGB 颜色、CMYK 颜色和灰度模式相关的颜色配置文件。设置还为文档中的专色指定颜色配置文件。这些配置文件在色彩管理工作流程中很重要，被称为工作空间。由预定设置指定的工作空间代表为几种普通输出条件生成保真度最高的颜色的颜色配置文件。例如，U.S. Prepress Defaults 设置使用 CMYK 工作空间在标准规范下为 Specifications for Web Offset Publications（SWOP）

出版条件保持颜色的一致性。

工作空间充当未标记文档和使用相关颜色模式新创建的文档的颜色配置文件。例如，如果 Adobe RGB（1998）是当前的 RGB 工作空间，创建的每个新的 RGB 文档都将使用 Adobe RGB（1998）色域内的颜色。工作空间还定义转换到 RGB 颜色、CMYK 颜色 或灰度模式的文档的目标色域。

12.1.4 专色讲解

专色是指在印刷时，不是通过印刷 C、M、Y、K，而是专门用一种特定的油墨来印刷该颜色。专色油墨是由印刷厂预先混合好或油墨厂生产的。对于印刷品的每一种专色，在印刷时都有专门的一个色版与之对应。使用专色可使颜色更准确。专色主要用于打印特殊的颜色，如荧光色、金黄色。

1. 黄色

黄色位于色环中的红色与绿色之间，当品红的含量较大时，会出现偏红色的黄色，当青的含量较大时，会出现偏绿的黄色，如图 12-15 所示，即 C 油墨与 M 油墨含量的不同导致黄色的色调倾向不同，当 C 的含量增大时，黄色偏冷，当 M 的含量偏大时，黄色偏暖。

大黄

偏红的黄

偏绿的黄

图 12-15 颜色倾向不同的黄色

2. 红色

红的主色是 M+Y，相反色是 C。下面根据图 12-16 来解释。其中 M 和 Y 的颜色配置有一些差异，当 M 含量大于 Y 时红色偏冷，显得刚强、冷硬；当 Y 含量大于 M 时红色偏暖，显得柔嫩、无力。当 M、Y 配置差别不大时，红色较为鲜艳。

偏冷　　　　　　　偏暖

图 12-16　颜色含量不同的红色

　　M 和 Y 含量分别是 90% 与 M 和 Y 含量分别是 99% 会有很大的差异，如果印刷不出问题，含量相差 10% 是可以很明显地看出来的。需注意专色也是有层次的，如一味地追求鲜艳却忽略层次，就会失去细节。因此，M 和 Y 的含量都在 90% 以上的做法是不可取的。

3. 品红

　　红中的 Y 含量减少，红色变冷就会成为品红色，它的主色是 M，相反色是 C+Y。常见的桃红色就属于品红，它给人柔和、温馨的视觉效果。它与品红的区别是桃红色中不仅 M 的含量大，而且还有一定含量的 Y。而 Y 的含量大小确定了桃红色的冷暖。

4. 紫色和蓝色

　　当 C 的含量变大时就成为了紫色。同一个紫色的 CMYK 配比在不同地区印出来的效果可能会存在很大的差异，这和油墨的品种不同有很大的关系，因为不同的油墨中品红的差异很大，这直接影响到紫色与蓝色的 CMYK 配比。

5. 青色

　　在青色中，C 是主色，M+Y 是相反色，在大自然中真正青颜色的物体很少，C 含量为 100% 的情况几乎没有，图 12-17 所示是一张蓝天的图片，可以发现这幅图中青色的相反色对比度都是较大的，即青的饱和度不高。此时的画面效果较为理想，如果将相反色去掉，不仅会影响图片的真实性，而且会影响图片的层次。

图 12-17　含有青色的蓝天图片

6. 绿色

　　绿色的主色为 C+Y，相反色为 M。Y 的含量在 80% 以上，C 的含量在 60% 以下时的绿给人的感觉都是果绿色，如图 12-18 所示。

图 12-18　果绿色

12.1.5　调节技巧

　　若在打印前发现图像存在颜色问题，为了符合打印的要求，可以使用 Photoshop 中的"色阶"和"曲线"颜色调整命令进行调节。

　　当扫描或导入的图像偏色时，首先要分辨清楚偏色倾向，图 12-19 所示是一张色调偏青的图片。

图 12-19　色调偏青的图片

　　首先将图像的颜色模式转换为 CMYK 颜色，然后执行"图像"|"调整"|"曲线"命令，打开"曲线"对话框，在"通道"下拉列表中选择"青色"选项，拖动色调曲线向下移动，降低图像中青色色调的含量，如图 12-20 所示，达到调整偏色的目的，所得效果如图 12-21 所示。

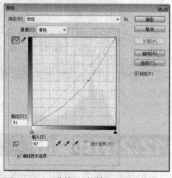

图 12-20　"曲线"对话框

331

图 12-21 调整偏色图像

使用"色阶"命令同样可以达到校正偏色的作用,执行"图像"|"调整"|"色阶"命令,打开"色阶"对话框,同样在"通道"下拉列表中选择"青色"选项,设置"输入色阶"参数,如图 12-22所示,降低图像中青色色调的含量,所得效果如图12-23所示。

图 12-22 "色阶"对话框

图 12-23 调整偏色图像

12.2 打印输出

处理完图像后,就可以输出图像。在 Photoshop 中,处理好的图像既可以用于打印,也可以用于网络显示。

对于不同的用途,除了图像颜色模式不同外,还需要设置不同的图像分辨率。本节就介绍如何将处理好的图像打印输出。

当制作完一幅图像后,可以使用打印机将其打印出来,以便查看图像的效果。这样就需要连接打印机,安装好打印机的驱动程序,并且确保打印机正常工作。然后就可以使用 Photoshop 中的打印功能将图形打印出来。

12.2.1 "Photoshop 打印设置"对话框

在 Photoshop 中打开要打印的图像,执行"文件"|"打印"命令(快捷键 Ctrl+P),打开"Photoshop 打印设置"对话框。

提示

由于 RGB、HSB 和 Lab 颜色模式中的一些颜色在 CMYK 颜色模式中没有等同的颜色,因此无法打印出来。当选择不可打印的颜色时,在"拾色器"对话框中将会出现一个三角形警告。CMYK 中与这些颜色最接近的颜色会显示在三角形标志的下面。单击该三角形标志,当前的颜色转换为 CMYK 中与这些颜色最接近的颜色。

在"Photoshop 打印设置"对话框中可以设置图像的位置和大小。

"位置和大小"选项组如图 12-24 所示,用来设置图像在画面中的位置和缩放后的打印尺寸。

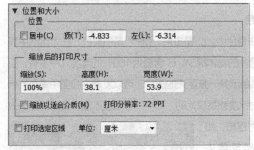

图 12-24 位置和大小设置

· 位置:勾选"居中"选项,可以将图像定位于可打印区域的中心;取消勾选,可通过在"顶"和"左"选项中输入数值来定位图像位置。

· 缩放后的打印尺寸:勾选"缩放以适合介质"选项,可以自动将图像缩放至纸张可打印的区域内；取消勾选，可以在"缩放"选项中输入图像的缩放比例，或者在"高度"和"宽度"中设置图像的尺寸。

· 打印选定区域：勾选该项，可以启用对话框中的裁剪控制功能，通过调整预览框外的4个黑色三角形来指定打印范围，如图12-25所示。只有亮色显示区域中的图像会被打印出来。

图 12-25 拖动定界框选定打印区域

12.2.2 设置打印选项

在了解了"Photoshop打印设置"对话框后，接下来就要设置打印选项，包括设置页面、设置"色彩管理"选项、设置"输出"选项等。

1. 页面设置

打印图像的预备工作首先是设置纸张大小、打印方向和质量等。执行"文件"|"打印"命令（快捷键为Ctrl+P），在打开的"Photoshop打印设置"对话框中单击"打印设置"按钮，即可在弹出的对话框中设置页面方向和页面大小。

2. 设置"色彩管理"选项组

在"Photoshop打印设置"对话框中展开"色彩管理"选项组，通过对其中各选项的设置，可对要打印文件的颜色进行管理，如图12-26所示。

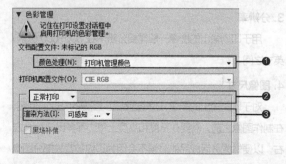

图 12-26 打印颜色管理设置

❶ 颜色处理：确定是否使用色彩管理，如果使用，则确定是在应用程序中还是在打印设备中使用。下面是各选项的作用说明。

· 打印机管理颜色：指示打印机将文档颜色数转换为打印机颜色数。Photoshop不会更改颜色数。

· Photoshop 管理颜色：为保留外观，Photoshop 会执行适合于选中的打印机的任何必要的颜色数转换。

· 分色：打印时不会更改文档中的颜色值。

❷ 正常打印/印刷校样：选择"正常打印"，可进行普通打印；选择"印刷校样"，可以模拟印刷输出的效果。

❸ 渲染方法：确定色彩管理系统如何处理色彩空间之间的颜色转换。选择何种渲染方法取决于颜色在图像中是否重要及对图像总体色彩外观的喜好。"黑场补偿"可在转换颜色时调整黑场中的差异。如选中该选项，源空间的全范围将会映射至目标空间的全范围中。如果文档和打印机有大小基本相同的色域，但其中一个黑色更深时，该选项将会很有用。

3. 设置"打印标记"和"函数"选项组

在设置好打印选项及选择好纸张后，除了用户在电脑上做的东西外，还需要添加一些额外的标记，以用作印后加工的参考线。这些标记是出片时自动生成的。例如，对于严格按成品尺寸设置的页面，如果需要折成均等的两半，就需要在中间添加十字线标记，以作为折叠标记；如果设计页面比成品大，这时就需要在页面上添加裁切的标记。

要添加这些打印标记，可以在"Photoshop打印设置"对话框中展开"打印标记"和"函数"选项组，并指定印前输出选项，它可对输出前的一些具体设置进行调整，如校准条、中心裁剪标志，以及出血设置等。下面对各选项的作用进行详细的介绍。

（1）打印标记

通过设置"打印标记"选项组的各个选项，可将标签、角裁切线及中心裁切线等内容打印在文档中，以方便查看，如图12-27所示。

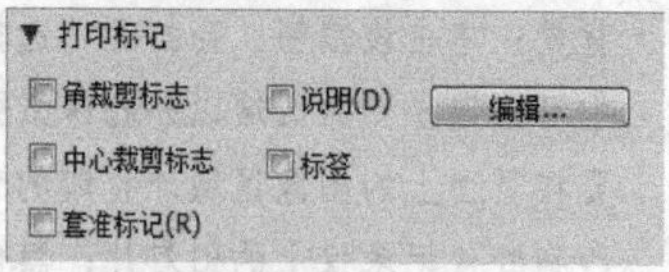

图 12-27 "打印标记"选项组

· 角裁剪标志：勾选该选项，可以在图形的4个角上打印出裁切标记。在PostScript打印机上，勾选此选项也可以打印星形色靶。

· 说明：勾选该选项，可以打印在"文件简介"对话框中输入的任何说明文本（最多约300个字符），且始终采用9号Helvetica无格式字体打印说明文本。

- 中心裁剪标志：勾选该选项，可以在图形的上、下两处正中位置打印出裁切标记。在PostScript打印机上，选择此选项也可以打印星形色靶。
- 标签：勾选该选项，可以在图像上方打印出图像的文件名称和通道的名称。如果打印分色，则将分色名称作为标签的一部分打印。
- 套准标记：勾选该选项，可以在图像周围打印出形状的对准标记，包括靶心和星形靶，这些标记主要用于对齐分色。

提示

只有当纸张比打印图像大时，才会打印校准条、套准标记、剪裁标志和标签。校准条和星形色靶套准标记要求使用PostScript打印机。

（2）函数

通过"函数"选项组，可以调整"背景""边界"及"出血"等选项设置，如图12-28所示。

图12-28 "函数"选项组

- 药膜朝下：勾选该选项，可以使文字在药膜朝下（即胶片或像纸上的感光层背对用户）时可读。在正常情况下，打印在纸上的图像是以药膜朝上的方式打印的，感光层正对着用户时文字可读。打印在胶片上的图像通常采用药膜朝下的方式打印。一般情况下不勾选该选项，药膜的朝向一般由印刷公司决定。
- 负片：勾选该选项，可以打印整个输出（包括所有蒙版和任何背景色）的反相版本。与"图像"菜单中的"反相"命令不同，"负片"选项将输出（非屏幕上的图像）转换为负片。尽管正片胶片在许多国家/地区很普遍，但是如果将分色直接打印到胶片上，可能需要负片。
- 背景：单击该按钮，会打开"选择背景色"拾色器，从中可以选择图像区域以外打印纸张上填充的颜色。选择要在页面上的图像区域外打印的背景色。例如，对于打印到胶片记录仪上的幻灯片，黑色或彩色背景可能很理想。要使用该选项，可以单击"背景"按钮，在"拾色器"对话框中选择一种颜色。这仅是一个打印选项，它不影响图像本身。
- 边界：单击该按钮，会打开"边界"对话框，在"宽度"文本框中输入数值可以定义打印后显示图像边框的宽度。

- 出血：使用此选项可在图形内裁切图像，而不是在图像外打印裁剪标记。单击该按钮，会打开"出血"对话框，在"宽度"文本框中输入数值可以定义图像出血的宽度。

提示

出血又被称为出血位，其作用主要是在成品裁切时保护有色彩的地方，在非故意的情况下使色彩完全覆盖到要表达的地方。为了保证页面正文不受影响，在设计的过程中，页面内距印刷品边界3 mm的范围内不安排重要信息，以避免被裁切掉。

12.2.3 印刷输出

设置完成打印的页面和预览选项后，就可以执行"文件"|"打印一份"命令（快捷键为Alt+Shift+Ctrl+P），使用设置好的选项打印一份图形。

如果想要对打印的范围和份数进行设置，可以在"Photoshop打印设置"对话框中单击右下角的"打印"按钮，在"打印"对话框中设置选项即可。

Photoshop中的打印选项一旦设置完成，就可以一直使用其中的参数值。但是图像本身还需要注意几个方面的内容，如图像格式、图像颜色模式与图像分辨率等。

1. 图像格式

需要印刷输出的图像，在工作的时候可以保存为PSD格式。确定不需要修改时，可以将图像输出为TIF格式，这种格式可以在PC和Mac之间交换，并带有压缩保存功能。

2. 颜色模式

印刷输出的图像都需要转换为CMYK颜色模式，如果不转换，输出的胶片就会出现色偏。

3. 分辨率

用于印刷输出的图像一般需要分辨率在300~600像素/英寸之间。

4. 图像尺寸

对于印刷输出的图像，还需要考虑到图像的"出血"问题。在制作图像之前，需要在宽度和高度上每边都多出3 mm左右，以便做成最后成品的时候不会因为边缘被裁去部分图像而失去原有的图形效果。也就是说，如果厂家要求设计一个121 mm×121 mm的光盘封面，那么在新建设计图像时就应该将尺寸设计成127 mm×127 mm。

12.3 网络输出

Photoshop 中的图像除了可以用于印刷外，还可以用于网络输出，也就是将图像发布于网上。这时在制作过程中就需要注意与印刷图像相同的问题，如文件格式一般采用 JPEG、GIF 或者 PNG 格式；而颜色模式一般使用 RGB 颜色模式即可；网络图像的分辨率采用屏幕分辨率——72 像素 / 英寸，或者可以更低一些。

12.3.1 网页安全颜色

网页安全颜色是指在不同硬件环境、不同操作系统、不同浏览器中都能够正常显示的颜色集合。它是浏览器使用的 216 种颜色，与平台无关。在 8 位屏幕上显示颜色时，浏览器将图像中的所有颜色都更改成这些颜色。使用网页安全颜色进行网页配色可以避免原有的颜色失真的问题，而在 Photoshop 拾色器中可以直接选择网页安全颜色，方法是在"拾色器"对话框中勾选"只有 Web 颜色"选项，如图 12-29 所示。

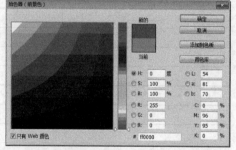

图 12-29 显示网页安全颜色

只有在前期创作时就使用网页安全颜色，才能避免在后期进行优化或执行其他操作时损失太多的颜色，保持输出的图像与前期制作的图像颜色一致。

在"拾色器"对话框中选择颜色时，如果取消勾选"只有 Web 颜色"复选框，则"拾色器"对话框中的该颜色色块旁边会显示一个立方体警告标志，单击该立方体警告标志，可以选择最接近的 Web 颜色。

通过"颜色"面板也可以选择网页安全颜色。单击右上角的三角按钮，从弹出的面板菜单中执行"建立 Web 安全曲线"命令，然后在颜色滑块中拾取的颜色都是适用于网络的颜色。也可以执行"Web 颜色滑块"命令，以在拖动

Web 颜色滑块时，使该滑块紧贴着 Web 安全颜色，如图 12-30 所示。

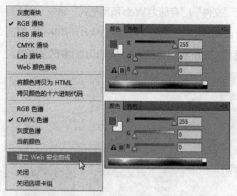

图 12-30 在"颜色"面板中显示网页安全颜色

提示

如果要滑过 Web 安全颜色中间区域，可以在拖动滑块时按住 Alt 键。

12.3.2 制作切片

如果用于网络输出的图片太大，可以在图片中添加切片，将一张大图划分为若干个小图，以在打开网页时，使大图分块逐步显示，缩短等待图片显示的时间。使用"切片工具"在图像中绘制，可以添加切片。

打开图像，使用切片工具在图像中按住鼠标左键拖动鼠标可以创建切片，也可以在工具选项栏的"样式"下拉列表框中选择"固定长宽比"或"固定大小"选项，并在"宽度"和"高度"文本框中输入数值来创建切片，如图 12-31 所示。

图 12-31 创建切片

切片创建完成后，可以通过切片选择工具拖动切片，调整切片的大小和位置。

12.3.3 优化图像

由于考虑到网速等原因，上传的图片不能太大，这时就

需要对 Photoshop 创建的图像进行优化，通过限制图像颜色等方法来压缩图像。

执行"文件"|"存储为 Web 所用格式"命令（快捷键为 Alt+Shift+Ctrl+S），打开"存储为 Web 所用格式"对话框，如图 12-32 所示。使用该对话框可以优化和预览图稿。

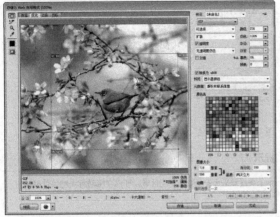

图 12-32 "存储为Web所用格式"对话框

在该对话框中，位于左侧的是预览图像窗口，在该窗口中包含 4 个选项卡，它们的功能如表 12-1 所示。而位于右侧的是用于设置切片图像仿色的选项。

表12-1 4 个选项卡的功能

名称	功能
原稿	单击该选项卡，可以显示没有优化的图像
优化	单击该选项卡，可以显示应用了当前优化设置的图像
双联	单击该选项卡，可以并排显示原稿和优化过的图像
四联	单击该选项卡，可以并排显示4个图像，左上方为原稿，单击其他任意一个图像，可为其设置一种优化方案，以同时对比相互之间的差异，并选择最佳的方案

通常，如果图像包含的颜色多于显示器能显示的颜色，那么，浏览器将会通过混合它能显示的颜色来对它不能显示的颜色进行仿造或靠近。用户可以从"预设"下拉列表中选择仿色选项，在该下拉列表中包括 12 种预设的仿色格式，选择的参数值越高，优化后的图形质量就越高，能显示的颜色就越接近图像的原有颜色。

最后，单击"存储"按钮，在弹出的"将优化结果存储为"对话框，设置"格式"选项，单击"保存"按钮即可将图像保存，如图 12-33 所示。

图 12-33 保存图像

心得笔记